编单位：中国美术家协会环境设计艺术委员会
中央美术学院城市设计学院
办单位：上海华凯展览展示工程有限公司
编：张绮曼 黄建成

2014 CHINA ENVIRONMENT DESIGN YEARBOOK

中国环境设计年鉴

中国建筑工业出版社

图书在版编目（CIP）数据

中国环境设计年鉴2014/张绮曼，黄建成主编.
北京：中国建筑工业出版社，2015.7
ISBN 978-7-112-18295-4

Ⅰ. ①中… Ⅱ. ①张… ②黄… Ⅲ. ①环境设计－中
国－2014－年鉴 Ⅳ. ①TU-856

中国版本图书馆CIP数据核字(2015)第156639号

责任编辑：李东禧　唐　旭　吴　绫
责任校对：姜小莲　刘梦然

中国环境设计年鉴2014
主编单位：中国美术家协会环境设计艺术委员会
中央美术学院城市设计学院
协办单位：上海华凯展览展示工程有限公司
主编：张绮曼 黄建成
*
中国建筑工业出版社出版、发行（北京西郊百万庄）
各地新华书店、建筑书店经销
北京京点设计公司制版
北京顺诚彩色印刷有限公司印刷
*
开本：965×1270毫米　1/16　印张：$18^{3}/_{4}$　字数：830千字
2015年8月第一版　2015年8月第一次印刷
定价：198.00元
ISBN 978-7-112-18295-4
(27547)

前言

Preface

中国美术家协会环境设计艺术委员会2003年成立以来，为了推进学术交流，自2007年开始从全国征集优秀设计作品及论文，编辑出版了《中国环境设计年鉴》，已经成功出版发行了6期，我们收到的作品及论文质量逐年提高，《中国环境设计年鉴》的学术影响力也在不断扩大，敦促我们努力编辑好这本年鉴。同时，我们也希望继续得到中外同仁和专业学生的大力支持，把《中国环境设计年鉴》打造成一部为中国大规模城市化建设发挥积极作用和为提高民众生存环境质量有效的学术交流平台。

《中国环境设计年鉴》一直以来立足本土、放眼世界，关注民生、聚焦生态，坚持以可持续发展、传承创新的设计理念选拔和推介作品，号召中国设计师目标高远、踏实本分、为中国而设计，走出中国当代设计之路，为国家建设贡献力量！

《中国环境设计年鉴》编辑人员多年以来辛勤工作，承担多方征集作品、编辑付印及筹集出版资金等繁琐的工作，我代表全体环境设计艺术委员会委员向他们致以感谢！同时，向支持年鉴工作的所有朋友们致以谢意！

張绮曼

2015年4月

目录
Contents

室内部分 · 竣工

INDOOR SECTION · AS-CONSTRUCTED

1

汇聚·第十二届中华人民共和国全国运动会火炬塔及舞台设计

Paulie (DaLian) era items catering

马克辛等 | Ma Kexin

1. 火炬塔实景拍摄之一
2. 火炬塔细节拍摄
3. 开幕式现场照片
4. 火炬塔实景拍摄之二

2013 年，第十二届全运会火炬以“汇聚”之名亮相，使众人眼前一亮。该火炬由火炬塔主体造型的 38 根管代表着 38 支代表队伍，各省市群众队伍体育精神拧成一股绳，汇聚在辽宁工业大省，在此汇聚了无穷的力量，象征着在新的党中央领导下祖国的腾飞。

沿弯区跑道排列的模块形象象征着新乐出土的玉猪龙，蕴含着具有五千年历史文化的根基，舞台表演和观众是群众体育的凝聚力量，从此生机勃勃的群众体艺也能走上历史的舞台，代表了无限生命力的绽放。

辽宁省建平县牛梁河出土的玉猪龙的背部均有一两个对钻的圆孔，似可作饰物系绳佩挂。据出土时成对位于死者胸前的情况看，用作佩饰的可能性极大。但高度达 15 厘米以上的大型玉猪龙，就其重量来说已不适合佩带。因此许多学者认为玉猪龙不仅仅是一种饰物，也应是一种神器，一种红山先民所崇拜的代表其祖先神灵的图腾物。

舞台形象立意来源于辽宁朝阳红山文化遗址出土的玉猪龙形象，代表着辽沈大地人类文化辉煌的延续，使地域文化无限的生命力体现在第十二届全运会的舞台上。火焰点位置台就是玉猪龙形象中眼睛的位置，儿童童声合唱台、升降台、军乐台依次按玉猪龙舒展而丰满、圆润的身体形象展开。舞台的四大部分是由 12 块带有祥云的体块高低起伏而成，蕴意着全运会“十二”这个数字。十二运火炬塔——“汇聚”象征着辽宁省是中国工业时代的骄子，创造了无数个奇迹，用铜铁精神汇聚力量，汇聚古今中国人民精神的所在。

随着火炬塔的缓缓升起，逐渐呈现出竹节状火炬塔形象，体现出节节高与步步高的中华民族意向。火炬塔的第一节是由 38 根金属管组成，代表着 38 个团队；第二节是由 38 根金属管编织出的中国结形象组成，体现出全国人民像中国结一样团结凝聚。在 38 根之后，汇聚成第三节和第四节——56 根金属管汇聚到火炬盆中，寓意着 56 个民族同心协力，共办全运，在全运精神的引导下共创团结、和平、发展、昌盛的和谐社会。

2

3

4

1

"为西部农民生土窑洞改造设计"四校联合公益设计项目

项目总策划：张绮曼 教授（中央美术学院建筑学院） | Zhang QIman
中央美术学院：丁 圆 教授（建筑学院） | Ding Yuan
赵囡囡 （城市设计学院博士在读） | Zhao Nannan
邱晓葵 教授（建筑学院） | Qiu Xiaokui
翟绿绮 副教授（建筑学院硕士在读） | Zhai Lvqi
沈煜其 （建筑学院硕士在读） | Shen Yuqi
太原理工大学：赵 慧 教授（艺术学院） | Zhao Hui
姜 鹏 讲师（艺术学院） | Jiang Peng
杨自强 讲师（艺术学院） | Yang Ziqiang
西安美术学院：吴 昊 教授（院长助理） | Wu Hao
张 豪 讲师（环境艺术系） | Zhang Hao
北京服装学院：陈六汀 教授（环境艺术系） | Chen Liuting

1. 横坡读书中心
2. 儿童阅览室
3. 老人读书室

鉴于中国广大农村在现代化进程中遭遇了巨大的破坏的现状，中央美术学院、太原理工大学、西安美术学院和北京服装学院组成了四校联合设计组对中国中西部地区的农村生土住宅进行调研，为农民生土窑洞改造进行无偿设计，以期改善农民的生存、生活状况，维持农村的可持续发展。项目是以高校设计力量为主导，以社会主义新农村建设政策为指导的生土聚落窑洞群设计建设项目，旨在建设保护物质与非物质文化遗产的新型农民住宅，是在田野考察的基础上进行的窑洞改造设计的公益实践活动。

该项目的建成获得国内外诸多设计大奖和业界专家学者的广泛好评。亚洲最具影响力环境设计银奖的评语："生土窑洞环境改造设计目的是提升窑洞住宅的居住质量，保留原生态原则。四所大学的教授和学生携手研究、调研，提出新的设计理念和模式。既能维持窑洞天然的冬暖夏凉优势，同时保持自然恒温、隔热隔声，并融入可持续发展的策略。"

该项目分为两个阶段，本次参加十二届全国美术作品创作展的是以山西省平遥县横坡村生土窑洞民居改造设计为主进行的。项目的第一阶段是 2009 年经由西安美术学院选点联系，在西安附近的三原县柏社村完成了若干组地坑窑院的设计和窑洞的改造施工。通过对每一个或每一组窑院的村民日常行为进行观察分析，对窑洞院落和室内空间进行设计，既提升了当地农民的生活品质，又改善了农村的村容村貌。

第二阶段是 2014 年经太原理工大学选点联系，在山西省平遥县横坡村进行了生土窑洞民居改造设计，该村位于世界

2

3

4

文化遗产平遥古城西南17公里，处丘陵地区，村庄占地面积1500余亩，现有人口721人，年人均纯收入约4000元，地势南高北低，平均海拔800m，有良好的山形地貌骨架基础，村内现存很多老窑洞住宅，一般由内层砖拱与黄土窑洞内壁结合，结构坚实，经久耐用，甚至有明末清初的窑洞还在使用。

横坡村所面临的问题非常典型，城镇化和工业化导致传统乡村社会和环境体系的崩溃，村庄建设缺乏有机更新，农民遗弃或者拆掉了大量具有自然层次和历史文脉的老宅，加上劳动力外流，使村落空心化，村内窑洞大多遭到废弃，加剧了乡村发展与传统文化的割裂。

横坡村的窑洞民居改造以恢复历史风貌、营造闲适恬淡的传统田园情调、织补碎片化的农村景观为重点，同时引人公共服务项目和适合农民生活的卫浴、厨房设施，让农民新的生活方式与传统习俗相融，既体现传统农耕文化内涵，又满足了农民追求现代舒适生活的要求。景观设计方面，在合理规划交通和公共卫生设施的基础上，体现当地的代表性地域文化，同时增加农民读书中心、民居民俗展示中心、旅游宾舍、有机农家餐饮等公共空间，进行中国传统农耕文化的活态展示，激活乡村文化生活，建设乡村多元文化与生态产业的发展平台。项目还深入研究了当地锢窑的建造方式、材料和工艺，力求创新，使其更加符合村民现代公共生活的需要。

经实地调研横坡村常驻居民大多数为四口或六口之家组合，日常生活中卧室和厨房、餐厅都不分，卫生间多在室外露天设置，条件极差，亟需提炼和重组厨房、餐厅、卫生间、起居室等功能区域。本案新设计的炕型大床，集炕和榻的功能于一体，充分解决了当地农村厨卫与起居功能不分、收纳与坐卧器具欠缺的问题，大大改善了农民的生活条件。针对采光不佳的状况重新设计窗户隔扇，增强自然光射入，改善窑壁和窑顶的表面材质，加强漫反射，同时通过全面的人工照明彻底改善窑内采光，保证了窑洞这种生土建筑在低碳、环保、节能基础上的安全舒适性，从而满足广大西部地区农民日益增长的对现代化生活方式的需求。

通过对中国中西部地区窑洞民居的保护和重建，充分利用其特有的文化和自然资源，打造人文氛围浓郁、自然景观优美的中国“最美乡村”。

4. 窑洞旅游宾舍复杂的十字拱大厅

5. 窑洞民居民俗展示馆——起居室

6. 窑洞民居民俗展示馆——餐厅厨房

7. 窑洞民居民俗展示馆——十字窑会议接待厅

老房子华粹元年

王　峰 | Wang Feng
董美麟 | Dong Meilin
杨　樵 | Yang Qiao

1. “华彩堂”接待厅
2. “纯粹廊”包房区之一
3. “纯粹廊”包房区之二
4. “纯粹廊”包房区之三

“华粹元年”分为两大板块：“华彩堂”和“纯粹廊”，前者打造的是专业宴会厅，强调色彩的丰富和音乐感，后者构建的是个性化包房，强调色彩的干净和简洁。“华彩”的寓意有两层：其一，华彩本身是指古典音乐结尾时的即兴演奏段落，“华彩”概念既要有随心所欲的情感，还要有自由抒情而富于个性的色彩；其二，中国“华”字，本义指光圈外围的泛光，凡从华之字，其中含有的华皆为泛光、散发之义，华丽、华彩、华贵、华章、华表、华盖等等。主宴会厅、小宴会厅以及配套空间，就是对这两层寓意的刻画，音乐的韵律感四处蔓延。接待厅的地面拼图是螺旋发散的音符节奏，而立面四周的高高悬挂的半透明装置挂件，与地面相呼应，好似一串串音乐的铃声从天而降。主宴会厅四周的起伏蜿蜒的格栅，是五线谱的一种象征，顶棚上暗藏的五组LED彩色灯光，变幻的正是华彩主题。总之，所有区域都在用简单而干净的调子散发着音乐的气息。“纯粹廊”自东向西曲折延展，2层楼的建筑自然地分成了四个包房设计区域，无论是包房区域还是公共空间，在设计概念上皆以色彩的干净和文化的纯朴为主线，几乎都是通过两个主色调的对话，来达到餐厅的“纯粹”性。“灰色老墙”的概念出自于一个人对老家墙的记忆，而灰色是中国民居建筑最广泛的印迹，暗合古代中庸的哲学思想。“经典四季”的概念来自于春、夏、秋、冬自然色彩中的经典对比色，通过色彩和材质的对比，达到一种视觉上的戏剧效果，增加艺术的纯粹感受。“守望彩虹”的概念来自于旅途中的彩虹，六个包房分别用红妆、橙悦、贵黄、绿意、淡蓝、瑞紫来命名，可以两个、三个……六个任意组合，打通房间后，人可以产生强烈的透视感。而单独看每个房间，则有一种雅致时尚的效果。“复古东方”的概念来自于东方文化中最高贵和典雅的那一部分，考虑到二层坡屋顶及建筑外观设计均具有东方风格，因此室内设计按照精细的东方风格思路走，在低调中蕴藏文化与高雅，分别用了炫彩东方、书香门第、锦绣世家、风华绝代四个主题。

1

徐汇万科中心

董美麟 | Dong Meilin
徐传鹏 | Xu Chuanpeng

1. 徐汇万科中心办公区
2. 徐汇万科中心会议区
3. 徐汇万科中心场景之一
4. 徐汇万科中心场景之二

绚梦，未来科技充斥的今天，那些绚丽的色彩充斥的梦境给我们带来非常大的想象空间。在陈设计艺术的角度，开始着眼万科南站样板房的时候，起初是想用简单的黑、白、灰体现界定。在多次调整思路过后，想打破人们用银色金属以及纯白对高科技的体现。用明快的色彩冲击时代的快捷和未来智能生活办公的梦境。用透明亚克力和镜面，简洁的直线条、六边形、圆弧等几何图形在家具及陈设饰品中造型的冲撞，讲述绚梦的办公空间，不仅仅是商业的包装，而是万科以及设计师对未来生活工作的最佳演绎和传递。

2

3

4

1

熹茗会武夷山店

高　雄 | Gao Xiong

1. 熹茗会中庭之一
2. 熹茗会会议室
3. 熹茗会中庭之二
4. 熹茗会中庭之三

2

此熹茗茶室为一处旧居舍改造而成，在设计师的独特诠释下再放异彩。设计以现代的格调，融合提炼出的经典中式元素，塑造了一个时尚与文化雅兴并存的雅致空间。空间铺陈灰色仿古砖，刷白的墙面，深色的家具摆设，沉稳的白、灰搭配透露着干净、利落。

空间分割为上、下2层，下层主要作为商品的展示空间，上层则是包厢，可供客人品茶聊天。开放式的中庭与天相接，透着一抹辽阔感。清淡的简单装修搭配精心挑选的装饰、家具，细节中也饱含创意。茶品的陈列十分讲究，巧妙的配搭让商品看起来更像是艺术品。外观以中式园林透景的手法打造，树木、漏窗，形成独特的风景线，使空间流通、视觉流畅，因而隔而不绝，在空间上起互相渗透的作用。透过漏窗，树枝迷离摇曳，小楼远眺，造就了幽深宽广的空间境界和意趣。品茶是一件让人舒心惬意之事，在熹茗茶室素雅、自然的环境里，一杯清香四溢的好茶让人难以忘怀。

3

4

1

贵安溪山温泉度假酒店

何 工 | He Gong
龚志强 | Gong Zhiqiang
吴凤珍 | Wu Fengzhen
蔡秋娇 | Cai Qiujiao
杨尚炜 | Yang Shangwei

1. 贵安溪山温泉度假酒店之一
2. 贵安溪山温泉度假酒店之二
3. 贵安溪山温泉度假酒店之三
4. 贵安溪山温泉度假酒店之四

贵安溪山温泉度假酒店为临江退台式建筑。酒店整体设计风格秉承中国汉唐宫廷传统，气势恢宏。中性的色彩、简约的造型、巨型的体量、古朴的质感，渗透着中国古典文化的气节与儒雅的风尚。

软装饰用色以淡雅为主，空间色调统一，装修选材以浅灰色为统一色调，以体现高品质。舒适的客房空间、家居化的家具陈设，使客人体会到一种浓厚的“家”的感觉，拨动着另一种“爱”的琴弦。客房家具由分体式独立家具组成，其风格在强调协调统一的同时，注重表现家具的特异性和文化性。

设计借用中国建筑中传统的符号及元素、色彩，将其夸张并强烈效果化。最终融合了时尚与古典，材质与环境的相互呼应，呈现了去芜存菁的精神，重塑出一种度假酒店的崭新形象，大量使用的环保材料，更是使度假酒店的舒适感得到升华。

通过传统建筑语汇的提炼，以表达空间的时尚；通过陈设艺术的巧妙点缀，以彰显度假酒店的舒适。强调现代中式的气脉，室内外浑然一体，强调空间的相互渗透及使用上的有机灵活。让客人体验到如“家”的亲切感。

2

3

4

1

冰雪宅滑雪会所

孙大勇 | Sun Dayong
Chris Precht

1. “雪屋”部分之一
2. “雪屋”部分之二
3. 螺旋式楼梯
4. “冰宅”部分

2

“冰雪宅”项目位于距离北京北部 160 公里的滑雪胜地张家口市崇礼县，业主使用这个房子的主要目的是为了周末和朋友一起去滑雪度假，与朋友一起享受悠闲惬意的周末。

“雪屋”的设计，中设计师从融化的雪的形态中找到灵感，将自然优美的曲线应用于室内空间形态设计中，白色的曲面把墙面和顶面联系成一个整体，以此来达到一个连贯完整的洞穴空间，使参观者拥有一种独特而优美的审美体验。同时，室内的曲线设计与室外绵延的山峦呼应，内外融为一体。在曲面的洞穴墙壁上，嵌入了不同的休息区或者艺术品展示区。嵌入的部分采用温暖的木头与白色墙面对比结合，白色的墙面和地板之间留出了 50 毫米的缝隙，使墙面有悬浮于地面以上的效果。墙面的上部采用暗藏式 LED 灯带。灯带勾勒出优雅的曲线，顶棚反射下来的光线使整个空间看起来温暖而神秘。白色曲面在整个空间内部蜿蜒延伸，使门厅、公共空间和休息空间融为一个整体。空间布局包括七个卧室，一个大衣帽间，还有滑雪设备储藏室、三个浴室和一个位于中间的大起居室。曲面墙体引导客人至一个螺旋式楼梯，楼梯引导客人来到楼上的“冰宅”部分，楼上的空间主要用于用餐和派对，基于原始的空间结构，空间形态如起伏的冰山，热熔的玻璃定做成 600 毫米 X1000 毫米的冰块，背后打出淡蓝的光，使人在进入空间的瞬间便迎来一丝凉爽，落地窗外是绵延起伏、被雪覆盖的山景，打开一瓶威士忌，三五好友坐下来畅聊生活、艺术，抛下城市的喧嚣和烦躁，正如这个小镇的口号一样“东方达沃斯”，这里的生活还真的有一丝来自阿尔卑斯山的惬意。

我们把会所设计成一个丰富多变的冰雪空间。客人们在这里过夜的体验和在野外的体验是类似的。这让所有来过这里的人都流连忘返。情感让空间多了一层温度，记忆拉近了建筑和人的距离。客人们在冰雪宅的经历注定将是他们在那个冬天里难忘的回忆。

3

4

1

鸿咖啡

孙大勇 | Sun Dayong
Chris Precht

1. 鸿咖啡之一
2. 鸿咖啡之二
3. 鸿咖啡之三
4. 鸿咖啡之四

2

3

4

在北京，人们习惯了加班、堵车，同时也习惯了PM2.5。基于对生活环境的反思，槃达建筑受北京鸿坤集团委托为其名下品牌鸿咖啡提供室内空间方案设计。鸿咖啡首两家店分别落户于河北涿州和天津武清，并有望推广至中国其他城市。设计师希望能为今天雾霾笼罩的城市，营造一处不仅能享受美味咖啡，而且还能呼吸到新鲜空气的室内环境。

通常建筑用的钢筋被转换为室内的分隔材料。钢筋通常隐藏于建筑结构墙体中不被人所见， 然而在重新涂成黑色并交叉搭建成网格系统后，在鸿咖啡里却成为室内的焦点，使家具结构与建筑结构融为一个整体，塑造了空间整体性，同时也让有限的空间变得更加深邃。

模块化的系统提高了咖啡馆的灵活性。基于模数化的钢筋框架，成为空间的主要分隔结构构架。单元化定制的木盒可以满足不同的功能需要，构架上可以放置深度不一的书架、绿植及灯饰。这个结构为空间提供充分的灵活性，来适应不同的地点、不同的结构和举办不同的活动的功能需要。

绿植让咖啡馆成了一处室内氧吧。构架里种植了丰富的绿色植物来营造一种田园的氛围，其中的植物选择如吊兰、绿萝和剑蕨等都易打理，同时带有空气净化功能， 还有一些箱子里种植了调味用的香草。这些植物与新鲜调制的咖啡一起，为鸿咖啡创造香气芬芳的舒适环境。粗糙的混凝土墙面、皮制的沙发和木质桌椅，还有新鲜调制的咖啡，为顾客带来一种回归自然的感官体验，使鸿咖啡成为城市中的一片小绿洲，不仅能吸引顾客前来品尝咖啡，还能使人们在舒适健康的环境中度过一个悠闲的下午。

咖啡馆随着植物的生长带给常客们持续变化的视觉享受。攀岩类的植物将随着时间的推移慢慢地沿着钢筋构架生长，逐渐地覆盖部分钢筋，并成为咖啡馆里的又一焦点，使室内空间与室外空间的界限被打破，客人每次惠顾都会拥有新的感受，并留下新的回忆。人们在室内的环境中同样可以体味四季的变换。咖啡馆记录着来到这里的人们生活中的点滴，同时也成为人们生命中一部分。

1

拱之舞——鸿坤美术馆

孙大勇 | Sun Dayong
Chris Precht

1. 鸿坤美术馆之一
2. 鸿坤美术馆之二
3. 鸿坤美术馆之三
4. 鸿坤美术馆之四

2

3

4

鸿坤美术馆是由两位“80后”国际新锐青年建筑师孙大勇、Chris Precht合作创立的槃达建筑（Panda）新近完成的一个相对成熟又具有实验性的完工项目。位于北京朝阳区西大望路，白色的外立面在纷乱繁杂的街道环境中十分醒目。两位建筑师对美术馆的概念进行了深入研究，美术馆的本质是对艺术品的保存与呈现的空间。最原始的史前艺术绘画是发生在洞穴中的，如法国发现的拉斯科洞窟被称为“史前卢弗尔宫”。同时，洞穴也是建筑的原型之一，后来罗马建筑中的“拱券”便是洞穴结构的一种发展，而且在上千年的建筑传承中，拱券一直被讨论与应用。因此美术馆中选择了“拱”这一母题进行艺术馆空间的重塑，以“拱”作为载体，创造了一次古典与现代的对话。经典的拱门像是生活与艺术间的一道门，穿过它便进入另外一个世界。拱形雕塑着空间，视线随着蜿蜒的弧线起伏移动。如同欣赏山水画一般，意境油然而生。因为从艺术欣赏的角度来讲，观者欣赏一幅艺术作品，是视线在跟随线条移动。这个移动的轨迹的韵律性越强，审美的愉悦性也越强。所以这种连续性空间也非常容易吸引人的关注和思考。这对于一个艺术展览空间的入口，显得格外重要。

生命是连续不断的绵延，用运动的观点理解时间与生命是两位建筑师的生命哲学观。因此在设计中，他们也在表达着这种连续不断的绵延，同时这也是自然的本质——山川、幽谷、河流、植物、动物和人，没有什么是孤立存在的。他们整体地连接在一起才构成了这个丰富的世界。所以在美术馆的空间塑造过程中，建筑师除了要努力表达一种洞穴的意向以外，更让人们感受到的是对生命和自然本质的探究。

B ZONE

北京中关村东升科技园 创新中心公共空间

李怡明 | Li Yiming
吕 翔 | Lv Xiang

1. 中庭
2. 服务中心
3. 电梯厅入口
4. 电梯前厅

创新的起源可以表达为一种思维方式，一种以新颖独创的方法解决问题的思维过程，通过这种思维能突破常规思维的界限，以超常规甚至反常规的方法、视角去思考问题，提出与众不同的解决方案，从而产生新颖的、独到的、有社会意义的思维成果。因此，创新中心本身就应该是这样一个充满着想象及挑战的场所。

由于本项目的开间、进深都很大，为了使建筑内部的办公空间也能有一些采光，建筑师在建筑内部做了一个“U”形的采光中庭，由于甲方要求建筑面积最大化，这个采光中庭宽度仅为 4 米，长度却有 50 多米，高度上是直上直下的。怎么给这样一个局促且狭长的建筑空间赋予独特的魅力，就成为本次设计的核心所在。清石公司一贯秉承的设计理念是“形式源于内容，形式表现内涵”。这个项目也是如此。

窄、长、高这样的这种空间特点让我们联想到了“峡谷、高峰”，这个“高峰”是知识的高峰，我们可以用知识的载体——书去一层一层地构建。而攀登峡谷、高峰正是勇敢者的运动，充满着挑战，登上新的高峰就意味着创新的成功，新的事物、新的风景就此展现在眼前。这个理念正好是对创新的完美诠释，我们的设计自此展开。

按照我们的设计理念，需要构建出错落有致的采光中庭，这极大地改变了原有的建筑及结构。但是当我们接到委托设计时，项目的主体结构已经建设到了二层，而且由于工期需要，现场一刻也不能停工，因此，来自参建各方的阻力很大。最终，我们以专业的建筑及室内设计能力、执着的追求打动了甲方， 说服了建筑设计单位按照我们的要求逐步修改原设计，最后交出一个让各方都非常满意的答卷。

2

3

4

1

北京东升凯莱酒店

李怡明 | Li Yiming

1. 酒店大堂
2. 书吧外庭院
3. 酒店标准间
4. 酒店包间

北京东升凯莱酒店位于中关村东升科技园内，由原有两栋相距 50 多米的职工宿舍楼改扩建而成。本项目的建筑、景观和室内设计均由园区的总体设计单位——北京清石建筑设计咨询有限公司担纲。

酒店以“紫气东来”这个典故为设计引言，一方面契合了东升凯莱酒店的名称，另一方面也借此着力挖掘这个典故所蕴含的哲思意境，并与京城文化相结合，打造别具一格的酒店环境。

酒店前庭院以老北京的鱼盆为景观主题，配以手工紫砂砖的建筑外墙，繁星点点的幕墙夜景，中心庭院的 81 棵紫金竹，赋予了酒店浓厚的历史文化感。酒店后庭院的水景以龙的九子石雕为中心，仿铜雕的莲花瓣灯环绕在周边，在环绕着的水雾装置衬托下，宛如梦境。

酒店正门入口引道两侧以圆中有方的屏风为序列，门厅拆除原有楼板后，挑高 2 层，以《道德经》为内容，以活字印刷术为载体的对景墙，瞬时将客人的思绪引入老子的“哲思”世界。

大堂以整面铜板的透光祥云图案墙彰显紫气东来的主题，21 米的超长琉璃前台、由室外延续至室内的老北京鱼盆、潺潺的流水、碧绿的莲叶、悠闲的鱼儿，低调奢华的空间中蕴含着丝丝哲意。

咖啡书吧与大堂隔帘相望，另一侧为室外水景庭院，方正简洁的空间，古朴整齐的陈设，成为园区及酒店客人休息、洽谈的静谧之所。

酒店的泳池在建筑的最顶层，玻璃幕墙一侧采用了漫水式设计，人们置身泳池可随意欣赏园区内的美景，也可透过采光顶棚一览漫天的星光。开放式健身房与泳池相对，健身、小憩、美景，一切设计都为了每次愉悦的健身而准备。

客房设计同样出人意料，部分客房区域由原建筑改造而成，房间内小巧、温馨、错落有致，所有客房均配以高科技、人性化的 ipad 智能控制系统，充分体现高科技园区酒店的特有品质。

2

3

4

1

"ENJOY FLYING"
——飞雨言"治愈系"美容美发店改造设计

林巧琴 | Li Qiaoqin
黄志琴 | Huang Zhiqin
张　燕 | Zhang Yan
钮海龙 | Niu Hailong

1. 美发区侧面
2. 美发区正面
3.VIP 室
4. 过道与楼梯间

根据美容美发业的需求与流程，我们的工作首先从对平面功能的梳理优化开始。美发部分，将剪发与烫发区域相对独立，使造型复杂的烫发设备相对集中并靠后，放置在室内进深最长处。收银与美容美发共处室内的核心区，组成为空间中最高效的交通动线。空间的里侧，分列着水吧区、洗头区、洗消间及卫生间等后勤服务空间。前台的后侧，是此次改造中新添加的美容 SPA 空间。紧靠入口的狭长通道，则是等待和美甲空间。

由于美发区需要适当的空间使产品得以展示和推广，我们便利用原有墙面，运用螺纹钢搭建了两面灵活储藏的框架体。这个半通透的框架集景观绿植展示、隔断墙、坐卧休息、产品储藏等功能为一体，成为美发区中一个生意盎然的动感背景。狭长的美发核心区，运用木质的房形框架将每一个理发位进行虚拟划分，这样保证了每一个理发位的相对独立与完整。

在空间的风格和材料选择方面，这个理发店的英文名"ENJOY FLYING"给我们提供了很好的方向——寻找能让节奏舒缓、使人身心得以放松的材料，创造一个摆脱浮华而质朴、自然的"治愈系"室内空间。由此，我们找到了北京至今尚存的唯一一座青砖厂的青砖，搭配生锈的钢材和老实木，并在临街的玻璃窗上安上了水幕。有意无意中，"金木水火土"的天然材质应用，营造出了阴阳平衡的室内空间，调和出自在、安宁的室内生态。

2

3

4

1

马仕玖煲博乐店

李海洋 | Li Haiyang
蒋国兴 | Jiang Guoxing

1. 散座大厅之一
2. 包间过道之一
3. 包间过道之二
4. 散座大厅之二

2

3

4

本案是马仕玖煲的另一家直营连锁店，主营汉餐。主打以煲为主的菜品，口感美味，备受客户好评，定位于中端餐饮市场。

整个空间延续了以往现代中式风格，将古典的中国元素用现代的手法发挥得淋漓尽致。在色彩运用上，以黑、白、灰为主色调，米色、咖啡色为辅色，设计师巧妙地将几种颜色穿插使用，融合在一起，营造了一种安静和谐的用餐环境。

餐厅的功能布局分明，动线流畅，规划了前厅、散座区、包间区。进入前厅，黑白大理石装饰的台面看上去端庄稳重，鱼鳞状的铁丝网造型在灯光的照射下，显得格外耀眼。台面上面的一排吊灯，不仅提供着装饰照明，还很好地划分了空间感。吧台后面的展示柜上摆放着各种各样的陶瓷罐，颜色各异，点缀着整个前厅。吧台前面是等候区，放置了两组舒适的沙发，人性化的设计提升了整个餐厅的服务品质。鱼鳞状的木隔断很好地把前厅和走道分开。正对前厅的走道摆放着一条简简单单的长条案，随意的几件土陶罐，再加上墙上的一根枯木装饰，在射灯的照射下，现代中式的主题彰显于整个餐厅。

等候区的后面是散座区，米色、黑色的家具搭配咖啡色的布艺，含蓄素雅。鱼鳞状的木隔断将散座区有序地隔开，既不影响整个空间的视线，使空间隔而不断，又保证了用餐的私密性，使每桌客人用餐时都互不干扰。而墙面黑色方管与银镜组合的造型，在视觉上延伸了空间感，两者相互结合，营造了一种和谐的用餐环境。在散座区的角落里，还规划了几处景观。

走道采用了浅色调，米色的藤编壁纸搭配深色的木线条，使狭长的空间不再那么压抑。在走道的尽头，一侧铺满了白色的鹅卵石，放着几个大的土陶罐，在射灯的照射下，给狭长的走道增添了一丝氛围。

包间摒弃了复杂的造型，灰色的藤编壁纸装饰着整个墙面，圆形的吊顶和圆形的餐桌相互呼应着。设计师将景观延续到了包间，给单调的包间增加了一点活力。

1

结构布白

邵唯晏 | Shao Wei Yan

1. 客厅
2. 扶梯
3. 扶梯空间之一
4. 扶梯空间之二

我们创造的简单却大气的空间配置及格局，提供许多的“白”来满足喜爱收藏艺术品的业主需要，使生活的场域增添几许艺术的气息，同时因为楼地板面积大，设计上试图创造许多“空间逗点”来让空间喘息并连接而流动。

设计上，我们试图模糊空间的界线，期望串连四个楼层并打破“间”的格局，比如将一层阶梯视为“地景”的元素延伸融入客餐厅。

贯穿四个楼层的梯间成为使用率最高与视觉最汇集的公共空间，因而我们置入许多的“空间逗点”(space comma)来创造许多生活事件的可能，增加家人互动的机会。

男孩的阁楼房间，透过黑、白、灰的对比及黑铁与玻璃的钢性搭配，来回应及满足男孩对于制造的兴趣和喜爱。

简单而不加赘饰的设计语汇，让主卧房的空间低调却极为温馨，大书桌的设定消除了隔间墙所造成的压迫感并有效界定卧房与书房，让空间宽阔而流畅。

2

3

4

1

北京世纪恒丰“颐云阁”办公会所室内设计

陈六汀 | Chen Liuting

1. 空间透视之一
2. 空间透视之二
3. 空间透视之三
4. 空间透视之四

2

3

北京世纪恒丰“颐云阁”办公会所是5A级写字楼北京冠城大厦1号楼室内整体工程项日的一部分，是北京世纪恒丰房地产开发有限公司的部分办公空间，位于北京市朝阳区太阳宫，会所建筑面积为1000平方米。

“走向园林意象的现代办公环境”：该会所的设计理念是，将工作期间的人们从理性逻辑、过度严谨而缺乏感性的现代办公空间中解放出来，寻求或达到一种符合生活常态的空间意向，从而将传统建筑、园林，尤其是江南私家园林的意蕴引入这个办公环境中。

建构具有园林水体场域感的中心空间，整个办公区域的重要功能空间均环绕该水域设置，并通过视觉渗透形成空间互为融合的视觉序列和行为序列。室内采用人造自然光环境等手段，塑造清新的氛围，实现办公环境的绿色情怀和对人性的细节关照。

4

1

李先生牛肉面馆

利旭恒 | Li Xuheng
赵　爽 | Zhao Shuang
张　超 | Zhang Chao
牛倩璇 | Niu Qianxuan

1. 餐厅空间之一
2. 餐厅空间之二
3. 餐厅空间之三
4. 餐厅空间之四

一部介绍中国各地美食的纪录片“舌尖上的中国”受到极大的关注，其中有一段话，诉说着出外人心中对故乡的牵挂：无论脚步走多远，在人的脑海中，只有故乡的味道，熟悉而顽固，他就像一个味觉 GPS 定位系统，一头锁定了千里之外的异地，另一头则永远牵绊着记忆深处的故乡。这段话道尽了所有的异乡游子内心深处对故乡的思念与牵挂。饮食作为一个载体连接了家庭乃至人与人之间的情感。这也如同在中国大陆各地一家家的餐厅。餐厅空间成为载体，连接了异乡游子与故乡。

北京第一家李先生牛肉面馆于1987年在东单大街上开业。在此之前，李先生在新中国成立前夕随父从四川重庆铜梁县迁至台湾，后赴美求学，加入美国国籍。在美国创建了李先生加州牛肉面（美国加州牛肉面大王）。其在美国加州经营中国快餐一举成名，并被冠以“牛肉面大王”的称号。之后“美国牛肉面大王”在加州迅速发展，1985 年其回国发展，至今已有 500 家分店。

本项目坐落于北京崇文门，设计师期待透过这家新形象店来述说李先生的这段历史，从四川到台湾，再到美国，转了一圈最后回到中国。这段过程有如大时代的小故事，更是那个年代人生的缩影。空间上借鉴了美国的汉堡店布局，装饰面材料又充满了中国语汇，期待透过这种碰撞给顾客提供独特而有趣的用餐体验。

2

3

4

1

三蝶分子美食餐厅

张晓莹 | Zhang Xiaoying
范　斌 | Fan Bin
张　鹏 | Zhang Peng

1. 餐区之一
2. 餐区之二
3. 餐区及光变蝴蝶
4. 餐区光影效果

本案业主来自白领阶层，对新事物充满兴趣并愿意尝试，因此也希望通过空间设计与菜品的联系，产生一种别样体验。分子美食有别于传统的消费菜品，吸引中档客户，他们希望环境内敛，菜品夸张。因此设计师在考虑上述因素后，在环境风格上进行了考量，餐厅整个设计都围绕独特新奇的菜品展开，灯光、色泽、容器等都意在彰显菜品的“奇思妙享”。整个空间场景将灯光有意控制得较为暗沉，仅有餐桌面的亮度刻意提高，仿佛舞台聚光灯，聚焦着这场盛宴的华丽主角；雅座顶部设计穹型吊顶，既成为就餐的主要光源，同时又把控座席的声音，使客人独享私密。另外，软装的搭配也具有奇幻性。

而空间布局上，餐厅设计兼顾了中西餐布局方式；中心有公共区域；卡座设计类似咖啡吧，既可作为日常经营，又可用于包场。

选材上，项目主材采用灰黑色亚光砖、索色橡木墙板、不锈钢、玻璃及墙纸，在灯光和多媒体技术的配合下营造雅致、独特的用餐氛围，让客人的注意力被牢牢吸引在菜品上。餐厅中多媒体技术的使用也非常多：①入口处餐厅的蝴蝶 LOGO 投影利用了人的趋光心理，别具吸引力；②橱窗采用多块投影屏表现交互式多媒体设计情趣；③玻璃罩采用 LED 灯打造蝴蝶造型；④顶棚顶部利用不锈钢与光的融合产生蝴蝶幻彩效果。

2

3

4

1

扬州东园小馆

孙黎明 | Sun Liming
耿顺峰 | Geng Shunfeng
陈　浩 | Chen Hao

1. 东园小馆场景之一
2. 东园小馆场景之二
3. 东园小馆场景之三
4. 东园小馆场景之四

空间突出亲和调性，舒缓雅致的背景下，勾勒出属于穿越于古典和现代之间的“家”的轮廓与记忆的温馨。橄榄绿在金属黑的结构体下、自然的浅木纹在米黄的线描图形背景中、野趣的藤编在粗粝的粉墙前，既产生对比之美，又在量感上获得均衡处理，共同勾勒出和谐之美、亲近之境，同时又因国际化设计手法的应用而徒生了业态的品质感与时代性，既符合了“快时尚”消费的平朴，又形成了个性化高尚餐饮的品牌形象。

2

3

4

1

长临河——徐州淡水渔家

冯嘉云 | Feng Jiayun
陆荣华 | Lu Ronghua
铁　柱 | Tie Zhu
刘　斌 | Liu Bin

1. 淡水人家场景之一
2. 淡水人家场景之二
3. 淡水人家场景之三
4. 淡水人家场景之四

“淡水渔家”项目以展示“渔境”为空间表现重点。与项目所处的城市副中心，在背景与调性上形成鲜明的差异，通过稳重而自然的色彩、朴素又本色的材质和生动朴拙的“渔”意向陈设系统，为目标客群营造了一处闹中取静的餐饮空间，空间动线通过园林手法表现，呈现移步换景、处处有景的身心体验，在自然主义的整体氛围中，为场所赋予了熟稔的、丰富的中式语境，为就餐与交流提供了隽永的诗意背景。

2

3

4

1

南京小米餐厅

范日桥 | Fan Riqiao
朱　希 | Zhu Xi

1. 小米餐厅场景之一
2. 小米餐厅场景之二
3. 小米餐厅场景之三
4. 小米餐厅场景之四

2

本项目空间设计既与所在基地的整体国际化调性高度协调，又因其工业美学手法呈现的LOFT意向，焕发出其独特的个性魅力。整体简约、低调的理性基调中，由于涂鸦的大面积展现和各空间结构连接的巧思精细及家具橘红、绿的点彩跳跃，得到了活化与生动，在材料、材质、材料美学的运用中，突出了其本身所蕴含的精神导向，既有精致光洁也有粗粝原始，既有斑驳悠远，也有清雅飘逸。在整体的理性基调中包含了丰富、微妙的感性诉求——一个意味深长的国际化高品质的亲和感餐饮空间。

3

4

NEXT SERVICE 100 MILES
SAFE DRIVE
WARM MEAL
COLD DRINK
OPEN 24 HOURS
2 years
Carriages and Coaches
My Garage My Rules
OLD BICYCLE
8.25

1

多伦多海鲜自助餐厅苏州圆融店

孙黎明 | Sun Liming
耿顺峰 | Geng Shunfeng
胡红波 | Hu Hongbo

1. 多伦多海鲜自助餐厅苏州圆融店之一
2. 多伦多海鲜自助餐厅苏州圆融店之二
3. 多伦多海鲜自助餐厅苏州圆融店之三
4. 多伦多海鲜自助餐厅苏州圆融店之四

项目位于苏州金鸡湖畔，本区超大型现代化购物中心，基地国际化调性鲜明。项目设计立足于基地物业形象和谐，整个空间呈现出浓厚的美式西部韵味，而在个性塑造上，则突出自然、野趣、农场和不拘的LOFT融合，契合了新城市核心中潮酷阶层的审美特征。在空间架构上，全开放与半开放结合，并通过不同的色彩与陈设区块，自然形成不同的情境空间，在统一的空间气质下又有微妙的变化，大大丰富了目标客群的多维就餐体验。从所有细节上，消费者会看到空间表情的丰富与生动饱满， 如不同款型色彩的凳子、平面线描涂鸦以及美食餐饮业道具、自然形态剪影、粗粝的墙和实木、马赛克等。

1

杭州某办公室改造

戴　璞 | Dai Pu

1. 办公室门厅
2. 办公室吧台区
3. 办公室二层的流动性空间
4. 楼梯扶手

3

4

该办公室内装设计项目位于浙江省杭州市，虽然基地拥有良好的室外自然景观条件，但原有建筑内部阴暗压抑：已有结构的一层层高 3.3 米，梁下高度 2.6 米，空间比例相对低矮；二层空间的高度具有优势，但一，二层的联系较弱，原有建筑的双层特点也并没有展现出来。

因此设计一开始考虑的是如何让上、下层联系起来，不只是在空间上，也是在未来使用者的心理感知层面上。让楼上和楼下的人都能感觉另一部分成员的存在，营造出团队感。在氛围上希望营造出完全开放、具有空气感的流动空间。不只是单层平面的流动，还是上、下层之间的流动感。

为了做到这一点，我们作了大量的尝试。Mies 的德国馆以及 Morandi 的绘画提供了一些突破。虽然 Mies 的作品具有二维的局限性，但在考虑三维层面的突破时，Morandi 的绘画操作手法是很好的学习对象。在他晚期的作品里，主体和背景的形体关系以及色彩关系都趋于同化、简单化，一些画作的形体边界和背景融为一体。

如果我们把空间里的家具看成物体（object），把墙体，楼梯等结构看成背景（canvas），通过让家具（object）和结构（canvas）同化、连接，与人的身体最易发生关系的家具就会把这种流动感传递给人体。楼上的空间因为结构和家具的同化，也与楼下联系在一起。

整个方案在空间划分上没有新建任何常见的隔断墙，而是采用轻质的家具格柜配合半透明的 1 厘米厚阳光板组成新的空间划分体系。家具和楼梯、扶手、吧台等共同组成一个隔断系统。

由于采取预制的隔断体系，可以减少现场作业的人工成本和返工成本，也减少了湿作业，节省工期。把项目完成度的重要部分放到拥有现代化加工设备的工厂。在中国现场施工精度相对落后粗糙的当下，这不失为一个解决办法。

1

融合

谢江波 | Xie Jiangbo

1. 办公室门厅
2. 办公室吧台区
3. 办公室二层的流动性空间
4. 楼梯扶手

让工作融于生活之中——总有那么些时光，想要逃离嘈杂的城市，避开拥挤的街道，屏蔽刺耳的噪声，专注于工作而不被打扰，寻一处清心寡欲的纯粹之所，让灵感的思绪在辽远的天地自由奔腾；

让生活融于自然之中——亦有那么些时光，想要沏一壶清茶，搬一把藤椅，在硕大的落地窗户前，零距离拥抱大自然，任时间消逝，风云变幻，醉心于自然的神奇多姿和生活永无止境的魅力……

融合——随着多米诺体系问世，墙体被解放出来，我们可以追求更为自由、联通、流畅的空间。它，打破了原有的建筑布局，使框架更加方正，布局更加开放，给人通透之感；它，没有过多的装饰，有着现代主义的纯粹，但几何形体转折之间又不失其趣味性；它，坚持几何学的简单设计，以流畅的混凝土表皮为基调，打造出“清心寡欲”的居住感；在这里，我们尊贵的业主——博闻强识的作家先生，时可伏案于桌、才思泉涌，时可轻裘朱履、怡然自得，即便入梦沉睡之时亦有醉人的书香萦绕左右，芬芳四溢。它，是工作、生活与自然的完美融合，让身心得到最大的解放和自由。

2

3

4

1

禅石餐厅

凌　川 | Ling Chuan

1. 餐厅空间之一
2. 餐厅空间之二
3. 餐厅空间之三
4. 餐厅空间之四

亲临禅石餐厅仿佛来到大自然的庄园，这里石奇、林茂、草绿、花美，一切来源于自然幽远的意境；走出城市的纷扰与喧嚣，在禅石餐厅真切感受清新自然的淳朴；深厚的人文以及时尚的建筑，将古典园林与现代建筑完美融合，让钢筋水泥的建筑多了些温柔的气质；设计师的独特餐厅设计为我们创造出了一个美轮美奂的花园。

3

4

1

赋·采

杨焕生 | Yang Huansheng
郭士豪 | Guo Shihao

1. 空间之一
2. 空间之二
3. 空间之三
4. 空间之四

2

3

4

比“文”还具有风采，比“诗”还拥有更多韵律，可以给予它看似“非诗非文”的定义，同时也具有“有诗有文”的内涵。我们重新给予它像新生命绽放般的色彩，结合创作艺术与精致工艺，把它放在喧嚣的都市、彼此交错坐落的城市光景中，也让这样的色彩巧妙地融入生活。

从门厅、客餐厅至厨房，长形的建筑空间，也是在完全开放的尺度下，要让人不存疑这些各自独立的空间要如何并存在同一个当下，而起融合作用的，是将14幅连续且拥有韵律感的晕染画作，模拟大山云雾的虚无缥缈，镶嵌于垂直面域上，落实视角的想象，改变检视艺术的视角角度，实践内心期望的生活方式。一开一合之间创造出静态韵律与动态界面屏风，让连续性的延伸感蔓延全室，用弧形线条，如卷纸轴般轻巧地挂于顶棚上，饱满及圆润并攀延至墙面及柱体，使每一面视野都有自己的诗篇在流露，创造优雅又舒适、美好的生活。

借由开放或造型、比例、对应的表现，为整体空间定调，透过不同视角衍生出框景效果，让造型彼此之间产生了或对称，或反差的关系，亦为空间建立了丰富的视域层次。以实用机能、丰富采光、通风对流、动线流畅作为主要的设计原则。借由视角延续的开阔、公共空间彼此交叠，为空间引导渐进式的层次律动；借由空间结构、节点的延伸，叠合出独特而丰饶的居住体验。

大面“L”型的落地窗环绕，拥抱了眺望城市的最佳视野，想把这样无尽无边的辽阔感延伸至室内来，但却要去除那份属于都市中或繁忙或冷漠的特质，让去芜存菁的空间能回应居住者的初衷与内涵，让长期在往返美国、新加坡、中国上海的屋主，感受到像是顶级饭店的精品规格，同时也拥有属于家的放松与温度。

1

香山大学堂

高振华 | Gao Zhenhua

1. 二层接待室
2. 一层大堂
3. 地下休闲区
4. 负一层大学堂

香山大学堂追求："漫漫人生其修远，环于师者索求然。"而大堂是以体现"人生似书，历史如洪，笔笔印迹，没入其中"为设计初衷。环顾天宇，皆凝厚重。一方微塘映出碧蓝如洗的天空，一隅之地体会温暖和煦的阳光，享受阳光房独特的美。报告厅前厅则是饮尽滔滔千古文章，目极世世风流人物。休闲区则是处幽深能知其明澈，居狭窄可望其宽广，立如翠竹，必伴清风，方圆结合，动静共生。三层阁楼寻求的是安逸与宁静，回归的是简单与本朴。我到香山如读书，日新境会领徐徐。

享受着茶之香气、香之静谧、花之芬芳、琴之悠扬、书之宽广，五道的精髓浑然天成。

静心守定，大道无形，森罗万象，皆入其中。

2

3

4

1

龙井茶文化体验馆

邵 剑 | Shao Jian

1. 体验馆空间之一
2. 体验馆空间之二
3. 体验馆空间之三
4. 体验馆空间之四

杭州独特的气候和自然环境决定了这里是茶的故乡，而最负盛名的就是龙井茶。

龙井茶文化有着悠久的历史，多种植于依山靠水，晴能收到充分日照、雨又易于排水的酸性丘陵山地上。

《龙井茶文化体验馆》位于杭州，整个设计以水为主，用水将整个空间贯穿起来，渲染出一种青灰色的色调，整个空间就像是在泡一杯香浓的龙井茶。

2

3

4

1

成都纺织博览中心 A4 办公样板房

凌　川 | Ling Chuan

1. 设计公司开放办公区空间之一
2. 设计公司开放办公区空间之二
3. 金融中心办公室开放式办公区之一
4. 设计公司开放办公区空间之三

纺织博览中心A4办公样板房位于广州珠江国际纺织城内。是虚拟办公场景的样板间，假定客户为刚投身于服装产业的年轻业主，功能有展示区、办公区、洽谈（酒吧）区和经理办公室等。设计师以其行业特征为出发点构思概念，在这个狭小而建筑横梁密布的空间里，以曲线造型寓意纺织品的轻柔，用编织造型点出主题。整体气氛以暖白色为主基调，在配饰上则强调运用鲜明的原色与背景呼应，形成良性的对比。给人以及温馨又时尚的视觉感官。

2

3

4

one idea
2014 new arrival
01.ACCESSORIES
02.BAGS,HAT,SOCK
03.MOBILEPHONE

1

ONE IDEA 畹町

刘　恺 | Liu Kai

1. 畹町旗舰店入口布局空间之一
2. 畹町旗舰店入口布局空间之二
3. 畹町旗舰店收银台布局空间
4. 畹町旗舰店门头橱窗

ONE IDEA——畹町是家居生活用品连锁品牌，旨在通过对社会发展新需求的关注，进行产品的需求整合和渠道整合，提供生活体验的解决方案，以满足消费者的社会角色需求和生活体验需求的多元化平台空间。

设计师对现代人的生活模式及生活需求进行了深入的探讨，畹町店铺采用场景综合陈列加铺货陈列的综合陈列模式，营造具有感染力的生活感场景，并且根据主题的变换进行相应调整。开敞的店铺空间中几种不同质感的白色材质穿插运用，加上主题色蓝色的点缀，在明亮、整洁、舒适的空间中增添了趣味性与层次感。

由于生活家居类产品的丰富性及多样性，导致货架需要很好地从产品的品类进行考量、合理分布。对此设计师设计并使用了通用道具的模块化及多种组合模式的解决方案。

门口的插画运用、收银台与入口处的海报以及收银台的黑板画的平面视觉系统运用，处处都彰显着设计师的匠心独具。

2

3

4

1

合肥华润五彩城

J&A 姜峰设计 | J&A Jiang Feng She Ji

1. 五彩城主中庭
2. 餐厅空间之一
3. 餐厅空间之二
4. 餐厅空间之三

随着城市化的不断发展和深化，商业综合体的互动与多元性特征日益明显，崇尚时尚、潮流生活的华润置地合肥五彩城正是这样一个集购物、办公、餐饮、娱乐、生活服务为一体的“潮流体验、时尚生活”购物中心，项目位于合肥市中心西南侧的一、二环之间，隶属于蜀山区，总建筑面积约为14.2万平方米，其中写字楼约6万平方米，车位近千个。这里将打破传统的大卖场商业格局，五彩缤纷的精彩生活，从这里开始，为你量身定制时尚新生活。

在设计过程中，J&A以商业业态、公司品牌形象为出发点，结合品牌LOGO形态等元素打造了简洁、明亮、温暖而亲切的室内空间，营造出更舒适、惬意的购物感和休闲环境。

地材设计将彩虹的设计理念进行了延伸，采用条状与曲线相结合，起到引导的作用，主中庭区域则采用彩色地拼，进一步打造商业核心区域。

顶棚进行了强化设计，目的是更好地吸引客流视线。中庭拦河节点采用退层及打斜处理，使侧板更为轻盈，营造出更温馨的空间氛围。顶棚设计采用局部采光，通过灯光的处理，营造出温馨、舒适的氛围。

为了更好地打造视觉焦点，重点空间采用了发光软膜进行处理，极具时尚感。各层地面设计运用彩虹理念，呼应商场主题，同时在功能上起到引导人流的作用。顶棚与地面相呼应，营造整体的时尚感。次中庭拦河采用不同材料的处理，使侧板更为轻盈且富有变化。

2

3

4

1

2013 广州国际设计周展位——ON/OFF

谢英凯 | Xie Yingkai

1. 餐厅空间之一
2. 餐厅空间之二
3. 餐厅空间之三
4. 餐厅空间之四

用装置主题展的方式做一个临时展览空间，是本次设计周展览项目的新定位，从概念创意到设计效果，这是一场对“公共性、开放性、趣味性”三大设计思维的完美革新，从策展理念到立体空间，经由展览的形式表达对内心、身体、精神、空间、社会以及世界的关注。空间部分由三个半封闭与半开放的盒子组成，利用三维空间内的二维设计，营造视线错觉；在盒子外围选择了最常见的卡布隆材料，借由最简单的材质打造具有开放性和公共性的空间，让建筑从思考过程到实用阶段都更加轻便与环保，唤起设计的社会责任感；展区内尝试多媒体交互体验设计的形式，通过影像的方式诠释展览的主题。

展馆入口处以及顶棚吊顶上层叠的线条，让人的视觉时而二维时而三维，前进的过程仿佛是通往一个没有尽头的长廊。展馆内用阳光板材料围合，看似是个封闭的空间，半透明的墙面又不时透出朦胧的影像，宛如雾里看花。展馆内空间看似是全封闭，可处处都与展馆外相连通，在你认为通向外界的出口处，却找不到可以推开的门，殊不知出口就在眼前，这便是本次展会“ON/OFF”想要传递的设计理念。

2

3

4

1

五指山亚泰雨林度假酒店

赵　辉 | Zhao Hui

1. 酒店空间之一
2. 酒店空间之二
3. 酒店空间之三
4. 酒店空间之四

规划、景观、建筑、室内设计皆秉承最大限度地减少对自然环境造成的破坏，达到“天人合一，和谐共处”的生态环境。

整体路网规划，景观设计，因山取势，蜿蜒曲折，曲径通幽，步移景异。

以青灰砖瓦、米色手工肌理涂料、文化石墙裙、仿木纹门窗装饰为主要材料，与自然山林、花鸟鱼虫融为一体，共享自然乐章。

室内装饰设计，通过质朴原味、低调、不必追求奢华的装饰，静怡地融入自然，本是“人间仙境，奢华在心”。

当地村落以黎苗族少数民族居住为主，为凸显对热带雨林自然的尊重，对历史文化、民族风情的尊重，在室内设计中，以民族崇拜的“蛙纹”为设计元素符号，贯穿整体，以竹编、柚木饰面板、无纺布壁纸、仿古砖、新阿曼理石为主要材料。内装主要材料的选择，考虑当地资源及气候条件因素的一致性，从精神文化到物质条件，突出融合、独具特色的地域性特点。

2

3

4

1

雅居乐展厅

梁永钊 | Liang Yongzhao

1. 展厅空间之一
2. 展厅空间之二
3. 展厅空间之三
4. 展厅空间之四

西塔位于广州城市新中轴线上，是广州现在以至未来几十年的新地标。在此办公，自是站在时代的尖端。因此，设计师致力要给雅居乐设计一个创新、时代感十足，但又能表达雅居乐勤勤恳恳走过20年，潜力不可估量的概念。因此，我们从三点出发：一是雅居乐的企业文化精神；二是创新；三是触动人心。

雅居乐企业发展战略版图的各个区域是低于水平面的一个个地面灯箱，灯箱上的展示模式类似建筑沙盘模型。一丛丛水晶立柱遍布中国各个区域，表现了雅居乐在中国大地的辉煌成就，已是中国地产乃至经济的主流动脉，占有不可动摇的一席之地。此外，水晶立柱群附近的木柱上有不同颜色的水晶块，不同的颜色代表不同的区域，体现了雅居乐在该城市开发的楼盘，凸显了雅居乐的企业规模。

在展厅的左侧是20周年发展历程墙及企业文化展示。墙体上以一个个充满岁月味道的原木刻字，拼制出整个墙面的底层肌理，其中部分字句雕刻的是雅居乐20年来的发展历程，以红色字区分。在木刻字墙体前是一整排由黑色不锈钢制成的框架，用于展示企业文化，包括员工风采、社会责任、发展历程，等等。整面墙体宛如一幅幅画卷，向观者展示雅居乐企业20年来风雨同舟，留下的辉煌足迹。

而在雅居乐企业发展战略版图的正前方是雅居乐20周年主题墙，整面墙体由一个个装满泥土的玻璃瓶组成，它们是雅居乐这么多年来全国各大楼盘的奠基泥土。玻璃瓶的泥土颜色由浅到深，而中间的“20th”字样则是用没有装载泥土的瓶子透出背后的灯光构成，凸显雅居乐成立20周年的主题。

最后来到休闲区域，此区域以荣誉墙为背景，人们停留在休闲区的时候正好能细看荣誉墙。荣誉墙远观是一面大理石肌理结合三条发光灯带的墙面，发光灯槽是由透明的水晶砖砌成，而每个水晶砖上均刻有雅居乐历年来所得到的各种奖项，而这样低调的表现方式，正体现了雅居乐沉稳踏实、不浮夸的企业精神。

2

3

4

1

浮石 .FLYING ROCK

余　霖 | Yu Lin

1. 空间之一
2. 空间之二
3. 空间之三
4. 空间之四

但凡与销售有关的空间总是充满可验证性，而一个销售会所的好与坏的评价标准一方面来自于空间的整体印象，更精确的评价标准来自于人与人的对话关系和尺度感受。这些感受将直接联系于对谈时间、对话情绪及销售与购买群体的身体姿势，细节将最终影响我们所关注的总成绩——销售业绩。

在该案设计过程中，在传统人体工学系统下进行家具陈设尺度的微调，来形成适应洽谈功能的家具组合而非模棱两可的泛人体工学理论，这成为该案极有价值的构成。

另外，整体空间印象被精确地定位于现代简约派系。它在符合国际一线城市主流审美标准的同时被注入生态主义元素——浮石，这成为空间中令人咀嚼不厌的亮点与空间独立性格。而以大型透明有机板象征雨帘的艺术装置，配合设计师亲自选定的岩石翻模而成的艺术陈设，使陈设艺术成为空间线索，贯穿起建筑化的空间基础与极细节的家具及陈设设计两端。它们共同构成一个完整的、具有独立体验价值的、性格正面的空间场所。

正面之美与想象力是评价任何空间设计的“金线”，但这条感性的“金线”却完全基于理性的尺度控制完成。对设计师而言，挑战在于：深刻的平衡感性与理性的比重，以及用最恰当的手法传递成果。

2

3

4

1

一心悦读办公室

蒋国兴 | Jiang Guoxing

1. 总经理办公室
2. 办公室
3. 前台
4. 休闲区

与其他书店不同，一心书店营造的是一种安静古朴的气息。

路过嘈杂的街道，穿过拥挤的人群，转个身像是来到了另外一个世界。

进门可见简洁的接待台，细细的黑色钢管包着乳白色的磨砂玻璃，柔和的灯光照射出“一心悦读”的黑色凹凸标志，犹如一手遒劲的毛笔字。地面也是黑白砖错落有致地拼接，与接待台相互呼应，黑色的吊灯把温暖的灯光撒在斑驳的白桦树干上，空气中飘荡着散射出柔光的尘土。

随处可见黑色细钢管做成的书架，搭配厚重的原木板，古朴简洁又不失大气。

进入办公区，长长的桌子，也是由黑色钢管和厚重的木板做成。圆滑的扶手椅子、桌子摆放的几大束马蹄莲，把整个空间点缀得生机勃勃。书香加花香，让人沉醉其中。

阅读区墙面选择了复古的条形砖。墙上挂着几幅抽象的油画，配上麻质布艺沙发，显得安静又温暖。

踏着实木台阶一步步走到楼上，随着视线的抬升，可见书架也是倚墙而立，细细的黑色钢管把墙面分割成若干个长方形。满满的一整面书墙，给人浓厚的书香气息。

楼上的多功能区跟阅读区一样，用了复古的条形砖。厚实的原木板，麻质布艺沙发，背后的壁炉若隐若现的火光，时间好像真的可以如尘土一般飞扬流逝 。不知道经过了多少时光、多少人的抚摸碰撞，木板被磨得圆润而露出本色。安静的午后，沉浸在一本书的时光里，慢慢地溶解。

2

3

4

1

回·家

武名君 | Wu Mingjun

1. 改造后空间之一
2. 改造后空间之二
3. 改造后空间之三
4. 改造后空间之四

在毕业这年，我回到家乡，回到生我养我的农村，选择当地的一户具有典型性的房屋，用我在美院所学的专业技能来为他家进行改造。在保留传统的建筑特色和当地特有的生活方式的前提下，我花了四个多月的时间来做这件事，从前期调研到设计，最后到施工和拍摄都由我一人完成。当然在做的过程中我会遇到很多问题，但是在克服这些困难的同时，我也在不断地进步。最后，我希望达到的效果首先是能为户主营造一个舒适而温暖的家。然后我希望当地的人们看到这个作品，看到这个简陋的室内。在不花费很多钱的前提下，就能让它既保留传统文化留下来的好的东西，而且通过自己的审美判断，就能让自己的家焕然一新。同时，我也希望更多的设计师能关注广大贫困人民的生活，让他们能感受到设计给他们生活带来的不同。

接下来再来介绍一下户主。户主是位孤寡老人，丈夫和女儿相继去世，自己也左腿骨折。这个家的现状对于年过八旬的她而言，生活上确实很艰辛。我将一些家具、器物，还有一些她过去用过而怀念的物品展示出来，把不需要的原本堆放的物品去掉。这些让她带有感情的物品，比如过去女儿织毛衣用过的毛线团，我将其缠在竹椅和坐便器上等等。这些可能在我们看来微不足道的物品，对于她来说却是一种回忆，能让她感受到家的温暖。我觉得设计师给客户带来的人文关怀，并不一定是把空间设计得很漂亮、很奢华，而是看这个空间是不是真的能让客户感受到设计师的用心，让他们的生活品质真正地得到提升。

2

3

4

1

西溪壹号 20 号楼售展中心

尹 杰 | Yin Jie

1. 中心空间之一
2. 中心空间之二
3. 中心空间之三
4. 中心空间之四

此案西溪壹号售展中心在西溪湿地原生态自然美景的怀抱中。西溪壹号打造比肩江南会、西湖会等西湖畔会所的杭州首个世界级企业会所集群，汇集私密企业会所、高端商务、休闲娱乐等于一体，考量精英人士商务、社交、生活需求，形成西溪湿地之上的顶级商务群落。

通过精巧的设计，将景观向下渗透延伸。拥有南北通透的阳光露天庭院。首创“飞地”概念，让建筑漂浮在西溪之上，窗户外面创造性地打造数百米空中水景，通过水面与绿植的视线控制，人们可不受干扰地一览西溪湿地公园全景，使其与西溪无边接壤，创造既开放又极度私密的禅意观景空间。

2

3

4

1

中国古代瓷器艺术展

李京擘 | Li Jingqing
吕　翔 | Lu Xiang
李怡明 | Li Yiming

1. 展厅空间之一
2. 展厅空间之二
3. 展厅空间之三
4. 展厅空间之四

隔而不断：强调空间视觉的通透性，借助不同展柜形式形成或半开敞或开敞的组合式空间，以隔而不断的手法增强视觉连续性，加强视觉交流。

模数化设计：从通用性角度出发，采用模数化理念设计展柜。根据展品的特点选择柜型和照明设计，突出单体展示效果，强调每一件瓷器的单体之美。

洗练细节：展墙、展柜、展托设计施以洗练的造型和细节，以简洁的语素和背景映衬展品的精致和华美。

2

3

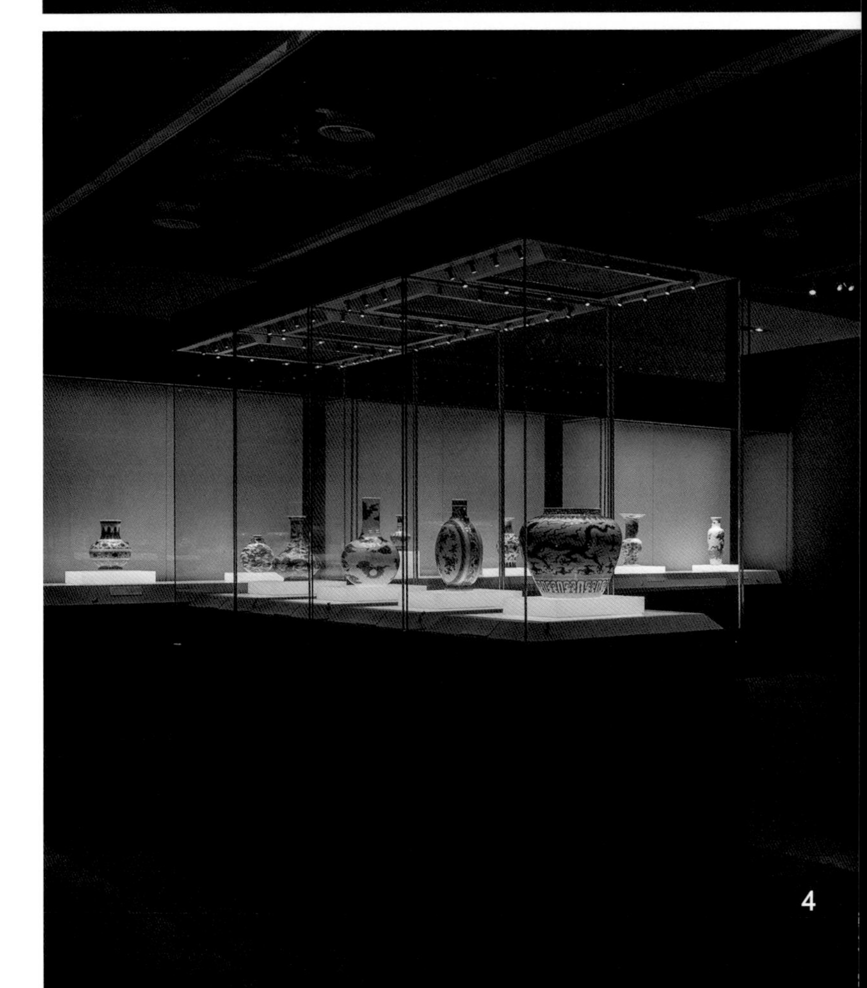

4

1

连紫华瓷雕艺术展

李京擘 | Li Jingqing
何 欣 | He Xin
李心烈 | Li Xinlie
孙 祥 | Sun Xiang

1. 展厅空间之一
2. 展厅空间之二
3. 展厅空间之三
4. 展厅空间之四

通用性设计：提出展台与背板的模数化设计方案，以满足展示需要，并为临时调整提供解决方案。同时满足在国家博物馆其他展柜及展示装置中重复使用的可行性。

烘托的手法：经过多次实验与论证，色彩方案选用深红色和米黄色，借助色彩对比来凸显白瓷的色泽和佛像造型的优美。

光环境的二次塑造：针对展品尺寸及白瓷特点，采用外打光、可控光的方式完成展览照明方案。通过光线控制实现氛围营造、意境渲染，将作品更真实、更艺术地呈现给观众。

2

3

4

潘天寿艺术展

Pan Tianshou's Exhibition

1

潘天寿艺术展

李京擘 | Li Jingqing
邓 璐 | Deng Lu
张子龙 | Zhang Zilong

1. 展厅空间之一
2. 展厅空间之二
3. 展厅空间之三
4. 展厅空间之四

意向复原：通过对艺术家故居空间的分析，以意向性复原手法营造画室及客厅空间，以期加深观众对艺术家及其作品背景的了解。

展示装置：运用模数化理念设计、定制大型展示装置，把尺寸差异较大的展品统一在一个视域内，以利于塑造展览空间的整体性，突出整体展示效果。

空间控光：泛光照明和点光照明互补的展示照明方式。在装置顶部和底部安装投射角度、照度可调的专业射灯，确保作品照度均匀，以优质光环境再现作品意境之美。

2

3

4

1

天津方标世纪
规划建筑设计有限公司办公楼

韩 帅 | Han Shuai

1. 大会议室（大屋）
2. 咖啡厅
3. 走廊
4. 会所走廊

这座美丽如博物馆的建筑设计中心背后，有着明确的实用设计哲学，它包含一个巨型会议厅，一个会所，一个自助咖啡馆、茶亭，两个挑空大堂，四个大公共休息区及4000平方米的办公空间。该结构是建立在一幢现代化的建筑钢架混凝土单元基础的顶层上，有着各种相同元素的几何结构功能区。楼梯是用混凝土构件将楼梯板、壁、立柱和灯带组成的统一结构单元。这个元素串联着整体的四层结构，每层限定的单元区可以放置办公区。这些空间拥有相当尺度的设计灵活性，使设计理念既可以融入每一个小房间，又使所有的空间充分地利用。特别是角落空间的风格，通常是一个建筑师追求的风景和空间的品质标杆。三层空间的中式院落是整个办公空间的核心区域，有公司的大会议室、领导接待的贵宾室等。我们给大会议室起了一个很直接的名字——大屋。其实类似某某轩、阁、堂如此华丽的辞藻，也不如“大屋”两个字直白，同样具有深意。屋顶，我们采用了中国传统的木结构建筑代表形式——抬梁式结构，16扇中式隔扇门采用了3.5米的超高尺度，采用了北方民居常用的步步锦形式。在如今充斥各种风格、追新标榜个性的建筑设计领域，我们更喜欢走这样的一条传统本土化的道路，其实更是向我们本民族建筑领域前辈的致敬。

2

3

4

1

“折立方”

卫东风 | Wei Dongfeng
李　佳 | Li Jia

1. 建筑外观实景照片
2. 建筑室内实景照片
3. 建筑室内实景照片
4. 建筑室内实景照片

房价已经成为当今社会最热的话题之一，由于多种因素影响，导致多年来房价快速上涨，长期困扰广大低收入人群。本案立足于当代社会热点问题，试图通过新型模块化微型住宅“折立方”的建筑设计来尝试解决社会问题，并结合跨学科思维与绿色设计思想，探索表皮与空间相得益彰的新型模块化微型住宅建筑设计。

设计的目标群体定位在家庭条件较差，无力支付传统房租房价，但又对生活有着自己的独特理解的人群，他们并不满足于基本生存。因此，“折立方”试图寻找一种成本、功能与美学达到平衡的设计：首先，“折立方”是小型的、微型化的、模块化的建筑，它基于2.4米长、宽、高的立方体，采用预制装配方法，拆除与安装仅需数个小时，极具灵活性、便携性；其次“折立方” 采用定向力刨花板、方钢管等绿色环保材料，完全可回收利用，并且质量较轻，运输与安装过程中碳排放少，结构建造完全在设计车间内完成，对周遭环境几乎无影响；再次，它在满足基本生存功能的基础上去功能化，发掘对小空间使用的自由度；最后，“折立方”在表皮和空间上反复推敲，致力于创造独特的空间感受，让使用者不仅仅是生存，而且是舒适并有尊严地生活。

2

3

4

1

浙江安吉君澜度假酒店

林学明 | Lin Xueming
陈向京 | Chen Xiangjing
周 筠 | Zhou Yun
张宇秀 | Zhang Yuxiu
许琼纯 | Xu Qiongchun
石雅文 | Shi Yawen

1. 零点餐厅空间
2. 日本餐厅空间
3. 茶室空间之一
4. 茶室空间之二

本案以当地的竹文化作为主线，用传统与现代、乡土与时尚、东方与西方的语言融合来形成独具特色的竹文化主题酒店。

2

3

4

1

水之韵律

熊时涛 | Xiong Shitao

1. 白石桥南 6 号线水之韵律完成效果之一
2. 白石桥南 6 号线水之韵律效果图之一
3. 白石桥南 9 号线水之韵律完成效果之二
4. 白石桥南 9 号线水之韵律效果图之二

作品是为北京地铁 9 号线白石桥南站而设计。白石桥因为高粱河上的一座桥而得名，作品通过改变镜面不锈钢反射的角度模拟水波的视觉效果，使观赏者通过不断地改变观看角度，得到丰富变化的水波意境。

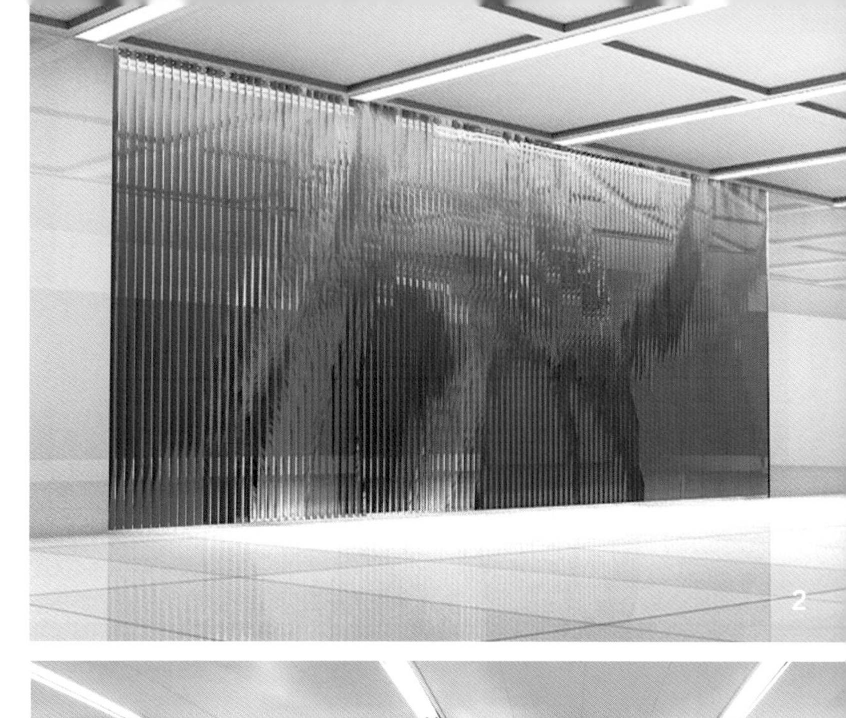
2

3

4

1

凤杏奇缘

李　震 | Li Zhen

1. 作品完成效果之一
2. 作品完成效果之二
3. 作品效果图之一
4. 作品效果图之二

作品是为北京地铁 9 号线白堆子站而设计。金秋时节，银杏飘飞，牵起几多思绪。作品结合三维空间造型与波普的商业色彩，抒写着大都市中的一缕缕自然情愫。

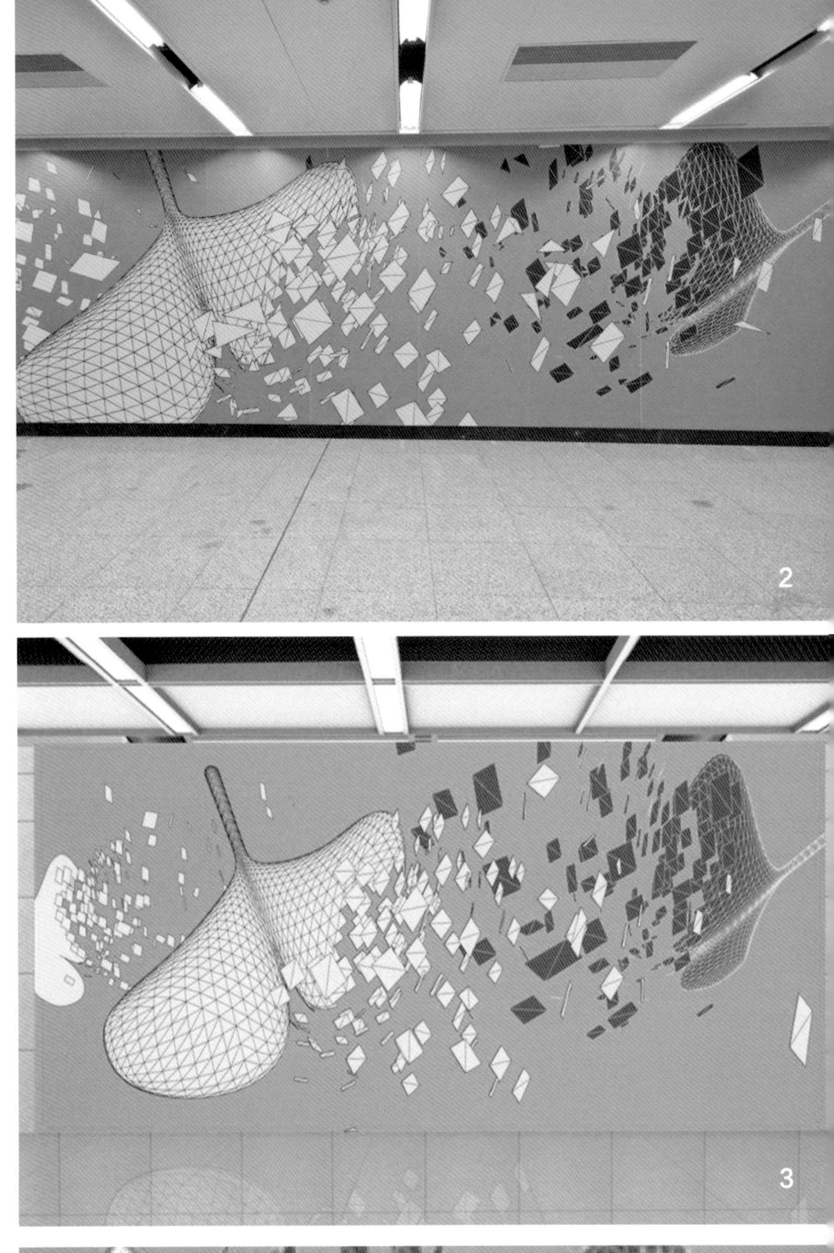

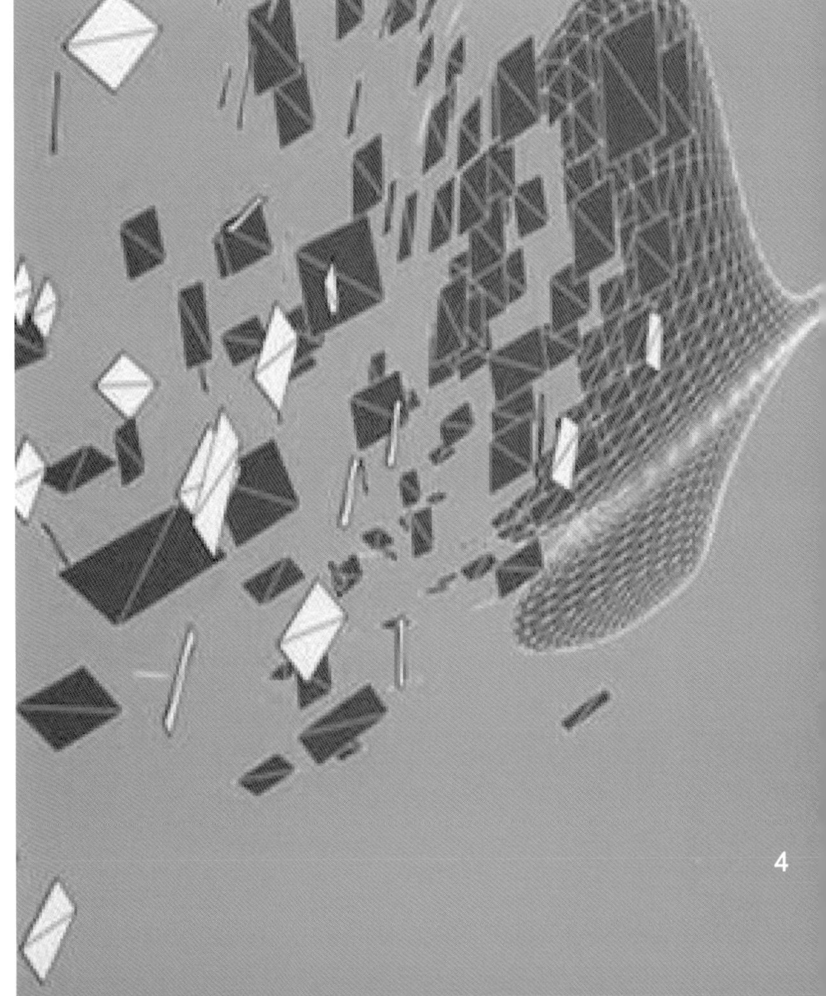

1

雕刻时光

武定宇 | Wu Dingyu

1. 作品完成效果
2. 作品效果图之一
3. 作品效果图之二
4. 作品效果图之三

作品是为北京地铁 8 号线鼓楼大街站而设计。为了追求作品的纯粹性，作品围绕鼓楼的原型进行创作。在创作的语言形式上打破传统浮雕壁画的语言形式，利用平面图形与空间进深的变化关系，将图形在空间中叠加，形成一种新的视觉体验。

2

3

4

室内部分 · 概念

INDOOR SECTION · CONCEPT

1

自在土

刘晨晨 | Liu Chenchen

1. 餐厅空间之一
2. 餐厅空间之二
3. 餐厅空间之三
4. 餐厅空间之四

亲临禅石餐厅，仿佛来到大自然的庄园。这里石奇、林茂、草绿、花美，一切来源于自然幽远的意境；走出城市的纷扰与喧嚣，在禅石餐厅真切感受清新自然的淳朴；深厚的人文以及时尚的建筑，将古典园林与现代建筑完美融合，让钢筋水泥的建筑多了些温柔的气质；设计师的独特餐厅设计为我们创造出了一个美轮美奂的花园。

2

3

4

1

北京徐悲鸿纪念馆
展陈空间环境设计方案

王国彬 | Wang Guobin
赵　彤 | Zhao Tong

1. 徐悲鸿纪念馆序厅
2. 艺术贡献与成就展厅之一
3. 艺术贡献与成就展厅之二
4. 艺术贡献与成就展厅之三

徐悲鸿是一个伟大的民族艺术家。根据其一生的辉煌，我们将其精神总结为“人格魅力”与“艺术成就”两个方面，以此为核心进行展陈设计，最终提出了本次设计的核心理念——“画卷人生”。一幅“画卷”般的造型贯穿所有展区，展示大师徐悲鸿一生的辉煌。

我们的设计紧紧围绕着“画”、“卷”体现“人格魅力”与“艺术成就”，在具体设计中以大纲为指导，使空间氛围饱含文艺革命家的艺术气质，充分表现徐悲鸿纪念馆特有的文人艺术家气息。人们犹如走入一幅人生长卷之中，感受大师激扬时代的辉煌人生。

从序厅到每个展厅，我们以“画卷人生”为指导，大量运用各类艺术造型手法等，力求达到一种带有文人意境的艺术空间氛围。我们将画卷概念贯穿于整个展览区域，在空间和氛围把握上，围绕展览大纲和“画卷人生”来进行创意，将展柜和展墙与地面连为一体，形成一幅幅生动的立体画卷，并设置大量艺术浮雕、场景复原、多媒体等，展示大师成长与创作的时代背景，全息地展现徐悲鸿的一生及其绘画作品。通过多方位、多手段、高艺术、高标准地呈现徐悲鸿一生在中国近现代史，中国美术教育史，尤其是中国革命史中的特殊意义与贡献，也从另一个角度反映中华民族的伟大复兴之路，从而凸显悲鸿精神中“爱国”与“艺术”两大核心含义，使“悲鸿精神”在新的时代焕发崭新的面貌，成为激励新时代人们实现“中国梦”的强大精神财富。

2

3

4

1

天津滨海浦发银行贵宾会所

李洪泽 | Li Hongze
刘雅正 | Liu Yazheng

1. 会所沙龙空间之一
2. 会所沙龙空间之二
3. 走廊空间
4. 门厅空间

本案为现代中式风格，布局灵动顺通，有行云流水的动感与坚如磐石的静态互补，造就了蒲苇与磐石的动静关系。各个空间均有镂空纹样，该纹样是浦发银行标志的延伸使用，此元素贯穿在整个空间，保持了装饰的完整性，同时局部纹样采用沙金效果，也寓意着该会所的金融属性。

2

3

4

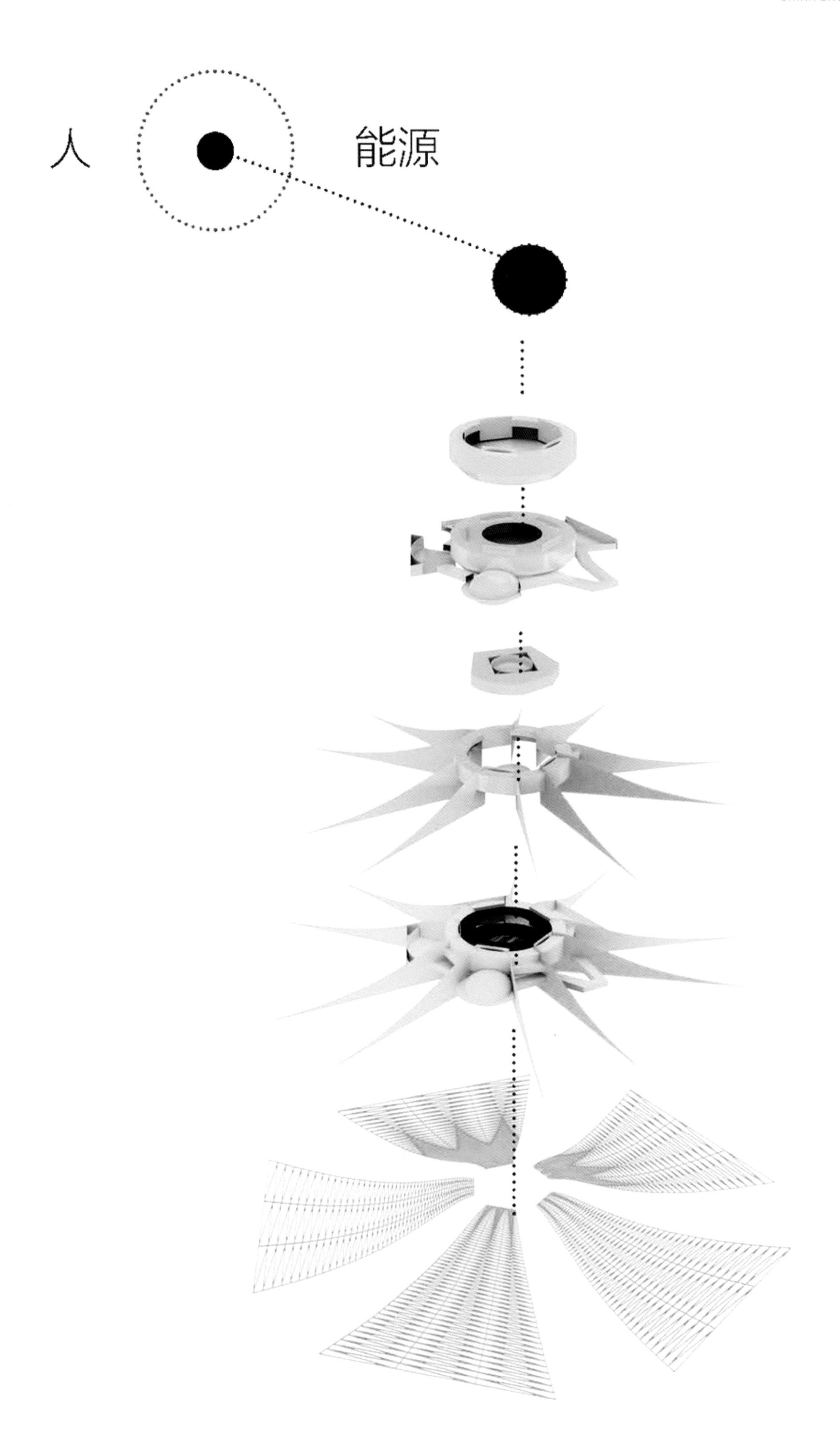

1

2017年哈萨克斯坦世博会未来能源主题馆概念设计

凌　川 | Ling Chuan

1. 建筑体块分析
2. 第一展区：理想版块之一
3. 第一展区：理想版块之二
4. 第二展区：责任板块

人、信息、场域构成了空间信息传达设计的基础。未来能源主题馆不仅仅是对未来能源的探索，更是对人自身对待能源态度的审视。故事主线为“每个人都与能源有一段故事”。设计通过增强现实技术实现每个参观者与场域之间信息传达的互动，不同参观者身处场域会有不同的信息反馈。本设计方法通过“信息”到“演绎”的横向分析，以“归纳”到“传达”的纵向转化的双重视角来思考和重构空间和信息传达的概念界限及设计基点。

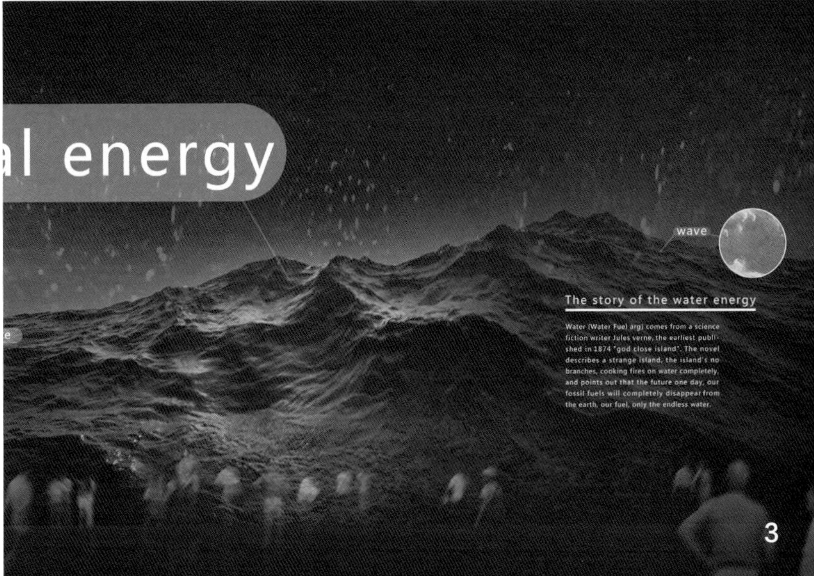

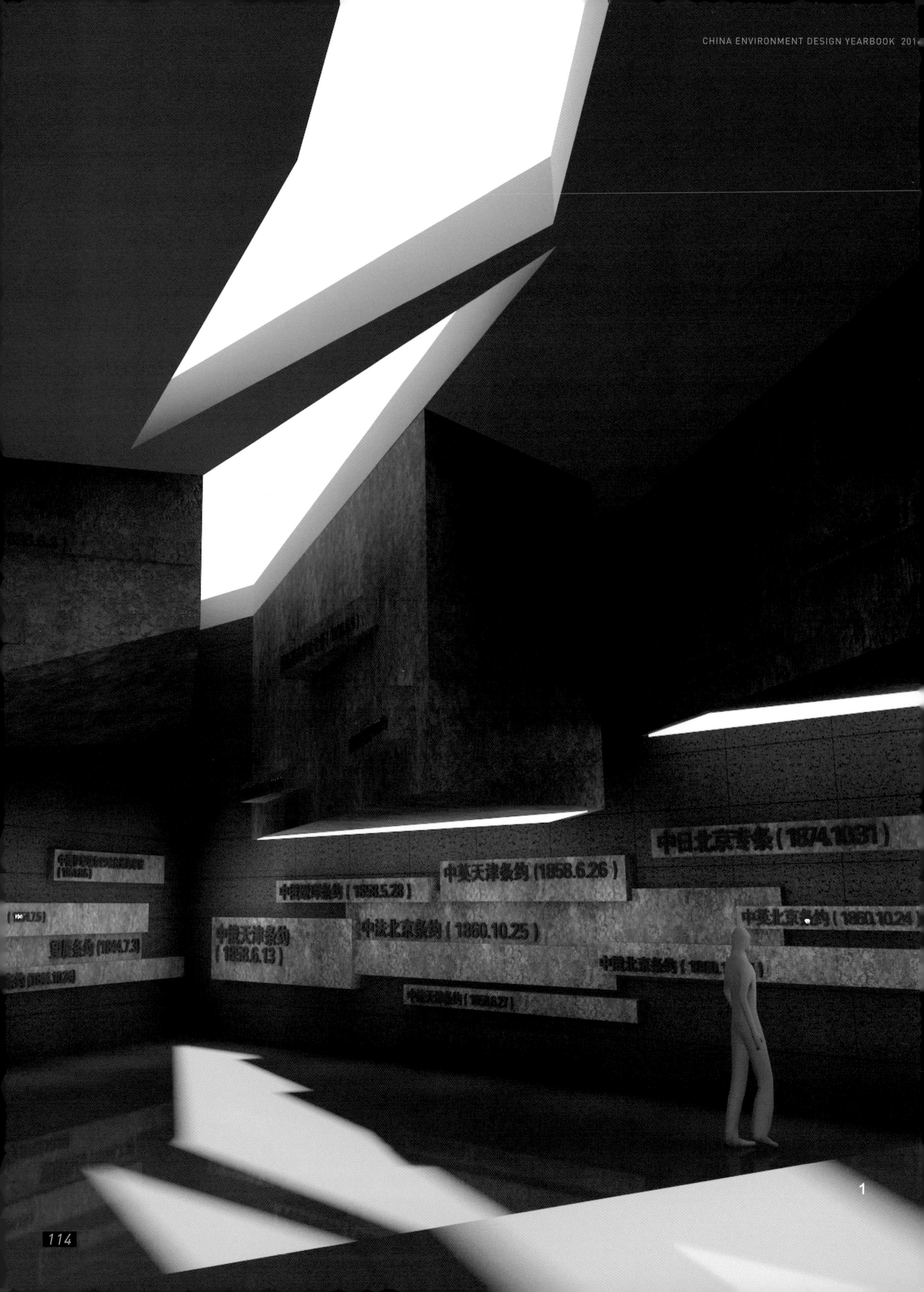

1

百年风云历史情景馆
建筑、景观和部分展厅连接处设计方案

李永斌 | Li Yongbin
祁志远 | Qi Zhiyuan
黄文妍 | Huang Wenyan
薛宇翔 | Xue Yuxiang
武童童 | Wu Tongtong

1. 甲午海战与中法战争镇海战役展厅连接处效果图
2. 八国联军与瑷珲城被毁展厅连接处效果图
3. 甲午海战与中法战争镇海战役展厅连接处效果图
4. 卢沟桥事变与八百壮士（四行仓库）展厅连接处效果图

百年风云历史情景馆是一个展示中国 1840~1949 年这个半殖民地半封建社会所经历的重大历史事件，这些历史事件以情境再现的方式向观众呈现。主要展示手段是历史人物和场景再现：历史人物和历史场景是根据历史照片或绘画，采用写实蜡像的方式进行创作。

我们这里展示的是这个馆的建筑、景观和部分展厅连接处的方案设计。

我们在设计这个展馆建筑所采用的方法与传统的展馆建筑设计是不同的。我们的做法是先确定展馆要展出的内容，然后根据内容编写展览的脚本，再根据脚本设计室内空间，将这些零散的室内空间以历史的发生发展顺序规划出一个参观流线。最后把这些空间进行组合就形成了这样的建筑。传统的展馆设计方法是由外至内的，而我们的方法是由内而外进行逐层设计的。

2

3

4

1

克拉玛依石油设备馆展陈设计

王 雄 | Wang Xiong

1. 炼化设备展区
2. 开采设备展区
3. 集输设备展区
4. 钻井设备展区

该展馆大跨度柱距及 9 米的层高为方案创意设计提供了易于发挥的大尺度空间。设计创意基于石油设备的大体量特点，运用艺术的陈列手段使之成为展馆造型的有机部分。通过“以物带史”，依年代与城市的变迁，将石油勘、钻、采、集、炼的设备依次展示出来。达到石油设备馆其见证世界石油城崛起及发展的馆陈属性。

1. 序厅：利用废旧设备在序厅中央堆砌组合成的“设备巨人”主题装置造型。表征石油工业从无到有的崛起。大体块空间与设备体量形成呼应关系，营造非凡的视觉震撼力。

2. 钻井设备展区：巨大的钻杆造型作为过渡元素，完成了勘探向钻井空间序列的导入。

3. 开采设备展区：通过撷取磕头机设备的局部作为展墙造型，将展品与展览空间一体化。

4. 集输设备展区：提取石油管道作为设计元素，线的构成与前展区大体块构成形成对比。

5. 炼化设备展区：利用辐射的光带造型，展现炼化工艺流程与控制的空间特质。

2

3

4

1

秘密花园——空间漫游主题酒店

姚慧婷 | Yao Huiting

1. 一层入口大堂
2. 一层咖啡厅
3. 三层平台下看之一
4. 三层平台下看之二

我希望通过探索空间来体现人类的感受，进而挖掘受众内心记忆中对某种感觉的渴求，从而引起人们某种情感的共鸣。希望人们在这里忘记了城市的喧嚣，恍如梦里，为人们打开一扇门，透过这扇门进入另一个世界，一个盛开梦想之花的真实童话世界。我要做迷宫般的、神秘的、有着迤逦幻想的，以及充满乐趣的冒险空间。吸引那些寻求冒险、向往奇遇的顾客，以及所有怀有和相信美好童真的人，来一次最天然质朴的心情邂逅自然。

2

3

4

1

唐邑行宫——唐朝文化主题酒店设计

王丹桦 | Wang Danhua

1. 大堂空间设计效果图
2. 客房空间设计效果图
3. 宴会厅空间设计效果图
4. 全日制餐厅空间设计效果图

2

3

4

天子行所立，名为宫。

本案以西安为地域背景，以唐朝皇城文化底蕴为依托，从皇城宫、苑建筑中提炼色彩、艺术、布局、材质为元素。通过东方禅意美学的组合方式，将喧嚣张扬的皇城元素重组，将西安文化加以凝练，呈现出现代唐朝大气意象之美。将尊贵、私密、自然理念贯穿所有空间。

在中国古代，宫殿是最为宏大的建筑，它代表一个历史时期建筑文化的最高水平。宫殿是成就最高的唐代建筑，行宫亦是唐代宫殿建筑，其规模宏大，成就非凡，充分反映了唐代的建筑文化艺术。行宫是唐代社会的产物，与唐代社会同起同落。史籍可考的关于唐代行宫有19座，它们与唐代社会同起同落，映照着唐代社会的山光水色。

时代风格：雄浑质朴

唐代行宫建筑依托皇宫崇台峻宇的基本格调，“即涧疏隍，凭岩构宇，土无文绘，木不雕镂”。古朴典雅的形制风格，正体现了“唐代作风明朗健壮，很少繁缛装饰”这一建筑特点，然而，唐代建筑风格是“规模宏大，气魄雄浑，格调高迈”。古朴典雅的宫殿建筑掩盖不了唐代行宫的雄伟气魄。

寻源·物语 餐饮空间设计

臧笑冰 | Zang Xiaobing
姬 琳 | Ji Lin
孙黎明 | Sun Liming

1. 大堂效果图
2. 书吧效果图
3. 餐吧效果图
4. 包厢效果图

一直以来在建筑与室内设计创作中材料处于一种被动选择的地位，在设计前期很少被关注，到了后期才匆忙选定。材料的使用方式也相对局限和程式化，这种现象十分普遍，直接影响到建筑与室内设计在材料运用审美上的突破。

无论材料本身多么高级而昂贵，但是它们如果只能表现单一的面貌，对我们来说不免缺乏生气，永远无法改变人们对它的印象。针对现有的材料进行加工和利用，掌握更多的材料创作方法，可以从相关艺术专业中获取更多的经验。

物的语言——我想展现一个纯粹的空间，放大木材及其衍生材质纸张、麻绳等植物纤维材质本身的亲和与纯粹感。通过对材质的二次开发展现材质自身的魅力。

2

3

4

1

当代国际文化活动中心

郑金玲 | Zheng Jinling

1. 公共展览厅
2. 1 号厅入口
3. 公共休息区
4. 公共休息大厅

室内，建筑中的室内，其最基本的设计要素同建筑一样还是一个空间问题。建筑师的艺术是对空间的创造，不是立面形式，室内设计还是得创造和挖掘，不只是立面图形。室内创作需追求连续视点产生的空间关系的感觉，也就是一种一体化的、流动的、延续的效果。这源于一种理性化的方法，而不是感性的随意创造。

当代国际文化中心的设计紧紧贴合建筑与室内设计的联系，将建筑的设计元素与空间感受，材质等应用于室内设计中。设计风格力求与建筑设计达到统一，相辅相成：强调建筑主体文化中心的定位，突出文体中心特征，突出空间尺度感、通透感、共享等特征，设计风格为现代风格，简单明快，清新大方，坚持以人为本，环保节能，绿色健康。

2

3

4

1

找寻都市桃花源
上海璞丽酒店一层公共空间设计方案

朱慈超 | Zhu Cichao

1. 前厅效果图
2. 大厅效果图之一
3. 大厅效果图之二
4. 主通道效果图

在这极度物质化和商业化弥漫的今天，人们的心灵是如此的疲惫不堪，东方传统美学中朴素、诗意、恬静的生活过程令人十分向往。想必人们一定格外向往《桃花源记》中所描述的世外仙境。本案不是粗浅的去模仿故事中所描述的场景而是立足于“意外发现”的整个过程。很多时候“过程重于结果”，事情的发展过程往往比结果还重要和让人记忆犹新。发现世外仙境整个刻骨铭心的历程正是本案立足于都市中“找寻桃花源”的设计切入点。把《桃花源记》中记载的渔人发现世外仙境的整个故事提炼成四个片段，结合四个剧情发展的四个不同的心理特征提炼出设计的四个关键字“迷、净、抑、扬”：客人对应渔人，发现桃花仙境的过程正好对应于客人进入酒店时的四个不同空间的体验。“故事一设计一剧情一空间一体验”相生相息，物境、情境、意境自然地融于一体。

本案旨在打造一个繁华都市中的“桃花源”精品酒店。意在还当下繁杂的社会和充满灰尘的世界一个清净之地。本酒店的设计在社会层面上希望能与自然对话——整个空间充满自然、自由、轻松的气息；文化层面上希望进行一次传统文化精神与时代精神共融的创新尝试；对酒店本体而言将是一个低调、内敛、简朴、亲近和谐空间品质；希望能给酒店的客人带来足够的放松、静休的空间和卸载内心欲望、回归自然的场所。

2

3

4

1

中国银行股份有限公司重庆市分行新营业办公楼室内装饰设计

刘　冰 | Liu Bing
吴建平 | Wu Jianping
林荣峰 | Lin Rongfeng

1. 前厅效果图
2. 大厅效果图之一
3. 大厅效果图之二
4. 主通道效果图

本案建筑面积为90000平方米，共40层，在建筑空间设计中，抓住建筑空间的美，从建筑外到建筑内部的统一、延续、生化，既满足功能使用，又满足美学空间的要求，在材料的选用上，与整体建筑统一的同时，又有细节变化。使简单的空间，拥有精细的变化，从而体现中国银行独特的文化特色。

2

3

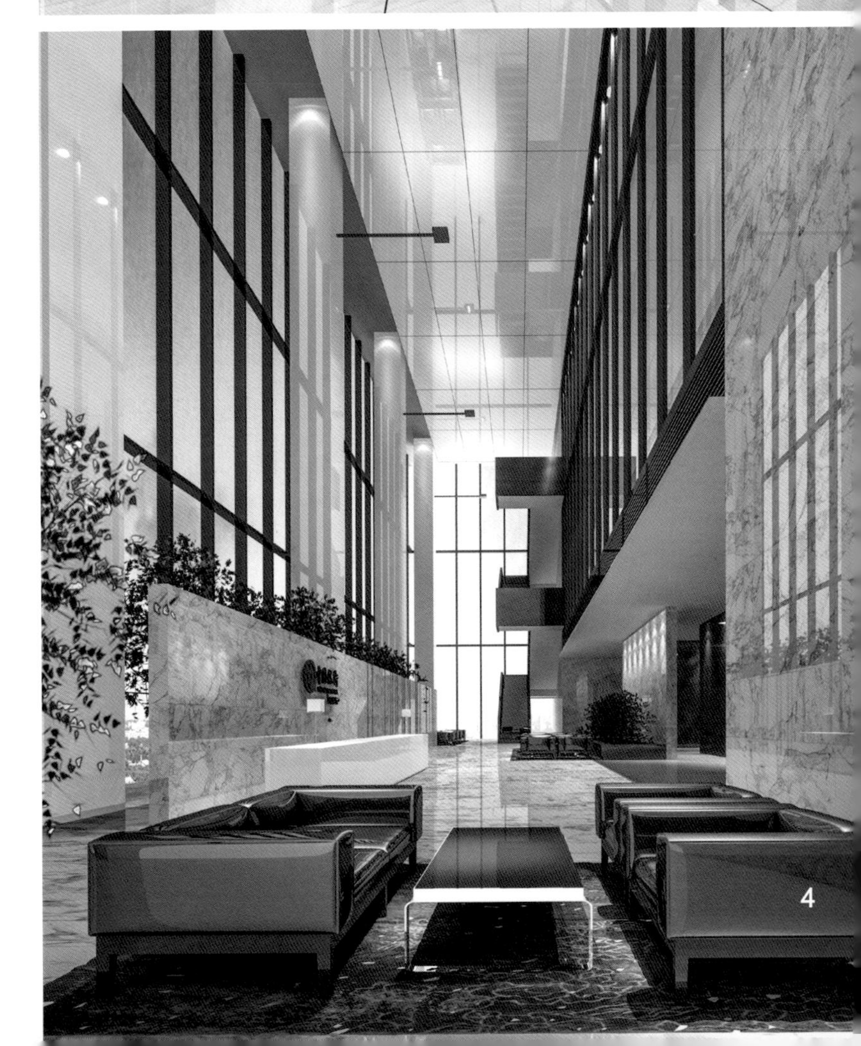
4

1

2020 年迪拜世博会主题馆
天涯 · 若比邻

孙 同 | Sun Tong

1. 主题馆空间之一
2. 主题馆空间之二
3. 主题馆空间之三
4. 主题馆空间之四

主题馆展览的主线以渐进的方式进行，分为三个步骤：

第一步，采集。在展览开幕之前，将事先采集来自世界各地参观者的情感来源贮藏在发光粒子中 ，成为参观者彼此共鸣、进行交流的载体。

第二步，汇聚。将采集到的信息汇聚到展馆中，展馆既是信息的聚集体，信息也在这里进行进一步的分享、融合。

第三步，分享。内部展示以分享为主线，由分享情感、分享经历、分享语言，到分享同一片天空。

空间上的距离永远隔不断心灵的联系。希望通过这个设计与对本届世博会主题理念的阐释，将心系彼此、共创未来的精神核心延续下去。

2

3

4

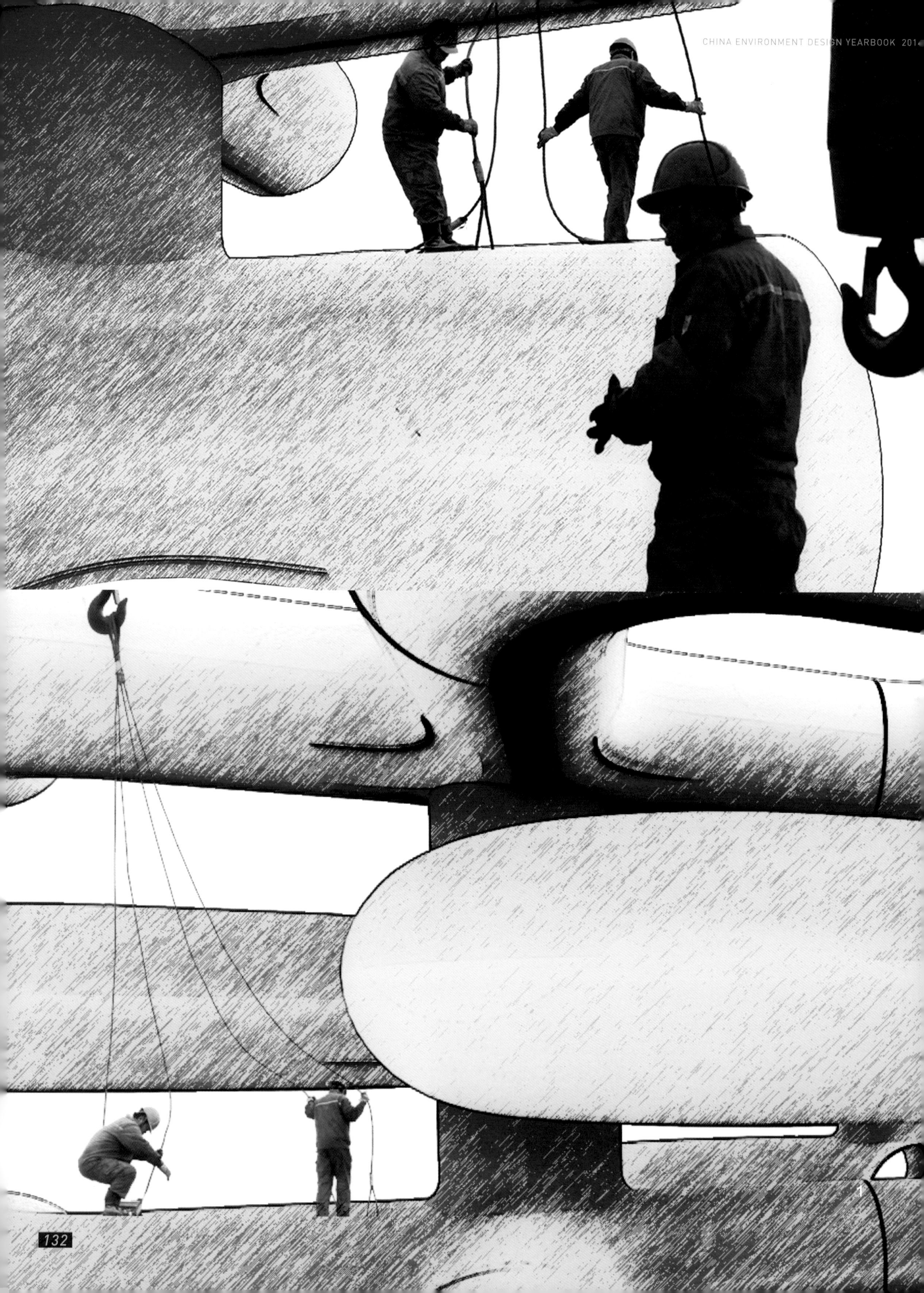

1

工业游牧

肖 馨 | Xiao Xin

1. 效果图之一
2. 效果图之二
3. 效果图之三
4. 效果图之四

通常意义上的聚落以人类的群居为主要特性，在不同自然环境下，人类的居住环境与生产方式有着极大的差异，如何使聚落中人的居所对周围的环境产生最大的适应性，是本次设计所着重探究的问题。

在新的城市区域与职能划分下，部分特定的城市格局渐渐产生种种对生产力发展的阻力以及对人类活动的负面影响。新的生产方式逐渐开始需要一种可持续性的、快捷的、不同于已有建造方式的新的聚落格局，以便提高建筑的循环利用率以及适应多样化的生产要求。以此观点出发，在不久之后的未来，城市边缘的各方面领域都可能产生不同于传统的建筑，来保证城市低碳、快速的持续发展。

3

4

1

若水·昔水
密云水库公共艺术体验空间

姚莉莉 | Yao Lili

1. 空间效果图之一
2. 空间效果图之二
3. 空间效果图之三
4. 空间效果图之四

整体对于水资源的关注，从我的学科角度出发设计的一个公共艺术体验空间，通过人与空间的感知互动上升到精神互动。针对密云水库曾经水域的祭奠，空间内部感知光从这个特殊历史水位线位置照射进来，同时可以从内往外通过这个具有特殊意义的历史水位线位置审视周围曾经的历史水域。

2

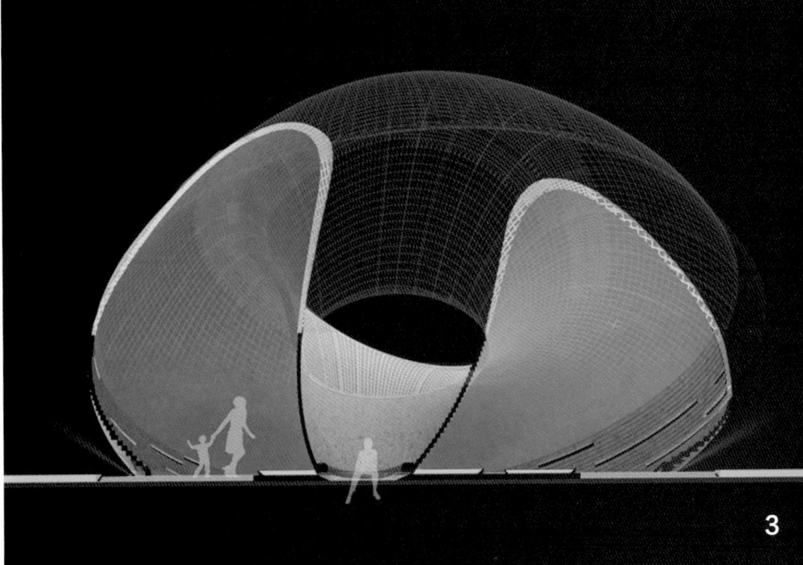
3

4

1

竹文化设计博物馆

王树茂 | Wang Shumao
徐嘉健 | Xu Jiajian

1. 一楼礼品商店效果图
2. 一楼茶室效果图
3. 一楼大堂效果图
4. 一楼临时展厅效果图

2

设计概念从中国传统山水画中提取形象，以山、路、院落、野趣组合成设计的平面元素。我们希望在这个项目中能呈现出建筑空间、场地内部和周边的自然元素，如天空、山、水、树木等之间最大程度的融合和渗透，创造气韵空灵的场所气质。建筑周围的水体可以形成冷反射，调节局部微气候，并为雨水收集创造有利条件。

3

4

1

“低姿态”的下水道博物馆

刘来雨 | Liu Laiyu

1. 博物馆空间之一
2. 博物馆空间之二
3. 博物馆空间之三
4. 博物馆空间之四

这是中国第一座下水道博物馆，在世界行列也是仅次于法国巴黎、奥地利维也纳。在北京建立这样一座博物馆，旨在通过这样一种行为启示人们下水道建设是城市建设的良心。

2

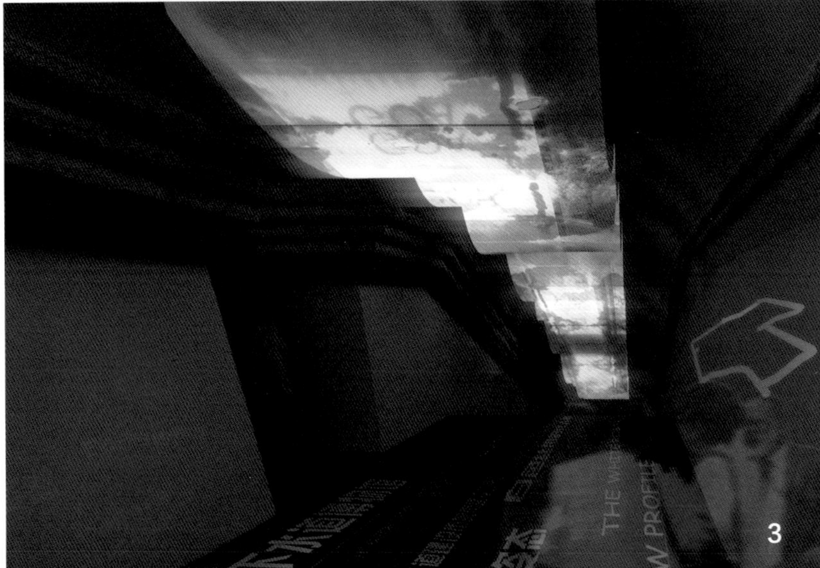

3

4

景观部分 · 竣工

LANDSCAPE SECTION · AS-CONSTRUCTED

1

恒通国际创新园规划、建筑改造和景观设计一体化设计项目

丁　圆 | Ding Yuan

1. 公共展示区设计图
2. 画廊公共空间实景
3. 公共休息区实景
4. 园区办公室实景

恒通国际创新园景观设计遵循整体规划的思路，提出“休闲绿廊”的设计理念，目标将园区打造为环境优美，舒适宜人的场所。增加空间绿色和生态，不仅可以大大提高员工的健康状况，而且通过舒适的工作环境的营造，可以很好地提高入驻企业员工的工作效率。其中在89街景观设计中，通过“管线管道”的设计手法，构建起景观框架结构；通过园林景墙、交流平台、休闲座椅、艺术雕塑等元素融合其中，最终形成绿色舒适的公共休闲绿廊。

2

3

4

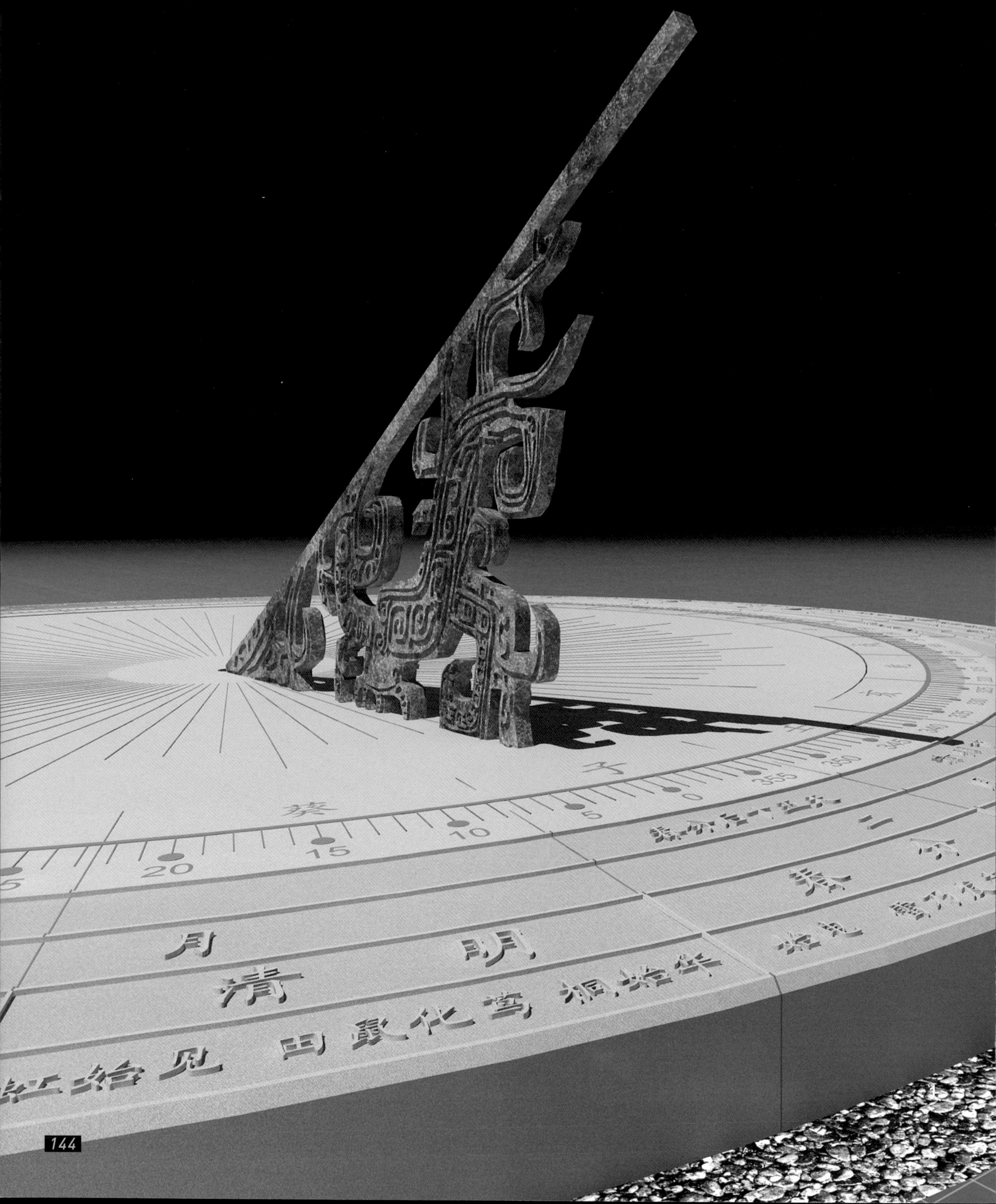
子
癸
0
5
10
15
20
350
355
月
明
清

大器·规律

张汉平 | Zhang Hanping

1. 日晷效果图
2. 餐厅空间之一
3. 餐厅空间之二
4. 餐厅空间之三

意义：体现中国原生传统农耕文明特征，相关的天文地理知识和文化内涵，有科普价值与实用价值。

雕塑简介：日晷；中国古代用于计时的装置仪器，以太阳移动在晷盘上投射的晷针影子的变化为计时依据，也是本质上最为精确的时钟，客观地反映了太阳和地球的相对运动关系。本雕塑以南京紫金山天文台的地平式日晷为样本，综合风水罗盘去其封建迷信的成分，是一个集科学、文化、艺术为一体的大型景观雕塑，晷盘共分为 8 层图文内容。

内容和实用价值：

1. 万年历：天干地支纪年法

2. 日历：（农历 12 个月份以及对应的 24 个节气）

3. 时钟：计时功能，12 地支计时（卯时至酉时 6 时辰：6 点至 18 点）

4. 24 节气表：如春分，夏至，立秋，冬至及对应的 72 物候。

5. 民间节日 - 中国汉族主要民间节日，如春节，十五，端午，中秋，重阳节等。

中国先民早在商周时期就已把日晷作为计时仪器，距今有三千多年历史，自春秋战国起时至今日，节气仍然指导农业生产，是春播秋收的主要根据。春分、夏至、立秋、冬至划分出一年中四季起末，一年分二十四个节气，每个节气描述为三物候，成七十二物候，是对自然界随着季节变化而出现的植物、动物等自然现象特征的生动准确的概括描述，文字精练优美，易学易记。晷针造型为仿制商周青铜器上龙凤同体的造型，为中华文明最早的图腾。

利用计算机模拟运算当地时间和晷盘刻度，经过严谨科学的计算与测试，采用逆序设计法和三角函数计算晷盘刻度交叉证明。

1

共生校园——四川美术学院虎溪校区

罗中立 | Luo Zhongli
郝大鹏 | Hao Dapeng
潘召南 | Pan Zhaonan
孙继任 | Sun Jiren

1. 图书馆
2. 石拱门
3. 东门广场
4. 校美术馆

2003 年，依据重庆市政府统一规划，选址歌乐山与缙云山之间的虎溪镇，营建重庆大学城，总规划面积 20 平方公里，入住大学 15 所。

四川美院用地位于大学城西侧，面积 590000 平方米，用地内青山修林、水塘成片、梯田延绵，具有典型的山地浅丘特色。

一所走了 70 年历史的艺术院校，

一方充满了自然记忆的土地，

两者在这里交汇······

对我们而言，重要的不是去创造什么，不是去大刀阔斧地改变什么，而是以土地精神的延续，为创造埋下伏笔，为学院续写历史，亦为未来的大学城昭示其最初生长的原点。

大学作为孕育思想与智慧的场所，关涉着人的心性、品味与精神的锻造，大学校园的建造亦是一个关乎理想主义的过程。这个过程应该是持续的、开放的、甚至没有终点。

我们希冀这座深植于泥土中的校园，能让师生在四季更迭的生长中感悟大地、生命永动的创造与生机，催生艺术心灵的自由，唤醒并坚守那份大学场所中失落已久的诗意。

在建造技术日新月异的今天，规模、高度与速度的追求已成为过去。大学校园的建造，如何在完成建筑容量的同时，建构植根地域精神的场所结构，实现对生态、艺术、文化理想的坚守与追求，需要我们的规划设计者、建设者和管理者极大的勇气与智慧。

四川美术学院虎溪校区的设计与建设，坚持的是一种近似“无为”的策略，在退让、限制与留白中，让自然与时间彰显出自身的力量，并以此实现在大学城之中对“城”的突围。

2

3

4

1

珠海中信红树湾

柏涛景观 | Bo Tao Jing Guan

1. 景观俯瞰
2. 景观之一
3. 景观之二
4. 景观之三

中信红树湾为中信集团旗下的成功品牌之一。中信集团主要业务集中在金融、实业和其他服务业领域，现已成为具有较大规模的国际化大型跨国企业集团。红树湾品牌系列以奢华最贵的住宅享受闻名于国内珠海中信红树湾正是其中一员。

景观设计的焦点在于吸取红树湾这一品牌的精华。打造一个静谧，祥和的居住氛围，通过与建筑风格相呼应的景观设计来全方位地提升整个楼盘的文化品位。仿佛置身于散发出一丝丝禅意，神秘的冥想花园。所以，“水漾景园”是对这一主题的最好诠释。放松，休闲的度假风情让您忘却城市的喧嚣烦恼，流连忘返。

“水漾景园”的延伸运用在红树湾的其他园区也体现的淋漓尽致。不同的水景语言交织展现如同一曲抑扬顿挫的交响乐。洋溢着热烈欢迎气氛的瀑布跌水引领大家走进红树湾；活动空间小型水景点缀突显私密性；涌泉水景的激昂；潺潺的溪水声点缀心中的涟漪。副主题可设为质感画面。这一主题表现在系列景墙的设计如诗如画仿佛置身于高雅的艺术画廊。

园林规划的策略在于打造一系列的互相连接的节点和聚焦点以及视线走廊。让居民在回家的路上有美景欣赏。不同的主题花园位于不同的节点处，加之特色水景的点缀走向大厅。功能活动空间分布明确，满足不同年龄层的使用目的。景观亭，廊架呈分散式摆放，在一定程度上起遮挡，分界的作用，为居民提供更多私密活动去处。不同的建筑平台拥有不同景观应用。在高层公寓区，园林更加开放活跃，而在联排别墅区会偏向私密。相信珠海中信红树湾将会成为珠海市地标性的前沿设计项目。

珠海中信红树湾不仅实现了功能和美学设计的平衡搭配，而且呼应了从概念方案到施工阶段普及生态绿色的发展标准条件。太阳能照明的使用，当地植物的栽培。中庭式采光井被推荐使用，为地库停车提供天然照明，排风系统，保存节省能源。只在重要的节点区域使用木质材料打造重点景观，其他区域均采用人造木板。

1

安徽（中国）桐城文化博物馆建筑设计

刘向军 | Liu Xiangjun
凌世红 | Ling Shihong
李江涛 | Li Jiangtao
陈　娆 | Chen Rao
丁　楠 | Ding Nan
孙　琳 | Sun Lin
郭长玲 | Guo Changling
王　亮 | Wang Liang
杜　菲 | Du Fei
赵兴雅 | Zhao Xingya
李　昊 | Li Hao

1. 景墙展现的桐城文化的谦逊与融合
2. 博物馆鸟瞰
3. 博物馆入口
4. 景墙与植竹形成建筑外景观的延伸

安徽桐城市地处合肥与皖江城镇带之间，属于安徽省级历史文化名城，有集皖江文化于大成的桐城文化。规划用地位于桐城古城中心，以文庙、桐城文化博物馆为中心，是桐城文化的重要载体和集中展示区。建筑群由两个功能体块构成，位于城市的致密肌理内，并与古城内的文庙相邻。如何将大体量的现代建筑与致密的古城肌理及毗邻的古建筑群相融合，以及如何在一个嘈杂的当代市井中营造一个静谧的博物馆环境，是本案的最大挑战。方案用透明的室内街巷走廊切割展览空间体块，来解决建筑内部的交通组织和采光，同时化整为零，形成与古城肌理相融的建筑群；通过兼具展览媒介功能的围墙，呼应相邻的合院式古建筑群，同时屏蔽了周边嘈杂的新建的民宅和店铺招牌，创造了一个城市中的展览环境。

2

3

4

睢宁县水月禅寺

俞孔坚 | Yu Kongjian
刘向军 | Liu Xiangjun
凌世红 | Ling Shihong
张　媛 | Zhang Yuan
李江涛 | Li Jiangtao
丁　楠 | Ding Nan
贾　派 | Jia Pai
王　洪 | Wang Hong
郭长玲 | Guo Changling
赵兴雅 | Zhao Xingya
李　昊 | Li Hao
王　科 | Wang Ke
宁维晶 | Ning Wejing

1. 水月禅寺鸟瞰效果图
2. 大雄宝殿内的十八罗汉
3. 大雄宝殿建成后照片
4. 佛塔

本项目位于江苏省徐州市睢宁县白塘河湿地公园内，用当代建筑和景观设计手法，体现禅学之空灵无我的意境；在禅意的表达与建筑的本源目的之间，寻找破解佛教寺院当代表达之谜；同时，探索让出世的禅宗走向平民大众的空间语言。是实验，就绝非完美，更有待更深入的批判和探讨。但值得庆幸的是，其千年不变的规制从此有了突破。

水月禅寺是在睢宁县地藏寺的基础上复建的。原地藏寺始建于明朝永乐年间，不幸毁于日寇侵华战争。2010 年 10 月，地藏寺迁址并复建于白塘河湿地公园内，更名为“水月禅寺”。

整个建筑群分为山门、天王殿、大雄宝殿、藏经阁、地藏殿、观音殿、念佛堂、禅堂等 18 个功能体。建筑群总平面沿正南正北方向布置，纵向一根轴，横向 2 根轴，纵轴上依次分布着山门、天王殿、大雄宝殿、藏经阁。第一横轴分别为观音殿和地藏王殿，第二横轴分别为念佛堂和禅堂。各殿外立面采用仿木金属格栅围护，到了晚上，灯光的映射使整个建筑有了一种“亦实亦虚，亦动亦滞、灵活通透”的效果。寺门延续了寺庙一贯采用的红色平开木门，两侧的钟楼及鼓楼采用了木格栅通透的处理手法，让为世人祈福的钟声传达的更远，与佛教的启迪心智、荡污涤垢、祈福纳祥巧妙结合。

1

城海 · 滨江春城

鄢祖明 | Yan Zuming
何　达 | He Da
叶惠平 | Ye Huiping
路　铁 | Lu Tie

1. 景观之一
2. 景观之二
3. 景观之三
4. 景观之四

滨江春城项目地处江津滨江新城核心，紧邻行政中心，未来交通便捷，城市干道快速干道通达各区，周边建设少、干净整洁、被原生态资源包裹。

景观整体规划设计突出“高品质湖滨湿地运动公园”这个主题，以自然与文化和谐融合相生的原理作构思源泉，设计贯穿着整条水系主线。水系线路则将运动的力量感、优美感运用于景观中，并通过雕塑、小品等景观化元素得以体现，突出烘托湿地运动公园的休闲运动氛围。

湖滨湿地公园有两个重要特点。一是与周边住区存在密切关系，对于住区居民它是让人惊喜的礼物，为人们平添一个运动、休闲、游览的好去处，在公园可以进行各种体育运动、可以享受湖滨水岸带来的清新环境、亦可四下环视周边住区，形成全方位的生活体验。二是运动场地的多元化，既有适合亲少年的篮球场、网球场；又有适合全年龄的高尔夫练习场、羽毛球场以及泳池；还有适合老年人的门球场。对运动场地功能的布置旨在体现全民健身的宗旨，吸引各个年龄层人群的参与。

2

3

4

1

大澳改善工程

嘉柏园境建筑 | Gravity Green Limited

1. 景观之一
2. 景观之二
3. 景观之三
4. 景观之四

The Riverwall, up to +3.3mPD, is evolved with consideration given to the existing condition of the creek fronting Wing on Street. Consideration has also been given to the public view preference of a more lively curved alignment. In addition, the project involved a flood panel system up to +3.8mPD, with variety lengths of flood barrier and floodgates on Riverwall, to protect the village. Storages for the large number of demountable barriers are designed into the adjacent planters and seats to avoid a storage block on the landscape.

While the Riverwall area is a public space backed by local residents and stilts, in respect to the concerns of the local community, the landscape work is not to transform the promenade as an attraction and to retain the privacy for the neighborhood. Thus the main target of landscape design is to soften the hard works of Riverwall and the associated drainage and sewerage improvement works, that to enhance the identity of Tai O, and to improve the environmental condition of the riversides.

Besides the imminent needs of the local community, the upgrading of the Kwan Tai Temple front garden is to improve local amenities, with sensitivity for accepting intervention, to create a flexible and spacious venue for daily use and Tai O traditional events. The scale of all landscape elements, including pavilion, paving, lighting etc, are carefully considered to minimize the intervention to the surrounding and community.

The improvement works are to resolve Tai O existing problems technically and to carry out a truly people-oriented design. Based on the fundamental tradition, it is to create a harmonious enhancement of Tai O, and a balance between revitalization and conservation. It also demonstrates the success of a problem solving landscape.

2

3

4

1

乐清农村合作银行营业综合楼景观设计

凌　川 | Ling Chuan
李怡明 | Li Yiming
吕　翔 | Lv Xiang

1. 中庭之一
2. 屋顶花园
3. 中庭之二
4. 水景侧面

设计目标

秉承建筑设计风格，通过“新山水”设计手法，设计力求把整个园区景观做的精致唯美，融入传统文化的底蕴的同时不留设计痕迹，使用者身临其境，感受到大气、时尚的同时也觉放松、亲切。

设计特色

取其意——意趣捕捉

根据项目的背景分析乐清山水形胜，设计师选择引入“山水”的理念，将“乐山乐水”的向往用现代的景观语言加以阐述，形成了项目独特的景观气质——雅致中彰显时尚，现代中古韵犹存。项目将传统造园中追求“天人合一”的山水意境精髓传承下来，在现代建筑的空间建立具有传统文化底蕴的景观环境。

得其法——手法选择

设计尝试用“新山水”的景观设计手法来诠释一种全新的商业办公理念。新旧结合层次分明的叠石、石景中溢流出的潺潺流水，现代时尚；生长茂密的植物主次搭配，随景而生。这些洒落在场地中的自然元素悄悄改变着园区内的小气候，既依赖高科技带来的优质生活，又能在现代生活中感受到来自大自然的舒适。

用其形——细节处理

景观设计力图将山水造园的理法体现在每个细节上，但细节的材料、形态又是现代的。铺装及绿化以行云流水的现代语言形式在场地中铺散开来，石景，水景点缀其间，从高层往下鸟瞰下来，又是一幅美丽的现代“山水”构成画。

1

为农民而设计
古窑洞村落规划景观设计

赵一丁 | Zhao Yiding
屈　伸 | Qu Shen

1. 窑洞村落现代农业规划鸟瞰图
2. 生态智能型窑洞功能分析图
3. 1：1000 地貌电脑模型
4. 窑洞生活组团鸟瞰图

在我国中西部地区，延绵的黄土高原占据着大量的国土面积，位于陕西永寿县的等驾坡村是一个典型黄土地质构造的窑洞村落，我们进行实地测绘并利用较成熟的综合科技对窑洞地下建筑加以重新认识与改造，力求不破坏一草一木、依山就势、因地制宜创造出更适于人类居住的生态环境。

窑洞地下建筑体系除了冬暖夏凉，人力和资源上的节省，还因为不破坏自然不占据农田，被称为“土地零支出有生命的建筑”。这种原生态的绿色建筑思想，正是中华建筑文化的“根”，是人类“住文化”的渊源。

人与自然密不可分，人类生活应融于自然。建筑设计应是均衡建筑与自然环境的有机融合——可以呼吸的生命建筑。因此，我们针对窑洞地下建筑的关键部位设计出“绿色空调系统”，是通过把地表新鲜富氧空气流，引到地下项经差温度层，空气经过充分的热交换后，将富氧空气导入室内，再利用空气动力学（烟囱效应）把室内污浊空气排出室外，完全物理解决了室内空气流通、温控和除湿。该系统造价低廉，施工简便，易于应用和推广。

同时，我们加强土地的立体利用，在院中种果树，窑顶种蔬菜，结合风能、太阳能、生物质能（秸秆气、沼气等）及中水利用、反射补光、自然空调系统等，充分创造出一个绿色的，可以呼吸，自体循环，能够自给自足，完全闭合型聚居生态环境。

窑洞建筑体系符合了社会发展主动适应自然发展规律这个前提。本案创造出更适于现代人居住的新型地下建筑，伴随着人类对节约土地、降低能耗、低碳排放、保持生态平衡、寻求可持续发展聚居环境认识的提高，人类必然转向亲和自然的绿色的生态建筑，创造“天人合一、物我相应、与大地谐和共生”的美好家园。

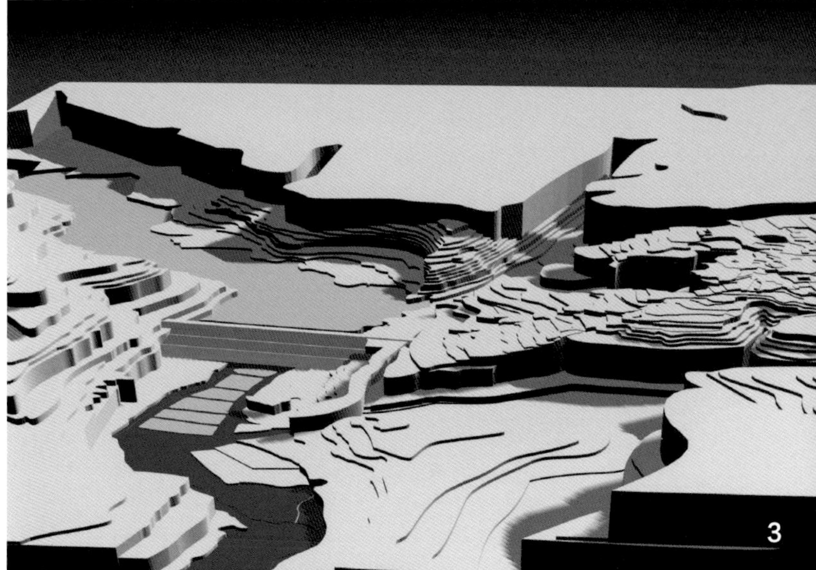

反向的建筑

木构设计与搭建

完成图

1

反向的建筑

徐旻培 | Xu Minpei
唐　凯 | Tang Kai
毛　颖 | Mao Ying
杨　健 | Yang Jian
宋东振 | Song Dongzhen
苏一宸 | Su Yichen
林　豪 | Lin Hao
黄　洁 | Huang Jie
彭佳玮 | Peng Jiawei

1. 景观之一
2. 局部
3. 景观之二
4. 景观之三

2014 年我们 9 人组成了一个木构设计与建造小组，想从“结构与表皮的共形”、“模块化生产建筑”、“无基础建筑”三方面寻找经验且探索实践这件作品。

我们宁可用相同或接近的元素进行结构与美学的设计，运用元素的堆叠与复制组合，建立模块化的视觉节奏，并尽量呈现其在光影下的丰富性与趣味性。

我们也尝试了多种表皮与结构的表现后得出最终可行方案。同时也积极地去解决木构的各项弱性问题，如木材的柔韧与误差等，并在有限的层高下，做出了悬挑 1.8 米的自承重与承重 150 公斤 / 平方米的计算与尝试。

《反向的建筑》在形态上，我们选择了常见的坡屋顶山墙形态，通过反向堆叠，得到一个三层的、重心上提的建筑形态，最大限度地留出了过道的流线空间。

2

3

4

1

"轮子上的房子"

施煜庭 | Shi Yuting
马鹏辉 | Ma Penghui
王　群 | Wang Qun
曾婉娇 | Zeng Wanjiao
王克明 | Wang Keming
金忠诚 | Jin Zhongcheng
黄　煌 | Huang Huang
汪华丽 | Wang Huali
秦婷婷 | Qin Tingting
徐立可 | Xu Like

1. 景观之一
2. 景观之二
3. 景观之三
4. 景观之四

本方案的设计灵感来源于中国古建筑里的抬梁式建筑，抬梁式是在立柱上架梁，梁上又抬梁，也称叠梁式。我们以解构主义的理念，将抬梁式建筑的原有构造方式进行分解、打散后进行不确定的扭转，使其正立面形成斜面交叉对比，看似杂乱突兀的单体建筑在点、线、面形式的规划后，营造出 5 组形态各异的小型空间，组合成一个形态可"变化"的行走空间，每个单体既是整个空间的一个单元，也是一个可以独立存在的单体建筑。我们将传统的榫卯连接的方式置换为适应快速搭建理念的对称双剪螺栓连接的方式连接，并将金属杆件裸露在外，以增加整个作品的构造感。

整个作品的底部增加装有轮子的金属框架底座，用以支撑高达 4 米的斗栱，可以使作品在展览时每天变化并呈现不同的组合形态，观者行走于其间，可以景随步移，一步一景，契合中国古典园林的造园要旨，同时也为作品增加了趣味性。

2

4

七彩云树

宋建明 | Song Jianming
俞 坚 | Yu Jian
翟 音 | Zhai Yin
王 俊 | Wang Jun
丁 丁 | Ding Ding

1. 景观之一
2. 景观之二
3. 景观之三
4. 景观之四

古时中国人认为天上彩色的云气为吉祥的征兆。鸟巢举办的奥运火炬以祥云的概念表达了渊源共生、和谐共融的理念。本方案以中国传统木建筑结构框架，幻化为七彩的祥云，组成了一片供人们栖息的树荫。这朵飘在鸟巢广场上空的云树，表达了对美好生活的愿望，也是对今天城市与自然关系的再思考。

云树由 4000 片印上七种彩色网点的透明薄片汇聚而成。由红、橙、黄暖色系，与蓝、绿、紫冷色系，间以银白色系交汇构成，通过光与色的柔美配合，实现交叠的色彩效果。通过空间变幻，混合出自然渐变的 " 彩云 " 绚丽的色彩梦幻。

伴随着光阴变化，云树投射到地面上生成 " 彩影 "，伴随着风动云片的声响，表现了天地间虚实相生，生命活力，生生不息。基座捕捉着彩云投下的影子，化为人们生活栖息的平台，提供了云树彩影荫凉呵护，更能感应自然与人文交响。云树彩影，期望留住我们对城市带来美好生活的愿望。

2

3

4

景观部分·概念

LANDSCAPE SECTION · CONCEPT

1

山水田园 · 骑行崇州

沈媛媛 | Shen Yuanyuan

1. 景观之一
2. 景观之二
3. 景观之三
4. 景观之四

陆游诗词歌赋体验馆，外部材质主要以竹编中的穿插编为主，镂空空间抽取汉字的偏旁部首。随着光线的变化影子也会随之改变丰富空间的趣味性。内部空间主要展示陆游的诗词，弧形结构采用斜编中的波纹编，文字部分采用斜编中的文字编。整个空间主要以竹编的方式呈现，体现“竹编之乡”的特色。

材质：竹编。外部（穿插编）内部（文字编）结构（波纹编）

尺寸：高 3500 厘米，宽 3700 厘米，长 11500 厘米。

游客中心，以视频的方式讲述崇州精神，如竹编文化，京剧艺术，街子古镇，怀远三绝等。多个视频同一时段讲述一件事情，分别从宏观，微观，访谈，历史等方面进行切换。使游客更好的感受当地的地域文化。通过摄像头捕捉人的行为，游客们可以在视频中找到自己，增加趣味性及互动性。

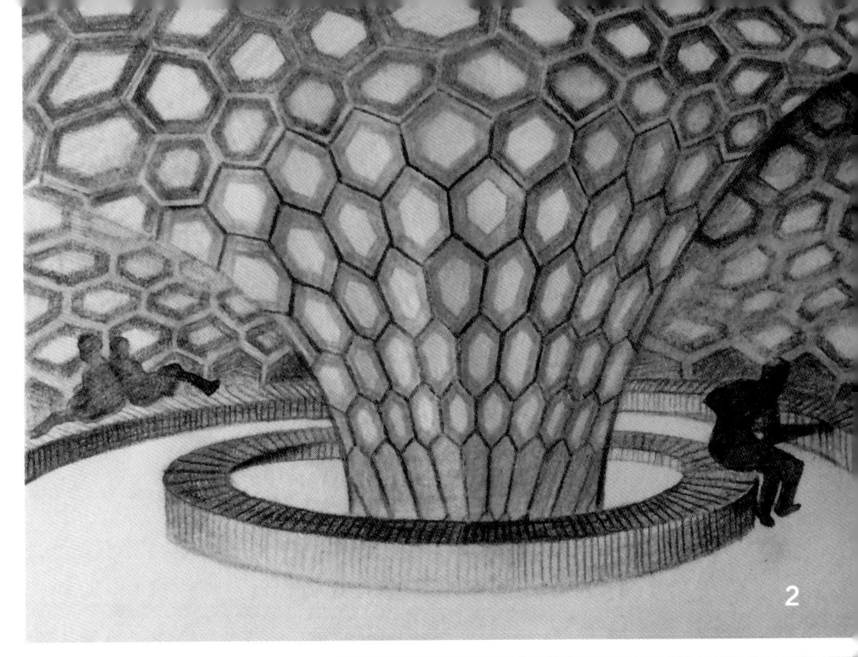

2

3

4

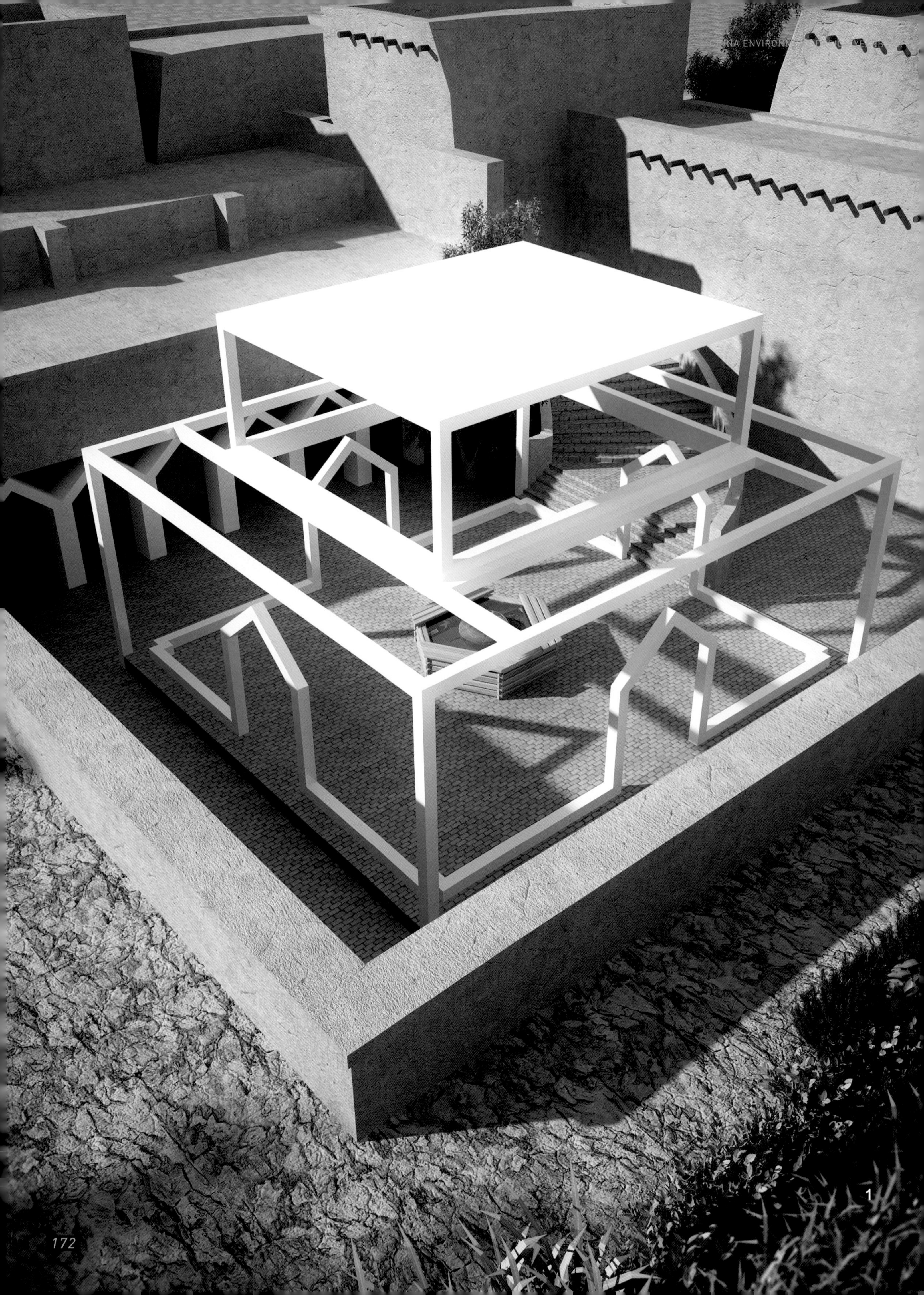

1

土性文化——喀什“布拉克贝希”生土民居文化体验馆设计

闫　飞 | Yan Fei
姜　丹 | Jiang Dan

1. 景观之一
2. 景观之二
3. 景观之三
4. 景观之四

2

3

4

生土建筑是新疆干旱区域最古老的建筑模式之一，也是喀什地区民居生态可持续发展的绿色环保建筑典范，代表着新疆典型的“土性”文化，承载着“喀什噶尔”物质与精神的传统文化脉络。本设计方案以尊重喀什的自然地理环境、生土建筑风貌、民俗民风特色为落脚点，结合空间、结构、材料、经济、环境及绿色技术等要素，对新疆生土民居建筑展开多层面的挖掘、保护与开发。其秉承的设计理念是：

活力性：以“文明、繁荣、发展”为主线，提炼地方文化特色。梳理文化和公共艺术，结合“布拉克贝希”人文景观特色，展示喀什的历史文化发展脉络和人文景观肌理。

文化性：把历史建筑的保护和文化传统保护的手段融入整个设计中，以新的手法、理念创造新旧交融的新疆生土民居建筑形态。

艺术性：抽取原喀什生土建筑、阿以旺、土坯拱券、龛形空间、生态芦苇等元素及多种功能，建构充满活力的微型生土民居建筑体验馆，用艺术元素体现多元文化的设计主题。

生活性：构建喀什文化旅游场所，体验现代数字平台，提升本地居民的文化生活水平，强化民族文化的认同，并以此带动整个老城区的文明、繁荣与发展。

设计内容：生土民居建筑、九龙泉景观、具体如下：

1. 提取喀什生土民居建筑形态，创建新的喀什“布拉克贝希”生土民居体验馆，在历史建筑形态中体验现代数字化的文化内涵。

2. 围绕“马尔江布拉克”—珠泉、“塔希布拉克”—石泉、“艾依得尔哈布拉克”—龙泉、和“诺尔布拉克”—渡槽泉这四个有价值的小景观节点设计。

1

映象 . 武隆
小镇规划设计方案

张汉平 | Zhang Hanping

1. 印象小镇鸟瞰图
2. 休闲住宿区
3. 情景购物区
4. 乡俗文化区

鉴于武陵山区古村落丰富而散落，在城镇化过程中难免消解，故提出集萃式古村落保护方式 - 古建筑单体原物土工方式、村民自建、集中迁建的抢救性保护方案提议。

主题及目标

1. 印象 . 武隆大型实景歌舞剧的配套设施 . 表演艺术延伸舞台 . 子项目。

2. 情景 / 体验式旅游风情镇。

3. 乌江 . 峡江文明、原生态山地场镇：隐性物质文化遗产 / 开放式活态博物馆。

4. 川东 - 中国最美乡村古镇集萃。

5. 武隆 - 仙女山旅游新的节点，景点，新景区开发游客中转集散地。

6. 环境友好型 - 绿色生态宜居小镇（核桃镇 + 印象武隆小镇）。

7. 美丽中国 . 美丽乡村 . 新城镇化改革试点。

印象武隆小镇的性质：

功　能：区域接待中心 / 餐饮 / 购物 / 住宿 / 民俗艺术观演 / 情景体验活动 / 夜市。

类　型：文化艺术 + 旅游度假地产 + 商业地产。

业　态：餐馆 / 酒店 / 商铺 / 酒吧茶楼 / 休闲娱乐 / 文化艺术产业 / 产权式酒店。

艺　术：印象武隆大型歌舞剧姊妹篇

建筑景观风格

每一片街区都有特色，
每一栋老房子都真实存在过，
每一处细节都有文化的沉淀，
每一个角落都有风景……
每一座建筑都是博物馆，
每一个酒楼茶肆客栈都有主题……

2

3

4

1

故土情思

袁金鼎 | Yuan Jinding

1. 景观之一
2. 景观之二
3. 景观之三
4. 景观之四

故乡是故土之乡，是出生或长期居住的地方，故乡是童年生活过的地方；故乡是情之源、爱之乡；是人性本体的回归之地。故乡是人们特有的文化情结；三峡水库建成，故乡被淹没之后，那些移民便失去这份情感寄托．一水岸一乡石，通过收集故乡的石头，将这些石头集合并下陷，通过高差形成的坑使代表故土的石头从一边向另一边不断下陷，使人由心底里萌生一种奇异的心理，具有无可抗拒的感染力。在这没有家乡形象的石阵里，在这刻满了故乡故事的金属板上，人们回想着故乡的故事，以此安慰三峡移民的心。

另外还有承载万州老记忆的观景平台，结合方向指引观景平台述说着不同故事。地面以流水碟坝为游戏为原型做一个流水互动景观，让人们亲水娱乐同时学会水利知识。

2

3

1

串起来的地坑院
与冷却循环水余热的利用

凌 川 | Ling Chuan

1. 清水园能源基地地街鸟瞰图局部
2. 电机造型的地坑院外观模型
3. 清水园地坑式地街透视图
4. 施工中的地坑院地街

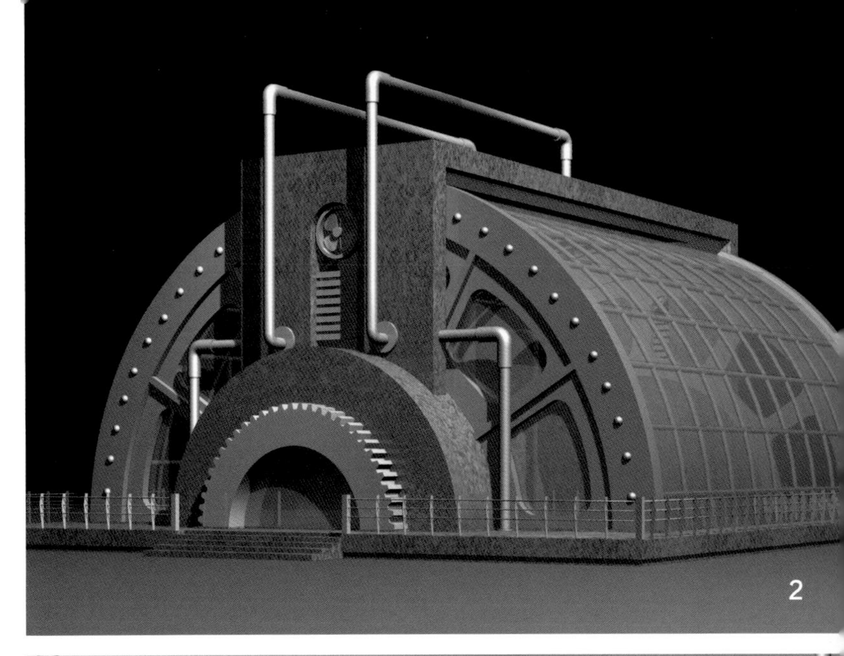

2

3

4

清水园能源基地地街位于我国毛乌素沙漠腹地，建筑面积1.2万平方米，本方案采用覆土建筑形式，由相互贯通的地坑院落组成。在充分发挥传统地坑窑洞院落冬暖夏凉、节能、节地优良品性的基础上，对基地火力发电生产过程中产生的冷却循环水余热加以有效利用，并采用光电技术为补充能源。创意在于变废为宝，减少能源工业生产给生态环境造成的危害；因地制宜，将传统生土建筑的节能优点大胆实践于大型公共建筑。

串起来的地坑院构成了三进式的、宽敞明亮的庭院空间。

蓄热保温的覆土建筑与真空玻璃天幕结构可以克服极冷极热的毛乌素沙漠气候，在地下营造出四季如春的微气候，为室内绿色景观的展开创造出理想的气候环境。

三座地坑院串通与连通器原理相同，有利于地下空气的流动与外部大气环境的交流，克服了地下建筑常有的结露，发霉等弊端，并加速了新鲜空气的良性循环。

落差近20米、直径24米的拱形玻璃天幕，除了具备遮风挡雨和良好的采光性能外，它更是一座座符合冷热空气交换运动的拔气塔。增强了覆土建筑冬暖夏凉的优良品性。

1

“新房”

蔡卓君 | Cai Zhuojun
卢冬夏 | Lu Dongxia
王　通 | Wang Tong
陈晓娇 | Chen Xiaojiao

1.“新房”模型
2.夜景效果图之一
3.夜景效果图之二
4.日景效果图

20世纪50年代生人，70年代结婚不花钱，拿小红本在毛泽东像前面念一念就“搞掂”了。70年代生人，90年代结婚的要装修买家具。80年代生人到了21世纪娶个媳妇要不吃不喝赚12年。结婚变成一件奢侈的事情，“裸婚”也是这个时代所创造的新名称。如果将“轿子”象征“婚礼”，“房子”象征“家”的话，那么“轿子+房子=？”又是什么呢？

从空间上说：

两个人的爱情小屋“洞房式”空间布局。空间使用从轿子到房子的转换，形式上满足轿子的体量和居住使用空间。

从艺术上说：

年轻人对于社会现状的无奈与调侃，一种宣言，体现出当代年轻人不向现实低头，勇于追求婚姻和家庭的勇气和决心。

从产品上说：

家居产品完成从轿子到房子的功能转变。

从行为上说：

一群兄弟姐妹抬着新人找到一个理想的地方“安家”。诸多祝福与见证的情感汇聚浪漫特别而难忘的婚礼形式。

2

3

4

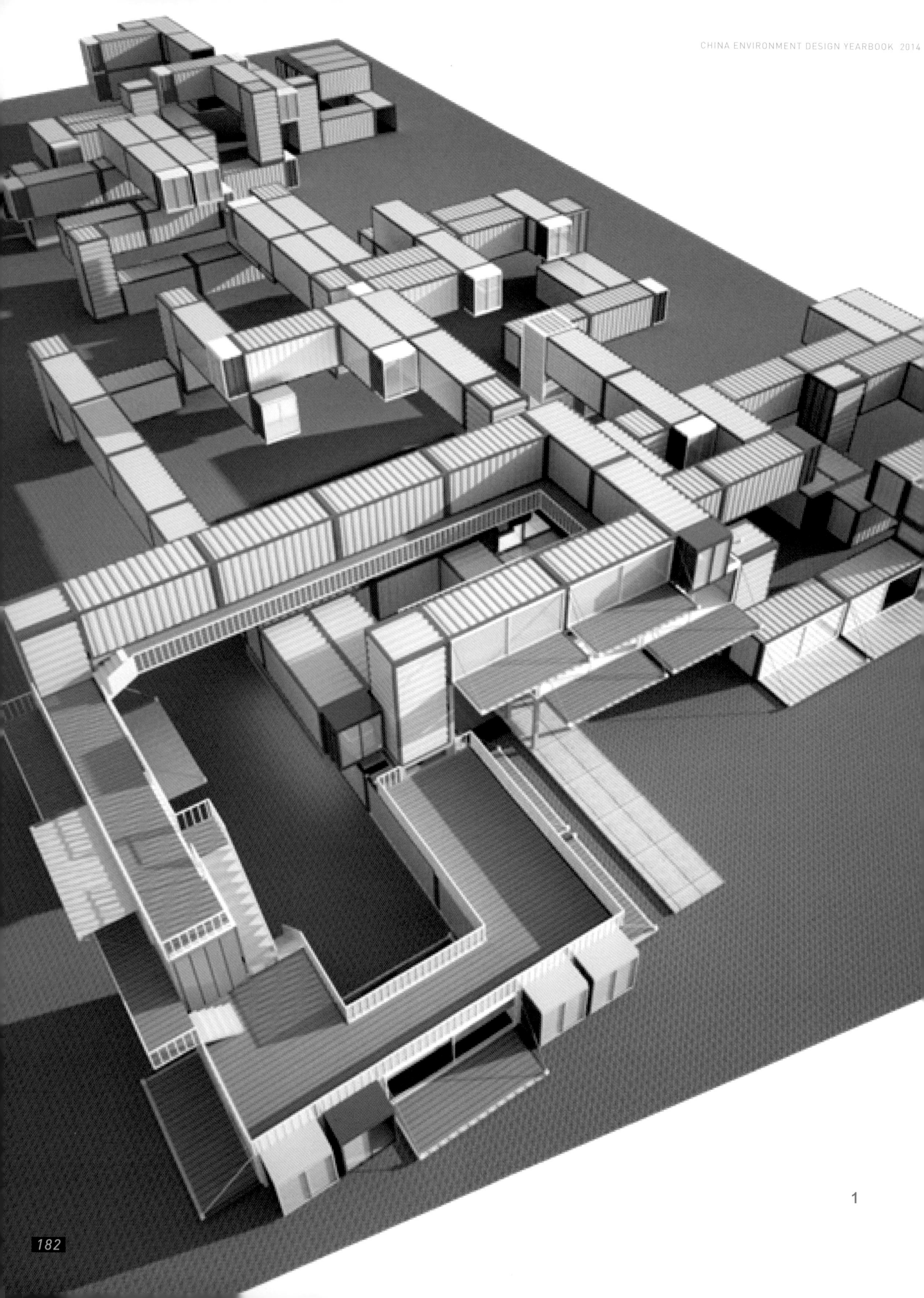

1

集装箱创业产业孵化园

蔡卓君 | Cai Zhuojun
卢冬夏 | Lu Dongxia
常　号 | Chang Hao
曹晓红 | Cao Xiaohong
郑淑津 | Zheng Shujin
卢　翼 | Lu Yi

1. 景观之一
2. 景观之二
3. 景观之三
4. 景观之四

面对基地参差不齐的树木和随时面临拆迁的可能性，我们在设计中采取集装箱“绕树三匝”的设计理念，将树木全部保留下来的同时也创造出了有趣的空间形式。以集装箱作为空间的单元体进行组合，增加了空间本身的形式美感。

2

3

4

1

建筑及其环境修复性设计系列作品
武汉历史建筑的数字化成图

湖北美术学院环境艺术设计系
湖北美术学院环境艺术设计研究所

1. 数字化成图——江汉关 1924
2. 数字化成图——汉口美国领事馆旧址 1905
3. 数字化成图——武汉歌剧院 1963
4. 数字化成图——湖北省谘议局大楼旧址 1905

2

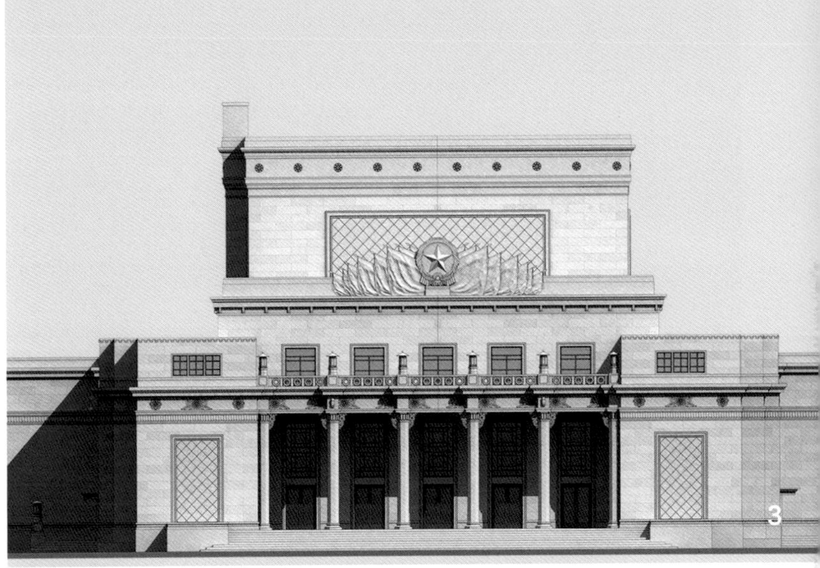
3

4

随着“城市化”进程的加速，城市中可利用的建设土地日趋紧张，导致对传统城市肌理的蚕食还在加剧，已经成为当今社会城市发展的一个大问题。与此同时，不断增大的生存环境压力，也使民众的对于环境可持续发展话题的兴趣日益增长，对现有环境的适应性再利用也越来越多的关注。而且这个潮流势必会愈演愈烈，因为带动着这股潮流的力量来源于当今世界对于人类自身生存环境的全方位关注。

先锋艺术家以激动人心的新方式，重新诠释了各种散乱的建筑与城市景观秩序，在当代艺术的视角中，艺术家对于“现成品”的大量、巧妙地使用，显示出对环境问题的敏锐思考。因此，系统考量“现成品”为代表的现代艺术有别于传统绘画的审美观念及其视觉方式，已经成为探讨城市更新作为艺术、科技、环境综合发展的产物所具有的合理性基础，甚至具备了“更新设计”以及“原型批评”的建筑学功能。已有的建筑、景观所拥有的重要意义应该从更加广阔的视野来加深理解。

作为一个具有美术学院背景的环境艺术设计专业，从艺术的视角参与探讨城市建设问题，是我们的设计出发点，同时，作为一个社会人，我们也更应该把环境保护作为我们的责任。近些年，湖美环艺系秉承可持续发展理念，完成了一系列建筑及环境修复性设计实践，并坚持把这种思考与实践贯彻于教学之中。

从2011年武汉举办了首届“武汉设计双年展”以来，受武汉市城建委委托，湖北美术学院环境艺术研究所组织环艺系师生每年逐步对武汉的优秀历史建筑进行踏勘及测绘，并挖掘散落在各档案馆和文物局中的档案资料，尽量还原其原始面貌，修正后来不当的加建与改建部位，将之进行数字化成图，最终将其原貌呈现在市民眼前。

这个研究课题将逐步完善武汉重点历史建筑的档案资料，并将之体系化的向公众展示，彰显武汉之历史底蕴，推动旧城改造中对优秀历史建筑的保护和文化建设。

1

白云边工业园

湖北美术学院环境艺术设计系
湖北美术学院环境艺术设计研究所

1. 俯瞰厂区
2. 生态丛林
3. 综合办公楼
4. 陶坛酒库

2

3

新的白云边工业园不但承载企业扩大白酒生产规模与企业文化形象建设的双重意义，还将生态、节能的理念指导园区的建设。

还原江汉平原生态背景一直是园区规划建设的指导思想，设计师的执着、引导加上投资人对田园风光的理想追求，使得最初的规划理念能自始至终地被执行，牺牲的是建筑面积，回报的是大面积生态丛林得以保留。

厂前区的人工湖从功能上是为了隔离厂区内外空间，同时从视觉上拥有了良好的景观效果，其实际意义远不止如此，人工湖还收纳并循环了大量车间用过的洗瓶废水，并协同办公楼前的生态丛林形成小型生态圈。

整体设计在强调传统文化的同时，也要保持现代工业特征。通过借鉴中国传统徽派民居的样式进行散点布局，从而形成民居村落式的组团，大量的成品件的使用可以提高建造的效率，并能降低建造的成本。

厂前区的办公楼设计则采用了当代的建筑语言，以中国传统民居四合院为原型，对传统空间进行提炼，分解，重构。

联合包装车间体量巨大，是厂区中最重要的生产单位。设计选用最经济的 6 米 ×9 米的柱网和网架屋面，并利用功能性的空间关系，加强马头墙高低错落效果，弱化了厂房的巨大尺度，打破单调枯燥的传统工业厂房印象。

4

TD
TD
1

武汉铁盾民防工业园

湖北美术学院环境艺术设计系
湖北美术学院环境艺术设计研究所

1. 厂区规划鸟瞰图
2. 厂区之一
3. 厂区之二
4. 厂区之三

2

工业空间对于人来说，具有使用价值的不是围合成空间实体的壳，而是空间本身。工业空间除了满足专业的工业生产需要，还应满足具有人文特征的精神层面需要，即任何一种空间表现形式都应考虑空间的功能性、科学性、艺术性。在总图的规划布局中，将轴网开间要求较灵活的办公研发楼和员工后勤活动中心安排在临主干道的南面，在功能使用上方便工业园行政办公与外部的交流沟通，而建筑内部使用空间轴网的灵活性使建筑方面便于处理丰富的形态变化而一反常工业建筑方面的生硬与凸显，以增加城市沿街立面的生动性。

作为园区内最大两个体量的建筑，两个大型钢结构加工车间，呈H形竖向布置在用地的后部区域以形式园区空间中的实体背景。在办公区与生产区之间，将那十几万块青砖砌筑了一条高12米、长100米的青砖隔墙，将两个区域清晰地界定分开，在总图布局中形成前后两个大的围合院落式空间，墙面上根据交通功能需要不规则地设置洞口，使前后两个空间相互交融，在视线的穿透中互为借景，青砖墙其夸张、变异的雕塑般元素，使园区建筑形态在过于清晰的秩序中变得多样而混沌，在矛盾中使人打破视觉的惯性，对客观物象的重新观照，而产生对场所的某种精神寄托。

3

4

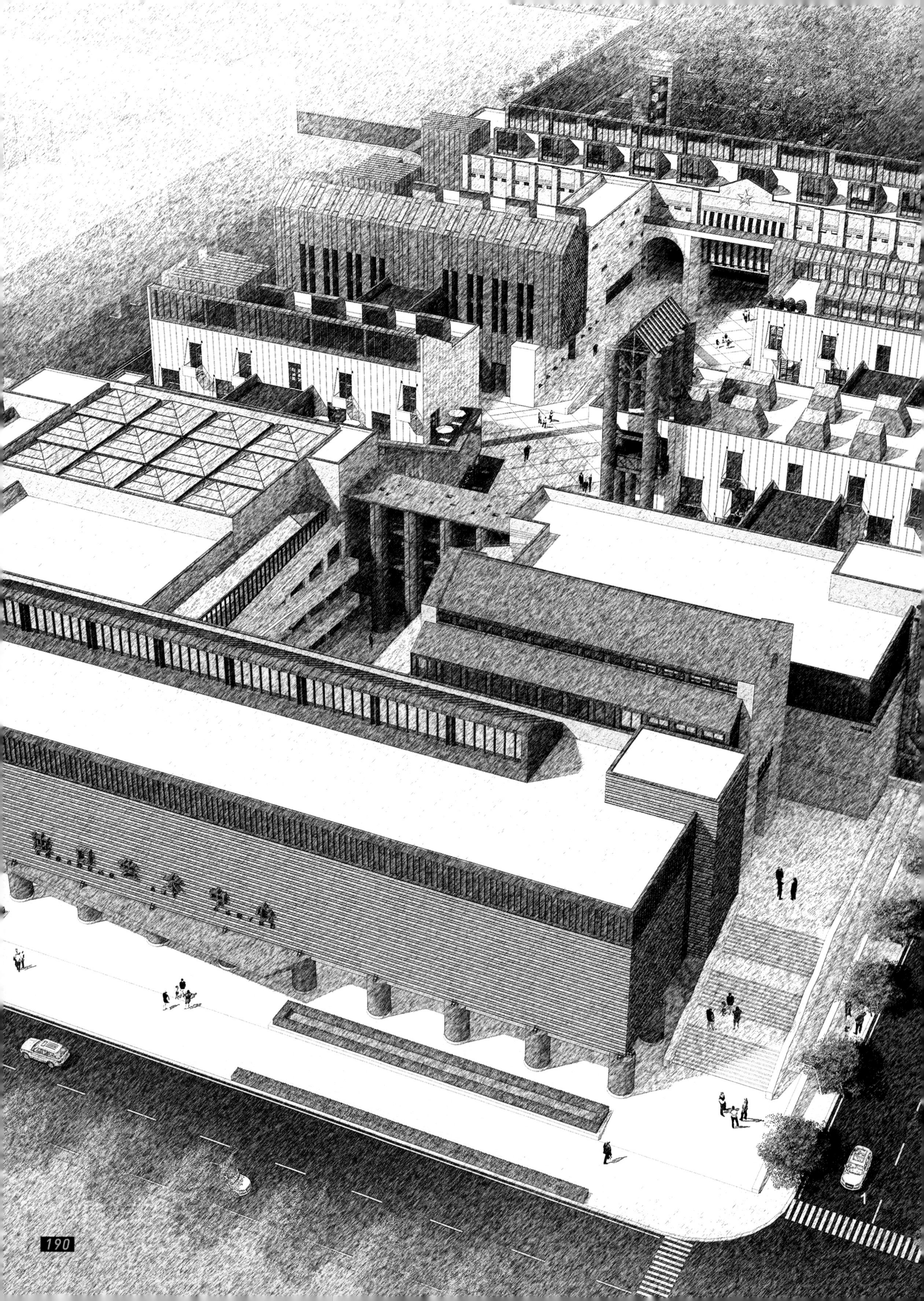

沌口艺术中心

湖北美术学院环境艺术设计系
湖北美术学院环境艺术设计研究所

1. 厂区规划鸟瞰图
2. 厂区之一
3. 厂区之二
4. 厂区之三

原作为轻型工业厂房的建筑为 4 层框架结构，为 20 世纪 90 年代所建，建筑风格上无明显的工业时代特征，根据这一时代工业建筑特征的再解构与重构。一切从形式与功能密切结合的需求出发，营造一个有内在工业文脉精神传承，又富于时代多样性与活力的艺术创意园区。

在园区南北外侧的主体建筑处理上根据大尺度公共建筑特点及城市立面形态的需要，以超尺度的大体块、大柱廊、大台阶等构造，与城市常态建筑拉开视觉反差，以强调文化公共建筑的纪念性与厚重感。

园区内设计中强调园区与周边社区的互动开放性。人与景、人与人之间形成一个自由开放的灵动交流空间。

作为一个艺术创意园区，艺术氛围的营造是设计中所关注的重点，整个园区都应该是各类艺术品展示的一个界面平台，所以在建筑立面的设计中，在形式的变化上有所节制，以期望让园区建筑空间在后续使用中有各类艺术家的作品介入，自身成为一个恰当的衬托背景。

2

3

4

1

中石化第四石油机械厂
研发、培训及客服中心

湖北美术学院环境艺术设计系
湖北美术学院环境艺术设计研究所

1. 大门效果图
2. 厂区效果图之一
3. 图书馆电子阅览中心
4. 厂区效果图之二

为了配合升级改造，大型生产车间将被移到新厂区，利用原有的厂房改造成同国际接轨的研发及培训中心。

在改造中保留和利用原厂房的外墙及主体结构，在厂房内部重新建造符合研发培训功能使用的办公空间，就像做一个热水瓶的内胆，可以有效地降低能耗。并在室内保留部分机械设备，使其体现厂区的企业文化、年轻性以及国际性。

1

礼佛药心
崇州凤鸣村“立体博物馆”村落文化演绎策划设计

王骁夏 | Wang Xiaoxia

1. 村落社区活动中心效果图之一
2. 村落社区活动中心效果图之二
3. 山道景观设计——连筒水之一
4. 山道景观设计——连筒水之二

2

3

4

这是一个实际课题项目，项目位于中国四川省崇州市凤鸣村，当地的大明寺建自隋朝，历经千年历史存在至今，比周边村落历史都要悠久。南宋诗人陆游在任职蜀州太守时专访这里，写下《化成院》刻于山门至今。自2008年汶川震后，凤鸣村由原来不足百人的小村落变为五百人左右的规模，震后大批本省安置灾民由政府迁置于此。

崇州市作为四川省古蜀州，历史遗迹与自然风貌保存完好，现在国家政策扶持下建起省道“重庆路”，将崇州下属乡镇串联成为完整规范旅游区，除了骑游，当地的农家乐事业红火至极。但凤鸣村作为省级干道开端，经济水平情况一般，除了农家乐和零散种植草药，当地村民也没有意识将区域资源整合。

课题的关键点有三个：1.升级当地优秀资源，开发村落经济内动力；2.将安置居民与原住民的感情通过设施的完备进一步加深；3.推出大明寺这一优秀历史遗产，吸引游客，提升村落经济产值。

针对以上三个关键点，做出如下设计：1.将农家乐模块化，设计菜单并针对宾馆室内空间优化设计；2.设立老村与新村之间的社区交流中心；3.将大明寺山道进行景观初步设计，方便游客上下山体验景色。

本人以为设计不仅仅是开发视觉形象，整合资源置放合理性，是设计师对场域文化的负责，希望通过这个策划与设计结合的项目，在中国城乡大发展的背景下，对文化村落的态度有所思考。

1

撒哈拉

石　璐 | Shi Lu
代启霞 | Dai Qixia
李　琳 | Li Lin
侯明承 | Hou Mingcheng
李佳女 | Li Jianv
侯宗含 | Hou Zonghan

1. 撒哈拉效果图之一
2. 撒哈拉效果图之二
3. 撒哈拉效果图之三
4. 撒哈拉效果图之四

撒哈拉——世界上最大的沙漠。

建　筑——沙漠里的伊斯兰风格驿站。

驿　站——“撒哈拉”古城伊斯兰主题文化酒店。

建筑总层数为5层，其中主体建筑3层，空中花园为两层错层式半越。建筑风格主要以伊斯兰风格为主，总占地面积为28000平方米，建筑面积为63000平方米。建筑主要分为五大部分：大门迎宾部分，中庭回廊，空中花园，原始古建保护区、礼拜塔。

大门迎宾部分是建筑的功能核心区域，层高两层。中庭回廊设有休闲娱乐戏水池，是酒店的休息娱乐区域。空中花园是建造在原始古建基础之上的花园建筑，为更好地保护原始古建基础，将空中花园建筑架空建造，原始古建既成了酒店文化主题又形成了建筑景观，此架空空间与中庭回廊形成半层的错层，这也是此建筑的特别之处，这样的建造更加丰富了建筑的外观构成感，使得建筑功能更加丰富。礼拜塔为宗教交流区，也是本建筑的特别之处，它与原始古建保护区不设住宿房间。

伊斯兰一词来自阿拉伯语“和平、顺从”之意，所有信仰伊斯兰教的人都是穆斯林。穆斯林人有其独特的生活方式。例如我国的回族、维吾尔族等。

标志性的大门，蕴含伊斯兰宗教文化理念，其理念从光影关系来体现。穆斯林人每日要按不同的时段进行五次礼拜，根据太阳高度角，算出建筑与大门的高度比，在这五次礼拜的时间点，大门的阴影会落在建筑的固定的点位上。

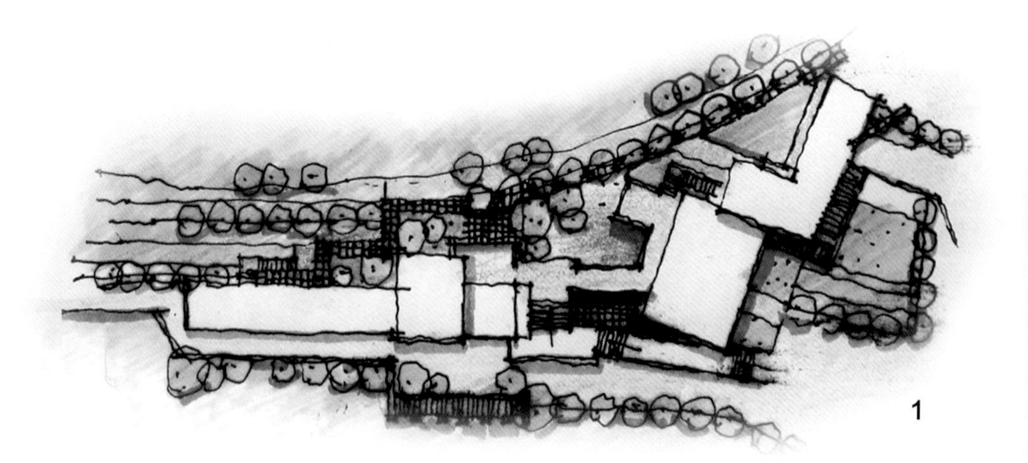

1

楠山坊 6 号会所建筑规划及景观设计

陈六汀 | Chen Liuting

1. 会所景观效果图之一
2. 会所景观效果图之二
3. 会所景观效果图之三
4. 会所景观效果图之四

“楠山坊 6 号会所”（暂名）位于河北承德市庄头营村杨家沟地段，规划用地面积一期为 6500 平方米，二期为 9525 平方米，根据承德市规划设计院指定的该地段规划地形图和建设方的建设目的，按照国家相关规划设计的要求进行规划和设计。

“楠山坊 6 号会所”地处承德市区的边沿，地理位置十分优越，交通非常便利。与此同时，该地段又是一处东北朝西南向的三面环山的山地地形。植物条件很好。沟内有长年不断的山泉泉水流淌，规划建筑用地地形高差在 12~30 米左右，规划区域等高线在 306.11~352.25 之间，高差变化很大。区域内环境安静，空气良好，地形变化丰富，但是给该地段的交通道路的规划带来了一定的难度。

根据该地段的多种现状条件分析和建设方的建设意愿，结合当今世界符合人类居住可持续发展的设计原则，我们将此项目的设计确定为自然生态型的山地建筑。建立全新的本土文化生存行为为价值取向的山地生态建筑居所模式；倡导的是：现代、本土、生态、景观和文化融合这样一个综合的生活圈。享受的是安全的、健康的、便利的、舒适的和精神的生活方式，真实的生活在自然之中。因此，该规划的一期建筑设计采用以现代时尚与中国传统院落的家族亲情感相结合的文化模式，将简洁的设计语言和传统的建筑格局、建筑细节、建筑环境等有机的融合在一起，形成了及其富有魅力的居住场所。在二期的会所为主要功能的建筑设计中，完全以前沿新锐的建筑设计风格和手段来进行的，体现在这样一种幽静而生态化的环境中，传统与现代完整的结合在了一起，使人安逸而又富有活力。

2

3

4

1

东方金字塔——西夏王陵遗址博物馆

王雪银 | Wang Xueyin
田　原 | Tian Yuan
郑　委 | Zhen Wei

1. 景观效果图之一
2. 景观效果图之二
3. 景观效果图之三
4. 景观效果图之四

2

遗址博物馆建筑造型以西夏王陵的建筑规制为基础，采用中轴对称形式，材质以当地特有的夯土修筑而成。以连绵的贺兰山为背景、在广阔的山前戈壁的衬托下，展现出西夏王朝特有的历史气息和民族风貌。与西夏王陵遗址相呼应，使参观者在博物馆的不同视点遥望王陵遗址。

3

4

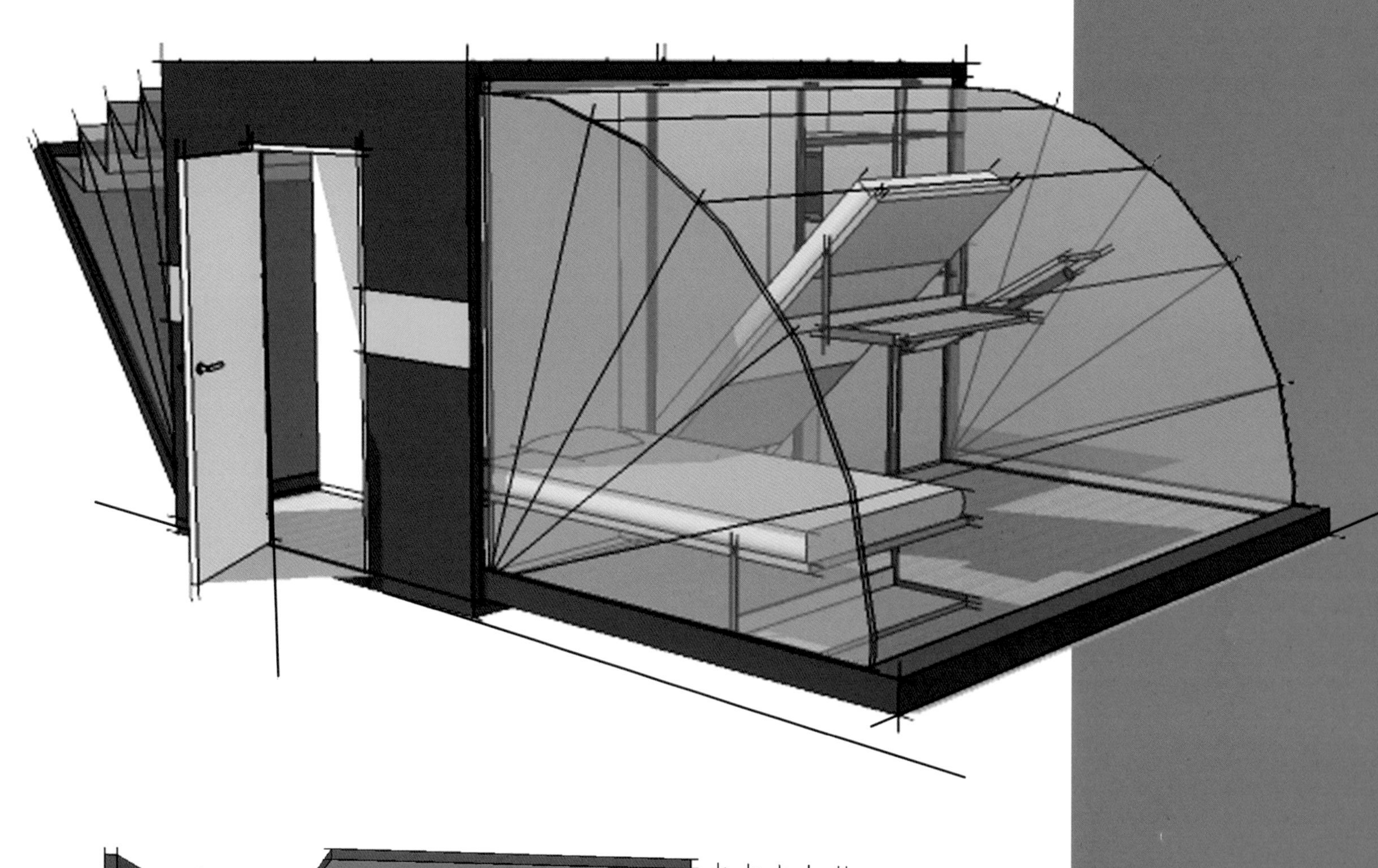

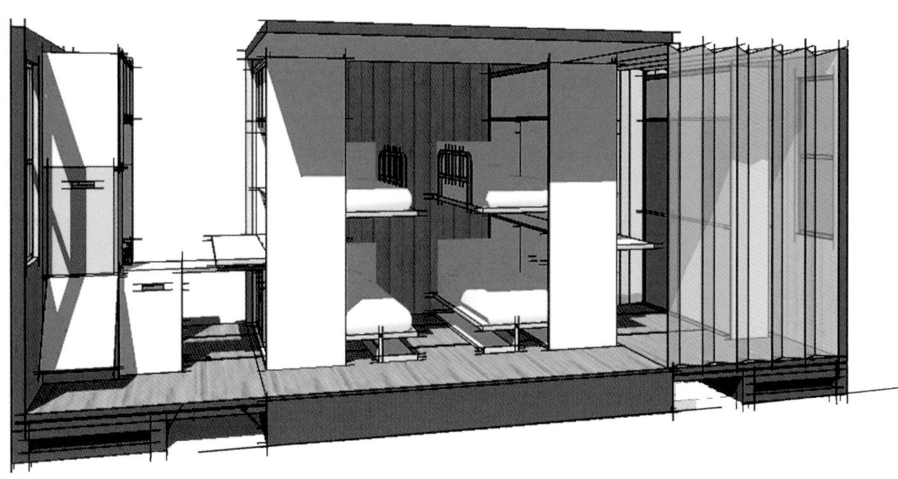

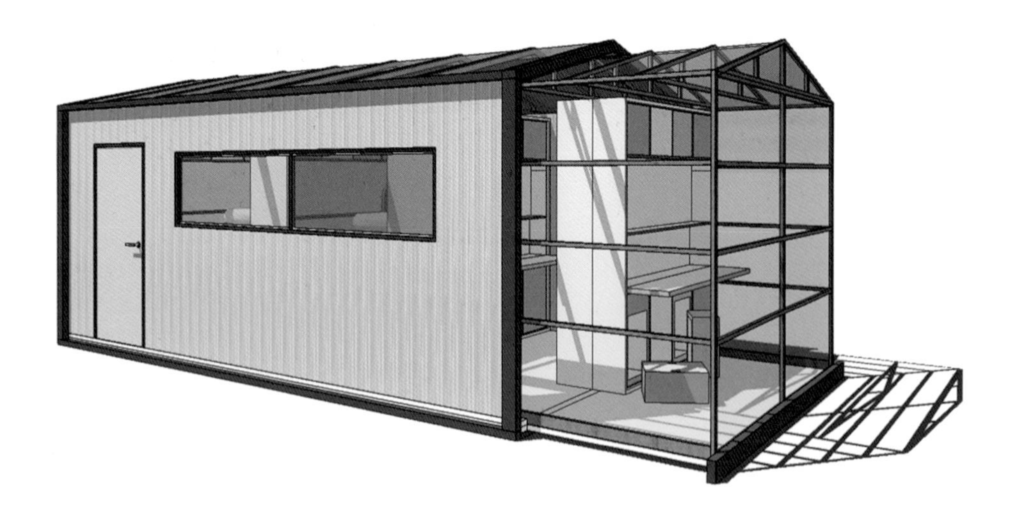

1

救灾临时安居空间设计

唐　文 | Tang Wen
罗婷文 | Luo Tingwen
李　敏 | Li Min

1. 方案一、方案二、方案三
2. 方案二空间变化过程
3. 方案三展开过程
4. 方案一展开过程

随着经济迅速发展，自然灾害也随之剧增，很多受灾居民在地震或是其他自然灾害中失去了他们的住所，他们只能只在受灾地的临时住房中，甚至不能搬迁到其他地方居住，因为那场灾难将他们回家的公路都破坏殆尽了，而受灾人群的临时居住也成为首要问题。因此，我们认为为受灾人群提供临时住宿环境也成为设计者们首要考虑的问题。其次，我们认为临时建筑设计首要原则是环保，可循环利用，便于拆卸，重组，同时也要满足受灾人群的生活需求等。

方案一：　我们的创意来源于“折扇”，该设计的外形以方块和简洁明快的设计风格为主题，建筑物通过物体两边面放置使得空间变大变宽。在功能上我们是以折叠的方式呈现，可收缩空间，同时也解决临时住所便于拆卸、重组和可循环利用等需求。

方案二：　我们创意来源于“手风琴”，该设计理念为“手风琴”可推拉形成一个独立的空间。而临时建筑主要放置于受灾环境中，所以，我们在建筑外壳上采用木材为主，木材具有良好的环境学特性，还具有调节温度、调节湿度等多重功能，在推拉折叠部分我们采用了透明且可折叠的材质。在建筑物里面使用的家具，我们设计成可折叠的家具，这样不仅能解决功能上的问题还能使空间变大，满足了小空间大利用的功能，所谓“麻雀虽小五脏俱全”的功能。

方案三：我们的创意来源于“抽屉”，该设计方式是以“推拉”和“胶囊公寓”居住为主，设计外观是以木板与钢架、玻璃相结合，使整体更加简洁，同时我们把建筑分为两部分，分别是固定体和推拉体，拉出来部分以玻璃钢架为主，使室内采光通透温馨。从而能够让受灾人群感受到温暖，而固定体我们采用的木材材质为主，解决防潮、防虫的需求。建筑物内部以简便的家具为主，满足了受灾人群的基本功能。

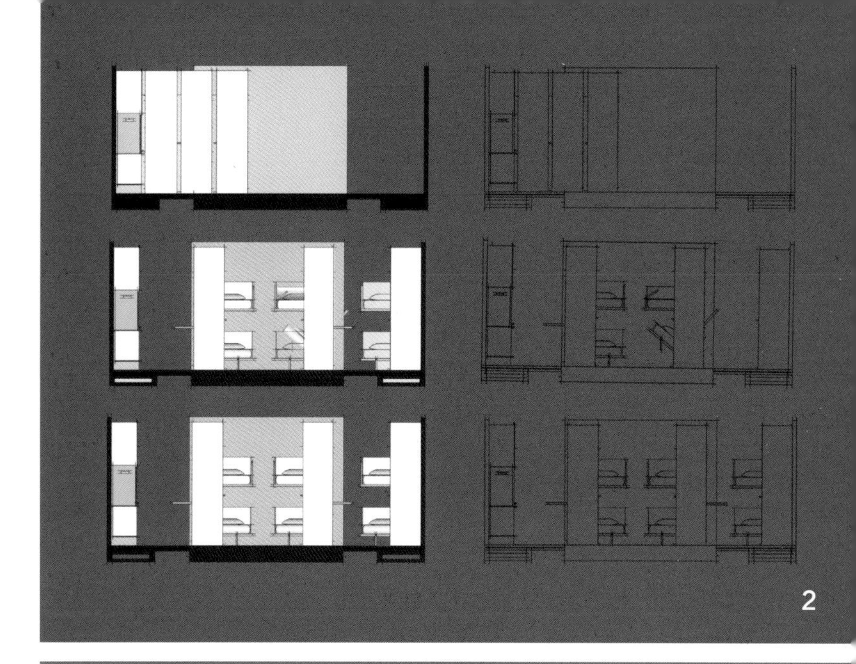
2

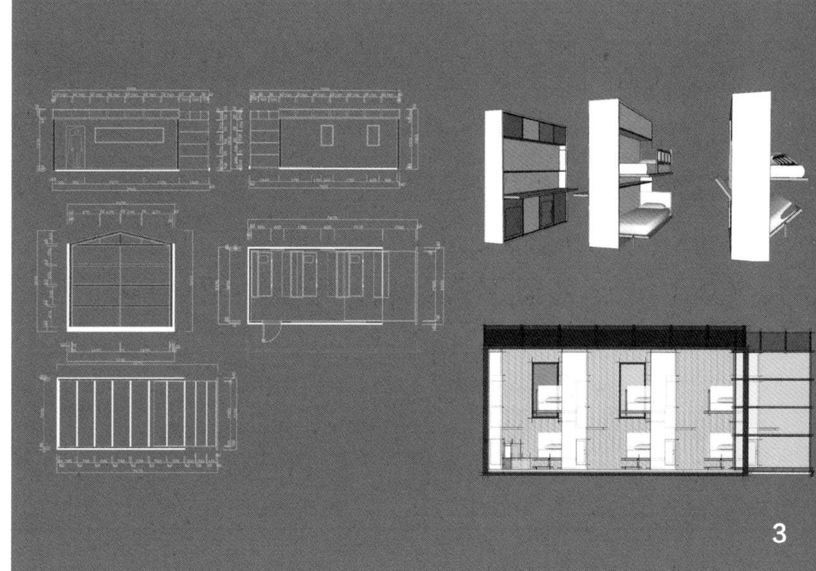
3

4

1

“为西部农民生土窑洞改造设计”四校联合公益设计项目

项目负责人：苏　丹 | Su Dan
执行总监：张　月 | Zhang Yue
设计总监：杜　异 | Du Yi
核心创作人员：陆轶辰 | Lu Yichen
汪建松 | Wang Jiansong
崔笑声 | Cui Xiaosheng
梁　雯 | Liang Wen
周艳阳 | Zhou Yanyang
师丹青 | Shi Danqing
顾　欣 | Gu Xin
王之纲 | Wang Zhigang

1. 建筑方案屋顶结构细节效果图
2. 中国馆二层空间效果图
3. 中国馆餐饮区室内设计效果图
4. 中国馆二层空间效果图

2

3

4

中国是世界农业文明发展最早的国家之一，也是世界农作物起源的中心地之一，有着灿烂悠久的农耕文明和农业文化。而中国传统思想中的“天、地、人和”不仅运用在农业生产之中，其“天人合一”的哲学观念，也成为中华民族的核心价值观。这一价值观，契合了当今世界可持续发展的趋势。

本次世博会中国馆主题是“希望的田野，生命的源泉”。“希望的田野”是中国960万平方公里土地的广义“田野”，构成宅的元素正是“天、地、人”。

天：中华文化信仰体系的核心。中国农业自古就讲求顺天、顺自然发展的哲学观。天为万物主宰者，是“道”、“自然”和“宇宙”。

地：在天成象，在地成形。中国大地广袤无垠，山林多姿多彩，生生不息。大地厚土，承载万物，是中国人祖祖辈辈，无数辉煌与文明的肌理。

人：天地山水润泽了中华民族的灵性。几千年来，无数智慧的结晶积淀成了伟大的东方农耕文明。中华民族与天地和谐共生，以朴素而睿智的生存法则回应着天地赐予的福祉。

中国国家馆围绕与世界可持续发展方向相一致的“天、地、人和”的传统思想，通过建筑设计、建筑技术、建筑空间、展陈设计、展陈技术、视觉传达系统等，向世界展示了中国的过去、呈现了中国的现在、描绘了中国的未来。

1

1953 青年生活社区概念设计

凌　川 | Ling Chuan

1. 社区景观之一
2. 社区景观之二
3. 社区景观之三
4. 社区景观之四

场地位于吉林省长春市绿园区，汽车厂区中心地带，街区周边商业发展迅速，地理位置优越。

1953 年由苏联为汽车厂规划建设的员工宿舍区，建筑呈现俄罗斯新古典主义特色。属于长春市历史风貌街区，由于兴建时间久远，景观设施陈旧，居民缺乏公共交往空间已经不能满足现代人生活品质需求，面临被时代所淘汰的命运。

长春市的发展历程。从文化价值角度看，建筑与地域价值观，生活方式和传统习俗一脉相承，若把文化比作灵魂，那么建筑及其围合的物质空间环境便是它赖以生存的躯壳。伴随着老住区的消失，原住居民的搬迁，传统生活模式和传统文化也将随着"躯壳"的消失而挥发于"现代化"的都市中。拆除一个老住区，表面上是抹去了住区本身，而实质上抹掉的是生存于它们体内的文化历史内涵，断裂的是一个城市文明的延续，消减的是这个城市的"软实力"。

在尊重历史继承历史住区优秀传统的基础上将住区改造成富有年轻活力的青年生活社区。把年轻人吸引到这里，通过年轻人的生活方式，消费理念带动区域发展，给老住区注入新鲜血液，恢复昔日活力，使居住在这里的年轻人产生关于历史住区新的记忆。社区所提供的服务和娱乐设施专为年轻人所设计，是一种休闲，放松，闲适生活的体现，强调生活感，时尚感，科技性，舒适度，是有历史感的城市生活社区。一汽历史住区具有原始纯粹的工业精神与汽车文化。这种工业精神正是当代年轻人所缺少，所向往的，所以"1953 青年生活社区"把年轻人时尚前卫的生活与历史住区的工业精神相融合，年轻人在社区中享受时尚生活的同时也能感受到 20 世纪 50 年代原始纯粹的工业精神。历史住区在人们的生活间以自然融合的方式得以延续，并焕发出新的生命活力。

2

3

1

时空的跨度——街区博物馆

龚上雅 | Gong Shangya

1. 总景观效果图
2. 活态演绎休闲空间效果图之一
3. 活态演绎休闲空间效果图之二
4. 实体空间 + 虚拟空间构成老街新形象效果图

时空的跨度——过去的老街繁荣似锦，多出能工巧匠，后期老街作坊变成了居住用途，繁华不在。将文化艺术得以传承——街区博物馆的定义让活态演绎重现老街历史文化。“艺局共生”的理念，从单一化功能转变成多元化功能，从单一人口结构转变成多样化人群结构，从而改变老街现状，使艺术与民居共生，展示与演绎共存。

三种空间混合组成陆慕老街新功能体，循环且独立。新环境吸引更多元化人群加入，老街被“街区博物馆”的文化演绎所定义。促进老街新发展。

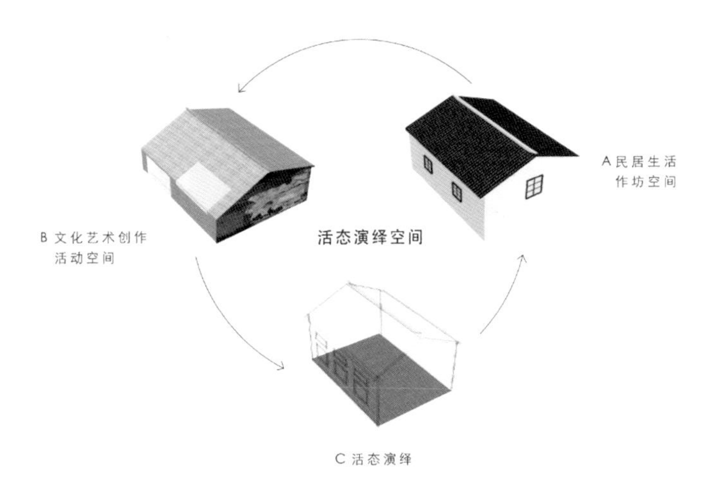

2

3

4

产品 · 家具部分

PRODUCT · FURNITURE SECTION

1

环礼

陈丽君 | Chen Lijun

1. 产品效果图之一
2. 产品效果图之二
3. 产品效果图之三
4. 产品效果图之四

现代人对于礼制的认识是在逐渐淡化的，我们对于长幼尊卑、主客之别的意识也在各种文化的冲击下变得界限模糊。《环礼》系列作品是以龙山黑陶为物质的表现形态，借助其独特的关于“礼”的意象语言，融入传统文化的感召力，重新将黑陶定义，让现代人再一次认识黑陶、认识传统文化，在使用器物的同时，唤起礼制记忆的复苏，在一颦一笑间，感受到礼制的影响力，使得行为本身，就像是在诉说一个发人深省的故事，一个浅显易懂的道理，而黑陶，也不再单单是一件器物，它架起了现代与古代的桥梁，扮演了一个沟通者的角色，让礼制的精神得以传承和发扬，引起人们更深入的思考。

2

3

4

1

唇椅

孙焱飞 | Sun Yanfei

1. 产品效果图之一
2. 产品效果图之二
3. 产品效果图之三
4. 产品效果图之四

该座椅强调以对称的手法创造一种均衡的美，弯曲座面利用单一模具成型，与坐姿完美吻合．金属线条支撑凸显工业美感。

2

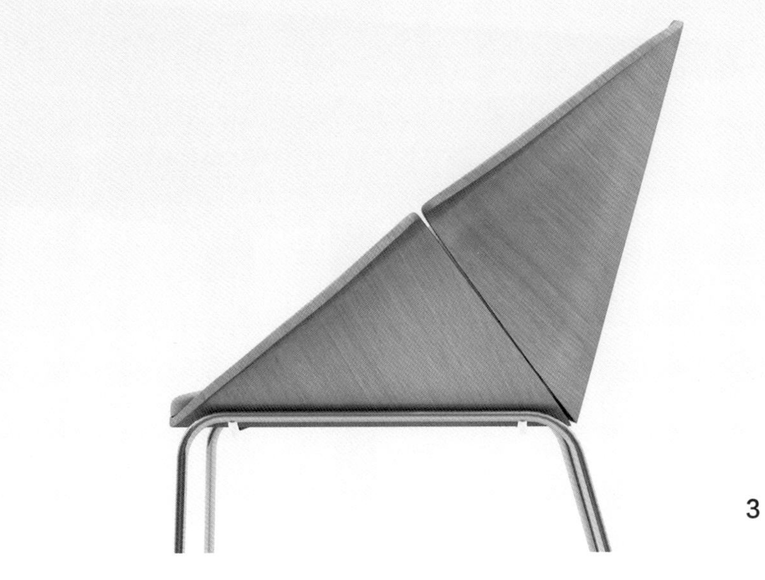

3

4

1

架几案

苑金章 | Yuan Jinzhang

1. 产品效果图之一
2. 产品效果图之二
3. 产品效果图之三
4. 产品效果图之四

较薄的一块独板是一批老料中剩下的最后一块，很完整且无瑕疵。为很好的保护它，配两侧架几，单摆浮搁。架几的抽屉和拉手同古制架几明显不同，用起来很方便。

2

3

4

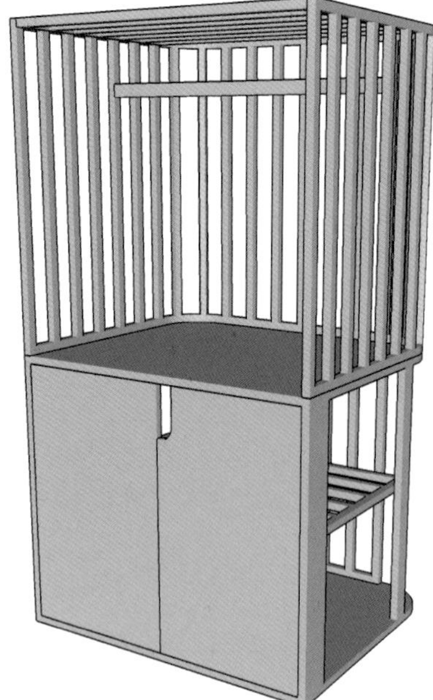

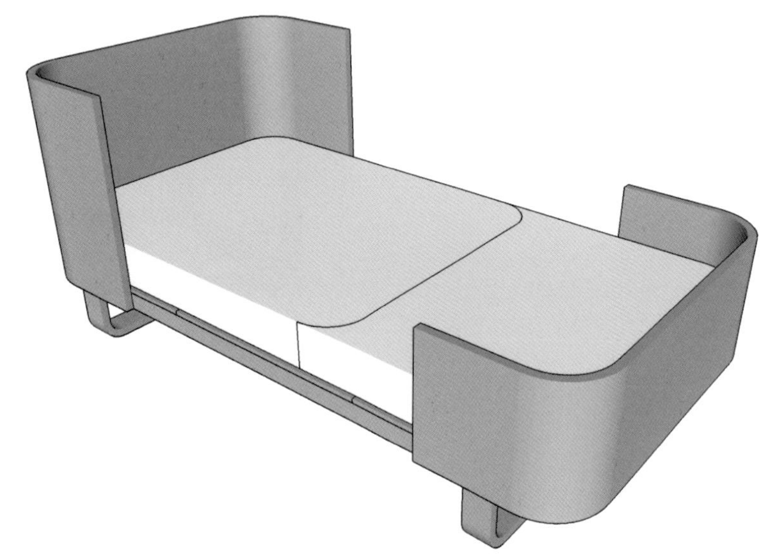

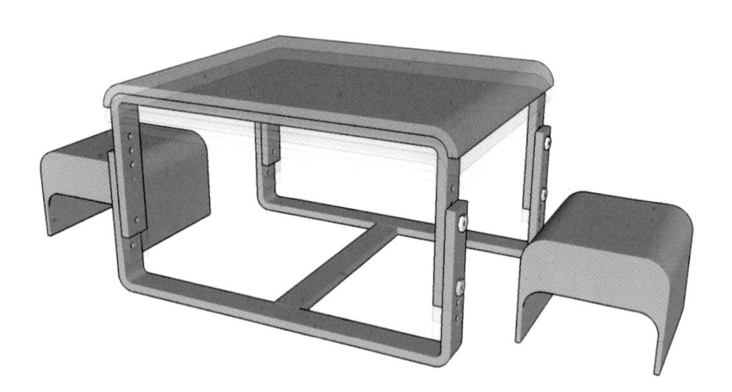

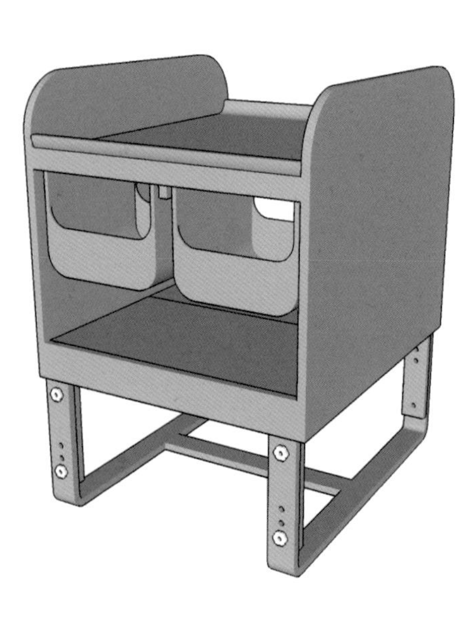

1

萌——婴幼儿成长型可变家具

陶　洁 | Tao Jie

1. 产品效果图之一
2. 产品效果图之二
3. 产品效果图之三
4. 产品效果图之四

“萌”是一组婴幼儿家具，它可以随孩子成长而变化。在变化重组的过程中，既不需要增添新配件，也不会产生无用的配件而出现储存或丢弃的问题。这组家具能最大限度地物尽其用，实现近百分百的一起成长。

这一组家具共包括五件常用的婴幼儿家具：在孩子 1.5~2 岁前所有的家具部件构成婴儿床和换衣桌两件家具，孩子 1.5~2 岁后除了抽屉滑轨以外的所有部件构成幼儿床、儿童桌凳和儿童衣柜三件家具。另外，只需要配备四个脚轮，婴儿床便可以改装成为更适合 0~6 月龄婴儿的新生儿床。“萌”系列婴幼儿成长型家具组能够从婴儿出生一直使用到儿童 6 岁左右。

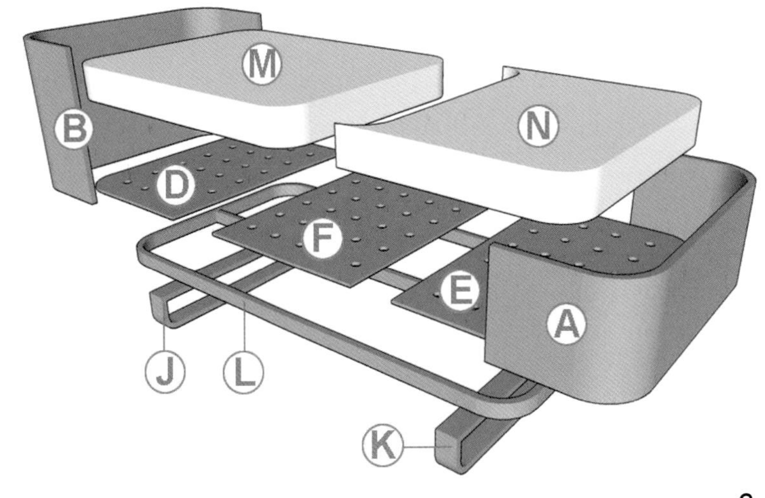

2

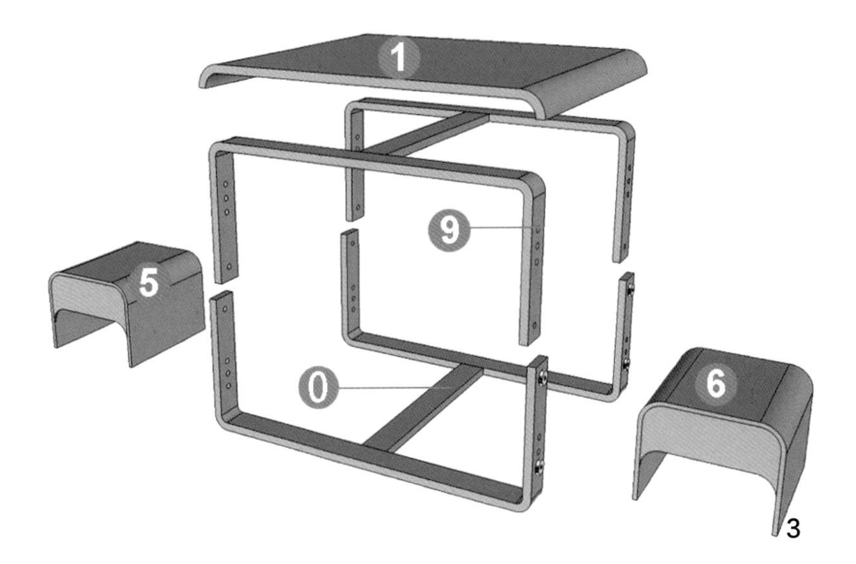

3

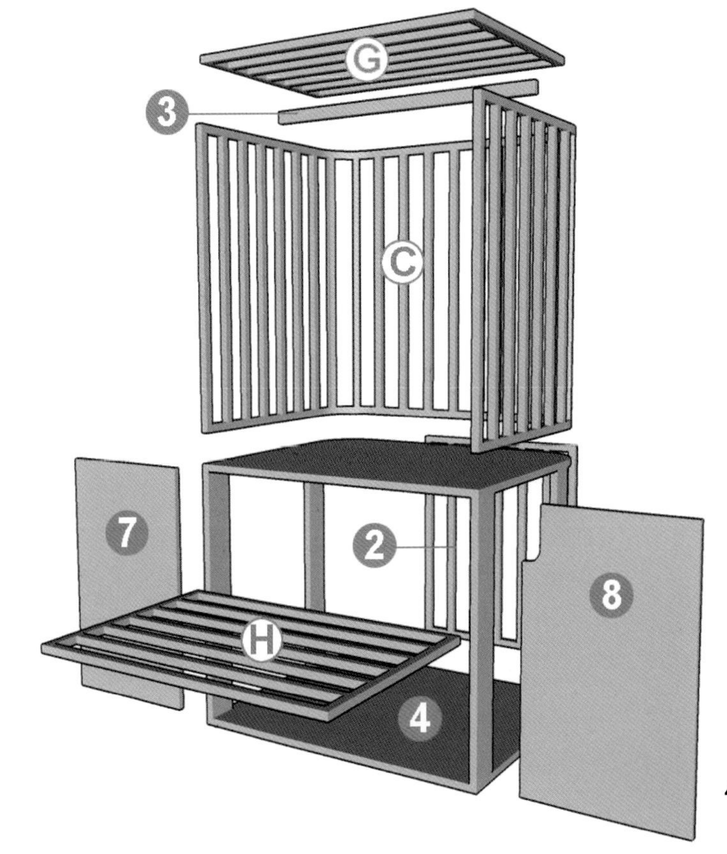

4

夏至物语

张海涛 | Zhang Haitao

1. 产品图之一
2. 产品图之二
3. 产品图之三
4. 产品局部

2013 年暑期的社会实践中，对川渝农业地区“人口空心化”问题有了客观的了解。借鉴 20 世纪 70 年代末日本大分县兴起发展地方经济的“一村一品运动”，结合地方特产楠竹，发展便于运输的楠竹制品，提高楠竹的附加值，服务地方楠竹产业。

古有“宁可食物肉，不可居无竹”，川渝地区自古以来都用楠竹制作凉椅用于盛夏时期纳凉之用。将作品名定为“夏至物语”，是希望竹躺椅在烈日炎炎的夏天能够给使用者带来一丝丝凉意，同时也借此名提醒关注我国传统文化的传承。

结构受马克纽森 1988 年设计的曲木结构“wooden chair”的启发，将楠竹制成竹片，并热弯成型，按一定的曲线左右分布排列八组。

椅面的曲线借鉴了柯布西耶的躺椅曲线，使人体有良好舒适感。

材料链接方式（运输与组装），“夏至物语”躺椅由 32 根竹片用 40 颗夹板螺栓连接而成，可使包装最小化，便于运输与组装。

2

3

4

1

Mr . 玉兔

袁　媛 | Yuan Yuan
张茫茫 | Zhang Mangmang

1. 产品图之一
2. 产品图之二
3. 产品图之三
4. 产品图之四

月宫中的玉兔先生，穿越千年的传说，换了一副轻巧时尚的身姿，来到我们的身旁。用数字化三维加工技术制作模具，再用弯曲木板整版压制多维曲度的椅面。本设计在制作过程中加工技术难度大，领先于国内行业水平。坐面弧度贴合人体曲线，使用轻巧舒适。腿部同样用弯曲木技术制作。

2

3

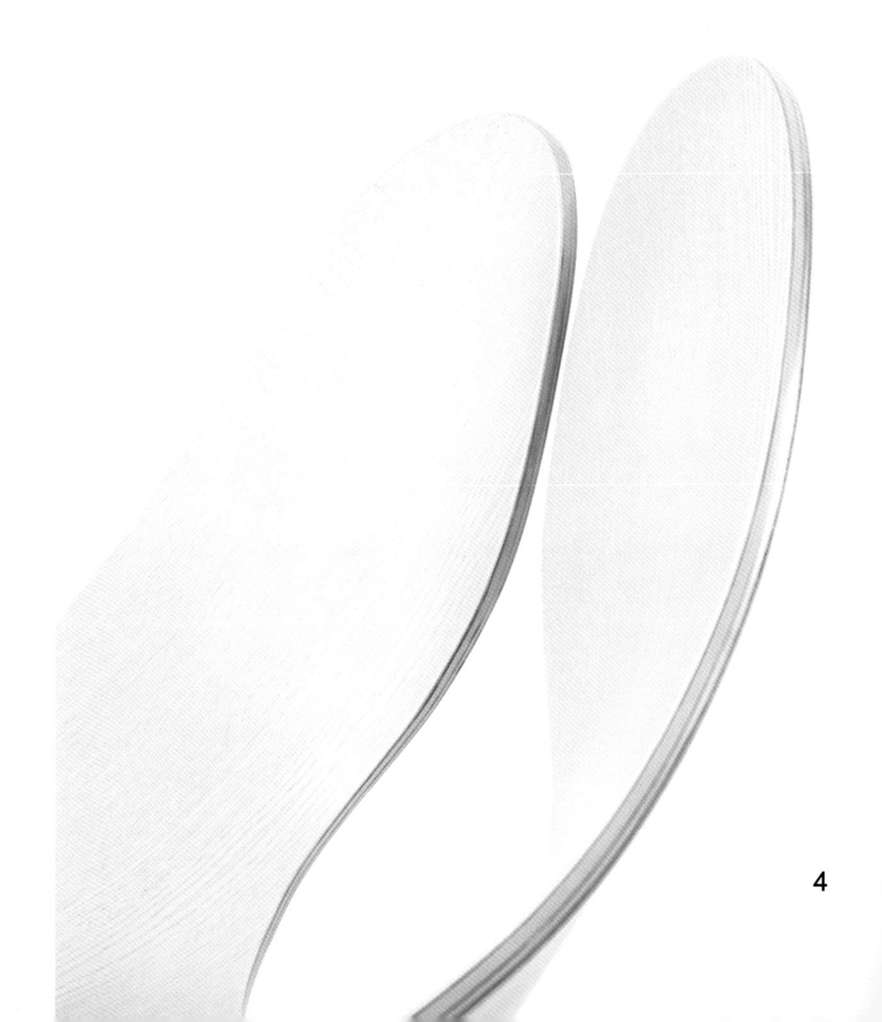

4

1

“巢”沙发

高 扬 | Gao Yang

1.“巢”沙发创作系列外观图之一
2.“巢”沙发创作系列外观图之二
3.“巢”沙发创作系列外观图之三
4.“巢”沙发创作系列外部细节图

“巢”沙发创作系列采用生活中常用的竹签插接而成，没有任何的连接结构与胶，通过竹签间的弹性咬合而成，历时三个月的插接。该作品意在尝试家具的生成语言，挑战视觉经验与体验的关系。

2

3

4

重要学术文章
IMPORTANT ACADEMIC PAPERS

本土的场所与乡愁

——城镇化中的风景园林现象学设计策略探讨

姚 朋 李 雄 北京林业大学园林学院 《中国园林》2014/12

摘 要：对中央城镇化工作会议提出的“望山见水记乡愁”的指导思想进行了从物的城镇化到人的城镇化的解读与思考，从风景园林场所特质的角度对“乡愁”进行了本土认同与归属的分析，并结合国内外案例以及规划设计实践，探讨了感知本土场所与乡愁的风景园林现象学设计策略，即源于场地的强化与补充、认知回归的触引与传导以及区域更新的重置与再生。

关键词：风景园林；乡愁；场所；城镇化；现象学

早在2000年，诺贝尔经济学奖得主、美国著名经济学家约瑟夫·尤金·斯蒂格利茨(Joseph Eugene Stiglitz)就预言：21世纪对世界发展进程影响最大的有两件事，一是发生在以美国为代表的发达国家的新技术革命，另一件则是发生在中国的城市化运动。如今，人类进入21世纪已有十几年的时间，中国的城市化进程也进入到了快速发展阶段，并以一系列的数据验证了斯蒂格利茨的预言。然而，在经历了城市规模急速扩张和人口迅猛增长的同时，我国的城市化也暴露出诸多严峻的问题，如城乡结构失调及资源配置不均、建设模式粗放及环境污染严重、地区发展失衡及地域文脉缺失等，伴随着急速发展态势而来的是一系列令人惋惜和痛心的数据。

1 记得住乡愁——从物的城镇化到人的城镇化

虽然中国城镇人口所占比例已超过一半，但仍低于发展中新兴国家城市化率60%，离发达国家城市化率80%的水准差距更大[1]，而且，我国当前的户籍人口城镇化率仅为36%左右，远低于常住人口城镇化率；另一方面，城镇化既是未来中国经济与社会发展的重要动力，又与工业化共同构成了现代化的两大引擎，因此，积极稳妥地推进新型城镇化建设，是当前一项意义重大的国家战略。在这样的背景下，改革开放以来的首次中央城镇化工作会议于2013年底在北京召开，会议针对新时期城镇化的主要任务做出了具体部署，并在提高城镇建设水平的任务中提出了“让城市融入大自然，让居民望得见山、看得见水、记得住乡愁；保护和弘扬传统优秀文化，延续城市历史文脉”[2]等指导性意见。中央会议公报中首次出现的诗意表述让人耳目一新，且激起了无数人的情感共鸣，在社会各界引发了广泛关注与热议。

1.1 从经济事件到精神事件

新时期中国城镇化进程中的“乡愁”，应是涌入城市的乡民对传统生活模式的依恋和对当下城市生活的失重感相互交织融涵而形成的一种困顿体验。新型城镇化建设导向对“乡愁”的重视，实际上是对“人的情感”的重视，是对“人的城镇化”战略的细化[3]。在注重GDP的跃进增长及城市面貌巨变的过程中，忽视“以人为本”理念的问题和矛盾逐渐显露出来，“大量农业转移人口难以融入城市社会，市民化进程滞后。‘土地城镇化’快于人口城镇化，建设用地粗放低效”[4]。城镇化说到底是人的城镇化，其本质是让居民更加舒适地进行生产与生活而实现全社会的现代化，城镇化不是简单地让乡民进城上楼，更不是一味追求物化的实体与量化的数据，而是要从精神层面真正实现市民化的转变。在这个过程中，除了要加快户籍城镇化进程之外，还应尊重乡民自由选择的权利和生活习惯的延续，要在城市中塑造承载传统栖居情感的空间与设施，既要完成环境的转变又要实现心灵的归属，使得以人为本的新型城镇化真正地从物质主义的经济事件转变为人本主义的精神事件。

1.2 敬畏栖居的地脉与人脉

人们的栖居环境包含了自然场所与人为场所，即地景与聚落，它们共同形成了不同地域的栖居肌理，并承载了丰富的情感，乡愁的消失是以地景为代表的地脉与以聚落为代表的人脉在城市化进程中遭到割裂的结果，贪新求奇及脱离文脉的方法造成了“自然历史文化遗产保护不力，城乡建设缺乏特色。‘建设性’破坏不断蔓延，城市的自然和文化个性被破坏”。“望得见山，看得见水”是对自然地景与境域风貌的留存与保护，更是对自然资源与天地禀赋的敬畏与尊重；“记得住乡愁”是对本土文化传承的美好期许，更是在当前的认同危机中对于归属情感的呼吁与呐喊。因此，新型城镇化建设要时刻敬畏不同地域栖居的地脉与人脉，不能让地域风貌与本土文化成为空洞的历史符号。要多一些对传统和自然的敬畏尊重，少一些大拆大建的政绩冲动；多保留一些村庄的原始风貌和儿时记忆，少制造一些面目全非的“人造村镇”[5]。

2 认同与归属——作为场所特质的乡愁

在栖居的初始阶段，生产力水平的低下和地域间交流的贫乏使得乡愁并不需要努力去实现，它是伴随着生产的发展与环境的变迁而消减缺失进而又被呼唤回归的。当今城镇化中的“乡愁”由传统情感与当前生活错位交织而成，是现代语境中对某个城市或某处区域的地方特色与本土情怀的集中表征，凯文·林奇(Kelvin Linch)认为其“就是一个地方的场所感，能使人区别地方与地方的差异，能唤起对一个地方的记忆”[6]。从环境营建层面来讲，“乡愁”至少包含了三 个方面的思考，即自然与人为、传统与现代以及本土与异域的辩证思考。确切地说，乡愁产生于人与地理空间建立关系的那一刻，并持续记载着栖居环境中所发生的自然演替及人文变迁等一切与人的生产和生活有关的片段，长久的片段积聚会演变为一种特性和品质，而又反过来不断影响着环境中的人，使人建立起对于本区域的特殊感受与认知。因此，城镇化中的乡愁是特定空间的场所特质，具有地域认知的唯一性与不可替代性，它传达的是一种异于他处的本土认同感与环境归属感。

3 感知本土场所与乡愁的风景园林现象学设计策略

现象学与乡愁二者的产生背景有相同之处，都是伴随着认同危机的蔓延而出现的，前者以“回到事物本身”(To the things themselves)及“在世存有”(Being in the world)等理论为代表思想，力求摆脱工业生产所带来的单调循环而重新探索人性的精神，后者则是对当前地域文脉割裂与城镇景观千城一面现象的纠偏。以现象学的方式介入当代风景园林设计，目的在于摆脱主客双方的僵化与分离，以人的感知与体验为基础去塑造充满地域情感的场所，从而实现对于环境的本土认同与归属。

当代风景园林的现象学设计策略应把握二个原则：首先，设计呈现出的不能只是单一实体和元素符号，更不能只是简单的个体集成，应当建立既承载地方情感又具有现代价值的场所；其次，设计过程应落实“主体间性”(交互主体性)原则即创作者与观赏者共同创造论。环境的场所特质是由设计师的作者解释行为与使用者的读者接受行为所共同塑造的，使用者的“期待视界，决定他对作品的好恶。他的想象和阐释，也可以丰富作品的内涵。……作品的意义，并不是任何一方单独赋予的，而是作为主体的作家、作品、读者三方面交互作用而产生的”[7]。因此，设计师的营建行为不是简单的场景塑造和对于历史文化的机械模仿，而是要立足于空间使用者的体验去探索场所的特质。以下针对不同的场地情况探讨三种风景园林的现象学设计策略，分别是源于场地的强化与补充、认知回归的触引与传导以及区域更新的重置与再生。

3.1 源于场地的强化与补充

以场地现有条件为基础，发掘其价值并进行积极的维护、延续并赋予新的意义，采用强化已有资源或补充新增功能为主要方式的构建策略。该策略的实施有二个前提条件：第一，场地中需存在可以进行强化与补充的实体或空间要素并具有良好的价值，如体现了独特的生存方式或本土文化等；第二，强化与补充的意义在于塑造现代的认同感与归属感，因此需要用现代的视角和功能需求来评价已有资源的价值。现有资源一般分为自然和人造两大类，它们传达着场地的历史信息且具有不可再造的价值。

1) 基于自然条件

自然是风景园林创作的物质基础，它充分地体现了本土特征并与人们的生产生活密切相关。自然的含义非常广泛。园林就被定义为“第三自然”，以区别于荒野的“第一自然”和田园风光的“第二自然”。20世纪，随着认识的发展，有些学者又提出了“第四自然”的概念作为补充，形成了相对完整的对自然的认识体系[8]。在当前的城镇化过程中，大量的原生自然及农业用地被扩张的城市所吞噬，许多宝贵的自然风景与记忆中的乡愁被无情地毁灭。“望山见水记乡愁”的美丽愿景要求决策者与设计师要对场地内的自然条件保持足够的敬畏，还要以科学的态度与现象学的视角来评价各类自然的价值，认识到自然遗产、农业景观等不同类型的自然资源所承载的场所情感以及对于实现本土认同的重要意义。

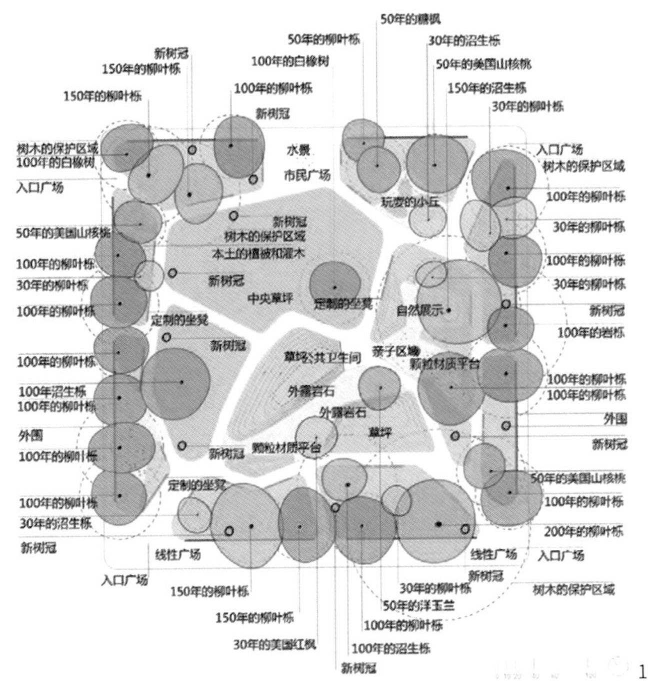

1

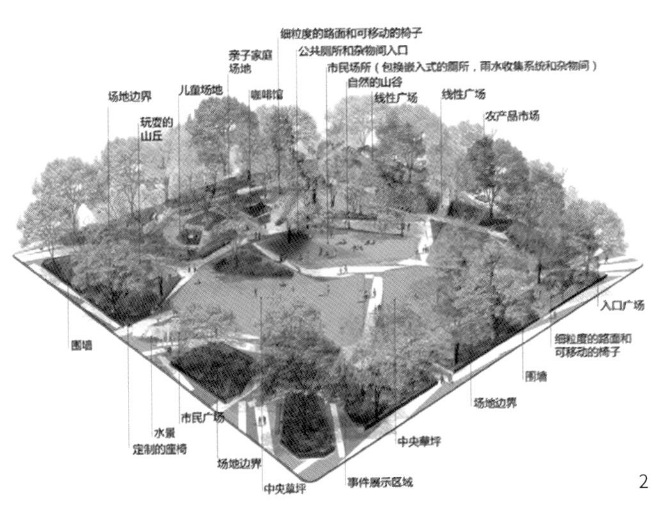

2

图1 摩尔广场平面图

图2 摩尔广场鸟瞰图

克里斯托弗康茨工作室(Christopher Counts Studio)设计的美国北卡罗来纳州罗利市的摩尔广场(Moore Square)展现了一个留存自然记忆并极具现代价值的新型城市空间。设计者对场地内历史树木的树龄、位置及种类等进行了充分调查，在此基础上进行的空间改善与场地优化既留存了城市变迁的历史，又塑造出神圣且富有生机的场所。保护性的建设技术留存了历史悠久的橡木边界，而且赋予场地更多的区域与娱乐空间。综合性的总体规划力求创造一个有益并具有前瞻性的设计框架，让有着220年荣耀历史的广场转变为世界级的公共空间[9](图1、图2)。RMP事务所(Raderschall Möhrer Peters Lenzen)设计的“迪克田野”(Dycker Field)公园体现了以“第二自然”为资源的塑造策略，设计师将与农业生产相关的自然条件作为创作源泉，在功能和形式上进行了必要的强化与补充，构建出既体现场地历史又具有现代意义的绿色空间。

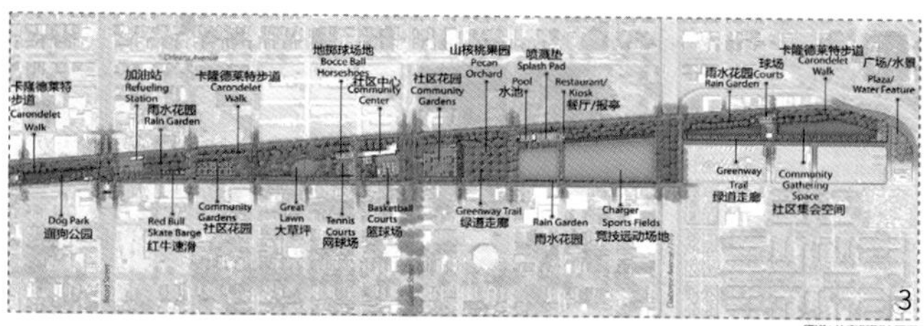

图 3 拉斐特绿道复兴项目平面图
图 4 晋商广场局部鸟瞰图
图 5 鄂尔多斯生态园鸟瞰图

以自然资源为基础的场所塑造，还应注重自然过程的变化。对于感知主体来说，自然运动和变化过程有些很难觉察，有些却能在脑海中形成很深的记忆，自然过程的演替变化影响着环境中的感受和行为，并带来了动态的情感。因此，源于场地自然资源的强化与补充应立足绿色基础设施生长和运动的特性，塑造自然过程的动态定向与认同。

2）基于人为建造条件

从远古时期的巨石阵到农耕时期的聚居村落，从原始的生产设施到今天的工业废弃地，人类在漫长的历史进程中留下了无数的建造痕迹，它们体现了人们在场地内的存在方式，成为记录特殊地域和时期内社会发展的载体。强化与补充的策略应当科学认识和对待这些元素，并使其成为场地的功能因子，在肯定资源价值的前提下进行现代意义上的功能补充与置换，以留存场所特质并实现区域复兴。美国新奥尔良拉斐特绿道复兴项目（Lafitte Greenway + Revitalization Corridor）呈现了这样的策略。设计团队综合多个学科并广泛征集公众意见，充分整合了区域内的运河、老工业轨道、街区建筑及社区基础设施等原有人造资源，营建出富有场所精神的现代空间（图 3）。该计划满足了社区需求并将贫瘠的土地塑造成葱郁茂密的绿廊，最重要的是，规划充分整合了未被利用的公共空间，将新奥尔良市民重新凝聚在一起[10]。

3.2 认知回归的触引与传导

很多情况下设计场地缺少有价值的资源，不具备明确的自然和人文特征而无法进行任何形式的强化与补充，此时则需要在主客体之间建立一种媒介。从场地或地域中发掘可以唤起本土记忆的元素，将其作为触引与传导环境情感的催化剂并加以设计与组织，将场地与人的思想和行为联系在一起。这种媒介可表现为多种类型，它或是实体形态，或是空间组织方式，更可以是非物质元素，可以按照时间跨度将其概括地分为暂时性媒介与恒常性媒介。暂时性媒介一般表现为突发或持续一段时间的自然事件或人为事件，它们的发生期短暂但却能以长久的效应激发一系列连锁的物质与精神反应；恒常性媒介一般不具有突发性，是指持续性的自然变迁与人为活动，它既包括人们日常的生活方式和行为习惯，也包括在长期的生存活动中形成的民俗民风与文化艺术等地域性要素，它作为一种本土文化而被人们广泛认知。

触引与传导策略的关键在于对媒介元素合理与适度的使用，通过自然和人为事件的载入，乡土材料的运用以及广义文化的融合等手法实现场所感知。然而，媒介元素的使用不是简单机械的形式荟萃与风景快餐，要做到“去伪存真”与“去形存神”，更要注重精神层面的表达与长效性场所特质的塑造。笔者参与的山西省晋中市晋商广场项目通过媒介元素的导入塑造了一个承载本土记忆的场所。项目位于晋中市新城南部晋商公园的核心区域，建设方综合城市交通及业态需求希望将其建成一个下沉式空间。设计源泉来自于晋商的院落感知与山西的古城印象，即单面坡屋顶形成的内聚式空间形态以及布局严谨的合院与朴素的颜色肌理所共同构建的环境特质。设计将广场作为院落空间来组织并强调坡面边界的表达，以实现广场空间与晋商大院的异形同质，线型序列的景观灯阵作为视觉焦点又强化了本土记忆（图 4）。

3.3 区域更新的重置与再生

乡愁是一个动态化的概念，它会随着环境变迁和人类活动而产生不同的变化，昔日的生存方式成了今天的乡愁，当前的建设行为同样也会影响未来的感知，因此设计行为既要留存历史情感，又要兼顾未来效应。风景园林建设具有区域带动与生态示范的特性，这就决定了场地有时会出现这样二种情况：一种是从未有过人类栖居而又不具备有价值的环境资源，另一种是被人类活动严重破坏而呈现出消极衰败的状态。在此类情况下一味地强调维护与延续并非是明智的选择，应结合当前及未来的需求进行重置与更新，塑造积极的空间结构与全新的场所特质。2013 年中国（北京）国际园林博览会将场地选择在了建筑垃圾填埋场，园区建设极大地改善了生态环境，带动了区域发展，并赋予了场地一种全新的、以园林园艺与文化博览为特征的场所特质，这样的特质将会成为未来的情感与乡愁。

以上策略的实施首先应以场地的客观条件为基础，其次要把握主体间性的审美价值。现状条件、解释主体、接受主体以及主客体的相互作用使得设计策略有时会单独发生作用，有时会几种组合而共同发生作用，如笔者参与的内蒙古鄂尔多斯市生态园规划设计项目，便体现了多种现象学设计策略的综合。项目位于康巴什新区阿布亥河以北，与 2015 年全国少数民族运动会主会场隔水相望，当地的园林植物资源因受气候影响而较为有限，但在多样地貌上形成的疏林草原却成为了最具识别特征的境域性景观。设计力求结合现状与境域特征塑造一个本土风景与乡愁的绿色载体：北部保留现状地形与植被，完善山林斑块并形成大尺度的背景林带；中部建设旗区生境园，打造具有本土生境展示及休闲游憩等功能的综合区域；南部以现有河堤为基础设计慢行体系及服务设施，确定观赏制高点及雨水收集区并塑造大尺度、近自然的风景林带，营建以疏林草地为特色的本土风景与场所特质（图 5）。

4 结语

中央会议中的诗意表述实际上是对以往中国城市化建设经验和教训的总结与反思，更是对未来新型城镇化建设的全局调控与探索。“乡愁”所表达的自然与人为、传统与现代以及本土与异域的辩证关系，不但是对当前认同危机蔓延的理性思考，也体现了现代语境中对于场所情感的深切呼唤，更体现了对以环境哲学、伦理学以及美学为代表的栖居价值观的深度思考。在强调以人为本、生态文明及文化传承的新型城镇化建设中，风景园林的规划与设计既要让人望山见水，以现象感知的策略使场地成为寄托乡愁情思且富有生命力的载体，更要让城市望山见水，发挥绿色基础设施的生态及游憩效应，以实现山水城市的美好愿景。

注释

图1、2引自http://www.asla.org/2013awards/187.html，图3引自http://www.asla.org/2013awards/328.html，图4由蔡凌豪绘制，图5由笔者绘制。

参考文献

[1] 袁业飞．新型城镇化“新”在哪里？：十八大之后的中国城镇化改革之路[J]．中华建设，2012(12)：6-9．

[2] 中央城镇化工作会议公报[EB/OL].[2013-12-31]. http://build.workercn.cn/26584/201312/31/131231075416315.shtml.

[3] 张帅．“乡愁中国”的问题意识与文化自觉：“乡愁中国与新型城镇化建设论坛”述评[J]．民俗研究，2014(2)：156-159．

[4] 国家新型城镇化规划(2014~2020年)[EB/OL].[2014-03-17].http://politics.people.com.cn/n/2014/0317/c1001-24649809.html.

[5] 肖正华．“记得住乡愁”是一种警醒[N]．中国建设报，2014-01-08(001)．

[6] (美)凯文·林奇．城市形态[M]．林庆怡，陈朝晖，邓华 译．黄艳 译审．北京：华夏出版社，2001．

[7] 张玉能．现象学的主体间性与德国文学思想[J]．武汉理工大学学报：社会科学版，2010(1)：125-132．

[8] 王向荣，林菁．自然的含义[J]．城市环境设计，2013(5)：130-133．

[9] Elevated Ground: A 300 Year Vision for a 220-Year-Old Square[EB/OL]. [2014-05-07]. http://www.asla.org/2013awards/187.html.

[10] Lafitte Greenway + Revitalization Corridor | Linking New Orleans Neighborhoods[EB/OL]. [2014-05-13].http://www.asla.org/2013awards/328.html.

冲突与融合：城市交通发展与文化景观遗产保护
——以北京二环路为例

李磊 刘晓明 北京林业大学园林学院 《风景园林 2014/04

摘　要：现代城市发展与城市文化遗产保护之间存在诸多矛盾，尤其是城市交通发展给城市文化景观遗产造成极大影响。北京城旧城是中国传统城市的典范，是当之无愧的世界文化景观遗产。以北京二环路为例，从城市道路景观营造的角度，探讨不同城市交通发展方式与古城文化景观遗产之间的冲突与融合。

关键词：遗产保护；旧城保护；文化景观；城市景观；北京旧城

1 作为文化景观遗产的北京旧城与城防体系

文化景观概念最早来自人文和文化地理学。它是指人类活动所造成的景观，它反映出某一文化体系的文化特征和某一地区的地理特征。美国学者苏尔（Carl O.Sauer）在建立其文化地理学体系中就明确地提出了“文化景观”概念，其核心论点就在于强调景观的文化属性[1]。“任何一个有特定文化的民族都会通过建造房屋、开辟道路、耕种土地、修筑水利工程、繁衍或者限制人口、传播宗教等活动改变其生存空间内的环境。这种人所创造的物质或精神劳动的总和成果，在地球表层的系统形态就是文化景观”[2]。1992 年，联合国教科文组织世界遗产委员会将代表“自然和人类的共同作品”的“文化景观”确立为一种新的世界遗产类型，文化景观遗产兼具文化遗产和自然遗产的特征，是人类文化与自然景观的相互影响、相互作用的结果，是人文因素和自然的复合体。城市是人类社会文明发展最高级别的文化和物质形态，其产生和发展总是建立在一定的自然条件的基础之上，是自然环境和人类社会物质、非物质产物的结合体。被“全人类公认的具有突出意义和普遍价值的”城市是世界文化景观遗产的重要组成部分[3]。文化景观遗产概念的确立，使具有文化代表性城市成为人类社会的景观财富，不管它是不是被列入世界遗产名录，都是人类文化遗产景观的组成部分。

北京拥有 860 多年的建都历史，几经变迁。现在的北京旧城始建于 1406 年，到 1912 年清王朝灭亡，经历明清两代王朝 500 多年的营造，是中国传统城市的典范代表。北京旧城城池由宫城、皇城、内城、外城组成，长 7.8 公里的南北中轴线控制整个城市的空间秩序，并与周围的自然山水体系产生关联；城内灵活布置自然水体和棋盘式路网刚柔并济，形成阴阳互补的城市空间格局；内、外城由城墙围合，城墙全长 39.75 公里，基部厚 16 米到 25 米不等，顶部厚 12 米到 18 米不等，高 10 米到 12 米不等，下石上砖，坚固异常，设 16 座高大美观的城门。包括城门、瓮城、城墙、角楼、敌台和护城河在内的多道城防设施，曾是中国存世最完整的古代城市防御体系[4]

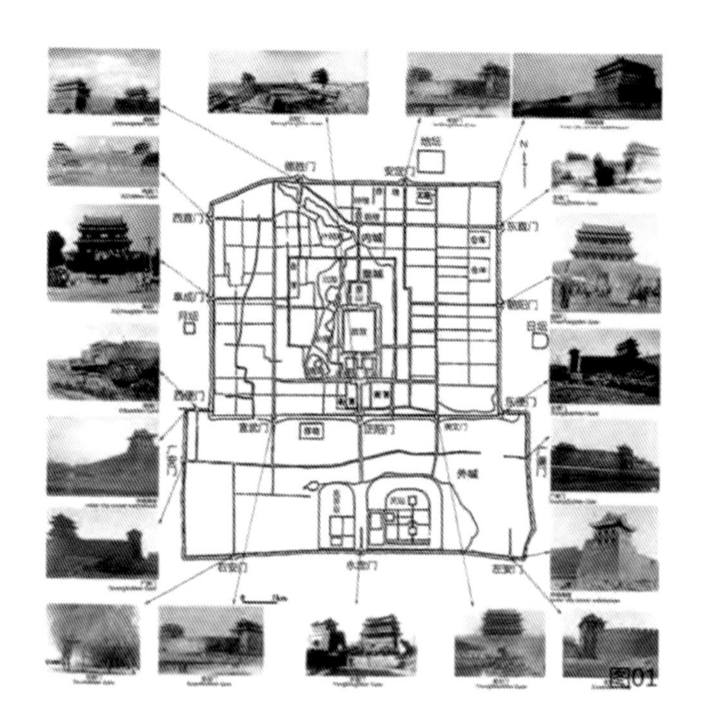

图 01 明清北京城市平面及城门老照片
图 02 朝阳门与环城铁路历史照片
图 03 京师铁路穿过东便门角楼处历史与现在照片对比
图 04 民国北京旧城与京师环城铁路

（图 01）。

随着社会文明的发展，北京旧城防御系统（城墙、城门和护城河）的封建文化基础和冷兵器技术基础都不存在了，但它们的人文和自然价值并没有因此消失。瑞典人奥斯伍尔德·喜仁龙（Osvald Siren）在他的著作《北京的城墙和城门》里写到：“纵观北京城内规模巨大的建筑，无一比得上内城城墙那样雄伟壮观。初看起来，它们也许不像宫殿、寺庙和店铺牌楼那样赏心悦目，当你渐渐熟悉这座大城市以后，就会觉得这些城墙是最动人心魄的古迹——幅员广阔，沉稳雄劲，有一种高屋建瓴、睥睨四邻的气派。……这些城墙无论是在建筑用材还是营造工艺方面，都富于变化，具有历史文献般的价值。”[5]梁思成先生曾说：“北京对我们证明我们的民族在适应自然，控制自然，改变自然的实践中有着多么光辉的成就。”他认为，北京是一个具有计划性的整体，是一个举世无双的杰作。他还提出了把北京旧城整体作为文化景观遗产加以保护的一整套方案，其中把城墙、城门和护城河改造为一个环城立体公园。尽管方案没有得到实施，但它也和北京旧城一起成为北京城市文化景观遗产的组成部分[6]。

今天，北京旧城已今非昔比，尽管无法整体被列入世界文化景观遗产名录（北京旧城的南北中轴线正在积极申请世界遗产），它曾经的辉煌的文化成就和保留下来的文化景观，依然是我们巨大的文化财富。

2 民国期间城市交通发展对北京旧城和城墙的冲击

当西方工业文明刚刚出现在这个古老农业文明国家时，古老的都城躯体已经开始被侵蚀。1900 年义和团之乱时，英国军队扒开永定门东侧的外城城墙和天坛围墙，将京奉铁路（京沈铁路）的终点由城外马家堡延伸至英美军司令部所在地天坛内。这是北京城墙第一次被扒开豁口。1901 年，英军又将铁路终点东延至正阳门东侧，即后来的正阳门东火车站，以便使馆人员在战乱时乘车撤至天津。此外英军还将东便门南侧外城城墙扒开，修建了东便门至通州的铁路支线。1914 年，时任内务总长的朱启钤，为解决城市交通问题，主持改建正阳门和筹建环城铁路。民国 4 年（1915 年）6 月，北洋政府开始修建“京师环城铁路”，这条“官款官办”的环城铁路从京绥铁路（今天的京包铁路）的起点西直门站（今天的北京北站）沿着北京城墙与护城河之间的“官荒地”上顺着城墙，经过德胜门、安定门、东直门、朝阳门，并在以上四门设站和货场，铁路在东便门与京奉铁路（今天的京沈铁路）接轨后，向西经过今天的明城墙遗址公园，过崇文门到正阳门车站（图 02）。1915 年 6 月开工，1916 年 1 月 1 日正式通车，全长 12.6 公里。其后，为了方便京汉、京张铁路货物联运，又在西便门、广安门两站间修建一条联络线，长约 4 公里，1919 年 8 月完工。1971 年 8 月，北京环城铁路被全部拆除，这条服务北京 55 年零 7 个月的铁路成为历史。现在的明城墙遗址公园保留了当时的信号站和一部分轨道，当时火车通过城墙开口就是现在东便门角楼的大门（图 03）。今天北京南站与北京站的铁路连接线依然是当年京奉铁路的线路。[7]

环城铁路线路与今日北京二环东便门桥到西直门桥位置基本重合。环城铁路开创了北京交通现代化历史，也是北京环状交通格局的开始（图 04）。完整的旧城与城墙体系开始受到来自城市交通发展带来的冲击。

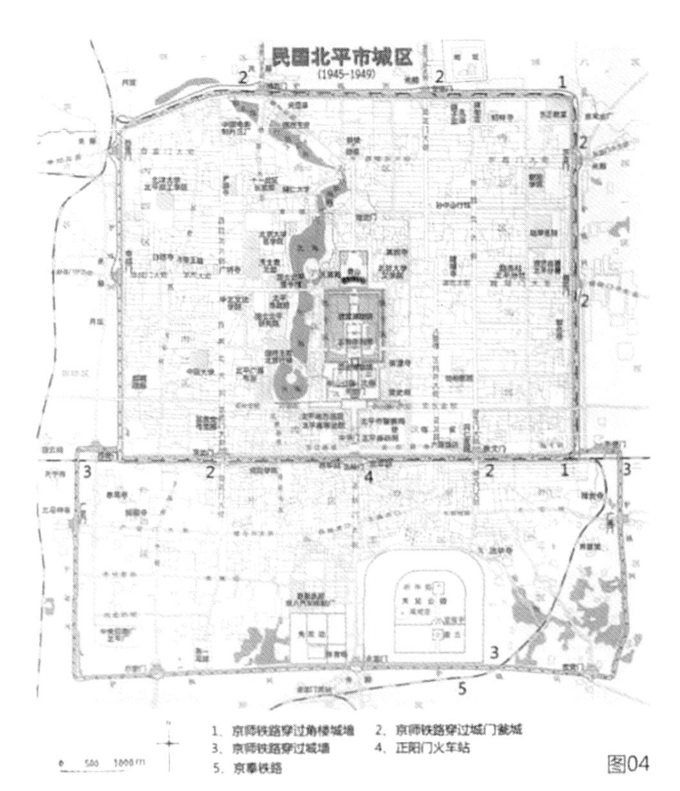

图04

图02

图03

3 新中国北京城市交通发展与城门、城墙和护城河的破坏

面对今天车水马龙的环路，人们怀念壮丽辉煌的古城墙和城门，但是当年的城墙也曾经是很多人“痛恨”的对象，说它是皇权的象征，认为它阻挡了城市交通的发展。

建国伊始，对北京的改造就围绕城墙存废的问题展开激烈的争论。1953 年，以华揽洪和陈占祥为首提出甲乙两套北京规划方案。两个方案都作了对城墙全部保留、部分保留、只保留城门楼和全部拆除多种设想。华揽洪的甲方案对旧城格局改变较多，主张拆除城墙，而陈占祥的乙方案则完全保持了旧城的棋盘式道路格局，放射路均交于旧城环路上，倾向于保留城墙。双方在保不保城墙的问题上发生了争论。这似乎是历史发展的必然，当时无论群众还是革命军人，甚至一些知识分子也把城墙看作妨碍交通的无用之物。主张拆除者说，城墙是封建社会统治者保卫他们势力的遗迹，我们这个时代以用不着，理应拆除它。在特殊的政治环境下，梁思成将城墙保留建设成为“全世界独一无二”的“环城立体公园”的建议支持者寥寥[8]。

最终拆除派占了上风，从 1952 开始，北京外城城墙被陆续拆除。1965 年 1 月，北京地下铁道领导小组提出准备利用城墙及护城河位置修建铁路的意见，认为这样“既符合军事需要，又可避免大量拆房；既不妨碍城市正常交通，又方便施工，降低造价。”1965 年 7 月，地铁工程开始动工，内城城墙的拆除工作也随即展开。1969 年，内城城墙在修建地铁和备战备荒中被彻底拆除。因战备需要，修建地铁和环路同时，前三门护城河改成暗沟，1971 年，环内城的地铁二期工程开工，西护城河复兴门以北长 4.25 公里河道改为了暗沟[9]。1980 年底，结合地铁环线工程修建的二环路北半环上 9 座立交和快车道建成通车。北半环从西便门起，往北经复兴门至西北城角往东，到东北城角再往南，过建国门后到东便门止，全长 17 公里，与前三门大街形成一个环线。随着二环路施工的完成，北京旧城内城东侧护城河也在一片争议声中，被改为涵洞埋入地下。1980 年代末 90 年代初开始修建二环路的南半环。二环路南半环沿护城河外侧布置，从东便门往南，往西再往北至西便门以东，全长 16 公里[10]。

至此，北京二环路与拆城墙、建地铁、埋护城河等工程交

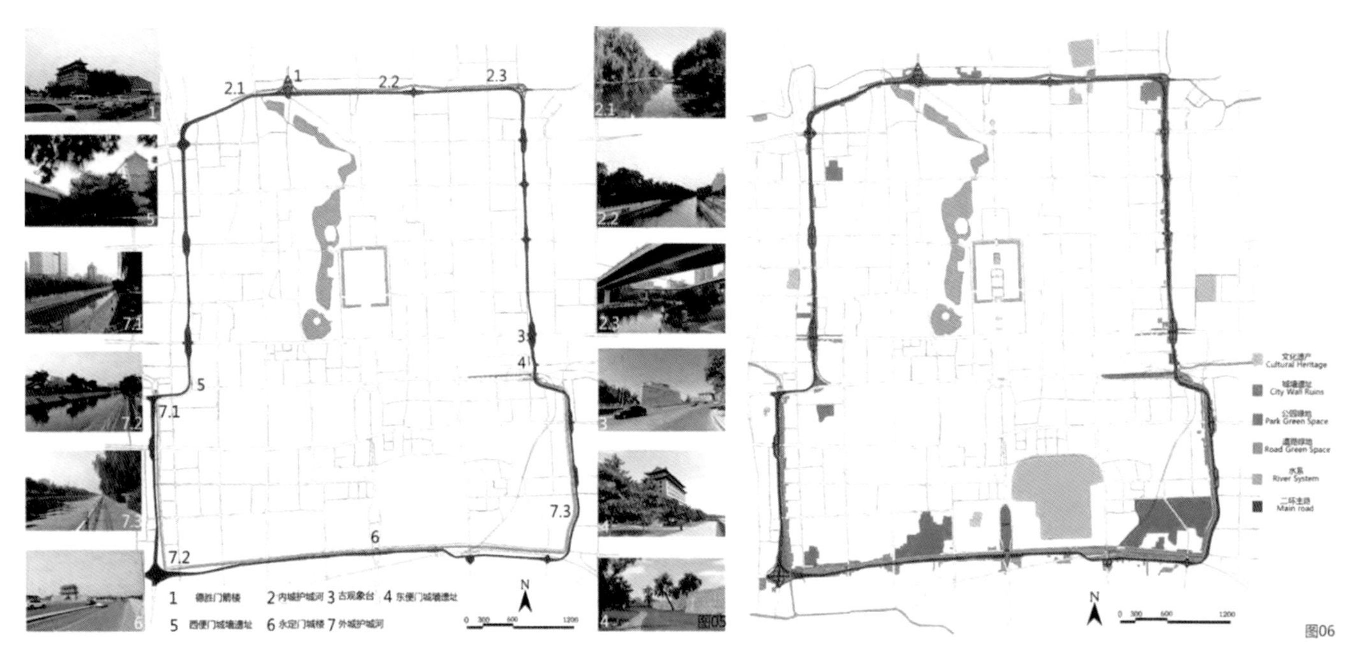

图 05 二环路与旧城城池遗迹示意图
图 06 环二环景观绿廊示意图

织完成。1992 年 9 月，北京二环路全线建成，全长 32.7 公里。从 20 世纪 50 年代末开始作二环快速路详细规划，至 1999 年二环路整治与改善完成，经历了约 40 年时间。到 20 世纪末又对二环路进行了整治与改善，将二环路改造成中国大陆第一条全封闭、全立交的城市快速环路 [11]。

从城市规划角度讲，二环路规划的提出体现了当初北京规划者不破坏旧城整体格局的思想。环路建设虽然不是拆除城墙的直接原因，历经 50 余年，二环路发展成为现代化程度极高的城市快速环路，汽车道路代替了古老的城墙，北京旧城与二环路，二者以矛盾冲突的方式互相依存。现代交通发展与北京旧城格局之间的冲突，造成旧城城墙体系大部分被破坏，现仅存原内城北侧长约 6 公里护城河、德胜门箭楼、古观象台、东便门角楼和长约 1 500 米内城南侧城墙、原外城护城河长约 15 公里、2005 年重修的永定门城楼、西便门城墙遗址及 20 世纪 80 年代重修城墙约 200 米。汽车交通的过度发展不仅仅造成城市文化遗产的损失，原本适合步行交通方式的北京旧城格局也逐渐改变，人们出行越来越依赖汽车，交通堵塞、噪音和尾气污染成为更严重的城市问题（图 05）。

4 作为北京城市文化景观遗产环廊的二环路

（1）回归：二环路以内北京旧城作为文化景观遗产开始受到整体保护。

北京城市交通建设使北京旧城的城防系统：城墙、城门和护城河，支离破碎，造成北京旧城遗产景观的巨大损失，正如梁思成 20 世纪 50 年代所预言，“五十年后，历史将证明你是错误的，我是对的”。在现代化发展的狂热中冷静下来后，人们逐渐回归理性，开始认识到北京旧城遗产的价值。1985 年，北京市提出旧城区以及城市中心地区的建筑高度规划，规定了容积率的限制，提出对景观走廊和传统风貌街区的保护。1993 年 10 月，国务院批准了《北京城市总体规划 1991~2010》，北京历史文化名城的保护规划正式被列为总体规划的重要内容。规划首次提出体现明清北京城市“凸”字形的城郭形象，为弥补拆除城墙和填埋护城河带来的旧城轮廓不清晰的缺陷，要求沿旧城城墙原址保留相当宽度的绿化带，并在原城门位置安排适当的标志性建筑。2002 年 9 月北京市委审议通过《北京历史文化名城保护规划》，规划第一次把文物保护单位的保护、历史文化保护区的保护和旧城整体格局的保护这 3 个层面全部纳入到历史文化名城保护中去 [12、13]。《北京市“十二五”时期历史文化名城保护建设规划》中提出，进一步完善旧城及市域历史文化遗产和自然景观资源保护体系，使城市发展与历史文化遗产的保护有机结合起来 [14]。

古城保护规划表述的变化可以看出主管部门对古城文化景观遗产保护从笼统到明确，从个体到整体，从孤立到综合的观念变化。古城建设经过不断试错的过程，最终回归整体保护的原点。尽管古城不再完整，古城保护虽然迟了，但还不算晚。

（2）融合：二环路成为北京城市遗产景观环廊。

历次规划都提出保护北京城市“凸”字形城郭的要求，使二环路担负起保护内城现有遗产景观和旧城城郭轮廓的责任，并且其自身也逐渐显现出独特的文化景观色彩。北京二环路景观建设，20 世纪 80、90 年代单纯重视绿化美化，主题是“绿色项链”，2008 年以后转变为融合古城遗产景观文化色彩的“绿色城墙”。曾经造成遗产景观破坏的城市道路景观建设开始与城市遗产景观保护融合起来 [15、16]。

二环路交通体系复杂，与城市绿地、水系、建筑之间组成一个巨大的城市公共空间系统。这里面涵盖了比城墙更为复杂的现代城市功能。二环路是北京城市交通体系的一个关键环节，它是城市快速放射路网的起点，是唯一能够纵览北京城市新旧面貌的交通线路。依据凯文·林奇著作《城市意象》中的理论，北京二环路因其宽度和复杂的空间构成，尤其是有护城河的南、北二环段落，兼具了“线路”和“边界”两种构成北京城市意象的作用[17]。二环路的特殊位置，以及其跟新旧城之间的关联作用，决定了它在城市发展历史中的重要意义。北京新城是在旧城框架（环路）体系上的扩展（或称摊大饼），环路成为北京城市记录两个发展时代印迹的空间载体。所以，旧城和新城一起也赋予了二环路独有的文化景观格局。

首先，北京二环路是旧城城墙的演替产物，它代替城墙起到围合北京“凸”字行城郭的作用。其自身是北京城市历史文化演进的时代印记，尽管拆除城墙的遗憾很多，但从城市文化脉络的角度看，环路作为城市公共空间，已经具有了北京城市文化景观空间的特质。

其次，老北京城是由内九、外七，共16座城门组成。加上长安街东西两侧的建国门和复兴门。二环上在原城门位置所建立交桥都保留了除去前三门（崇文门、正阳门、宣武门）以外的原城门名称。尽管立交桥与城门没有可比性，但就名称的继承而言，环路与北京城市历史文化联系在一起。 另有积水潭桥、鼓楼北桥、小街桥、东四十条桥、陶然桥、菜户营桥、白纸坊桥、天宁寺桥、月坛南北桥、官园桥，都是以周边历史街道或者古迹名称命名。地名是城市生命的起点，一个地域文化的载体，一种特定文化的象征。这些地名和二环路一起，成为记忆城市历史文化和辨别城市方位的符号。

最后，沿路文化景观得到保护和整合。从20世纪80年代开始，北京二环路沿线景观不断完善，尤其是在旧城整体保护规划的指导下，沿线古城文化遗址得到妥善保护，并且依托“绿色城墙”，把沿途绿地连接成为一个整体[18、19]。

环路作为城市公共空间的综合体，把沿线护城河、历史遗迹、景观绿地整合在一起，成为北京城市文化景观环廊，和具有丰富文化内涵的文化景观体系。在这个文化景观体系里，北京旧城的城墙和城门尽管已经拆除，但其通过遗址、遗迹和名称的方式和北京二环路景观空间结合在一起，作为环路景观的文化核心存留下来。城市发展与古城文化景观遗产保护通过二环路景观建设融合在一起。

（3）创新：建设环二环慢行交通系统（图06）。

“环二环景观绿廊”的建设是基于“城市绿道”和“慢行城市”理念的引入，北京二环路景观建设进入一个新的时代，体现了城市交通向非机动化和景观化的回归。基于丰富的文化遗产资源结合慢行绿道系统规划，2013年，北京市开始环二环城市景观绿廊的建设。景观绿廊建设目的不是简单的绿化景观的提升，而是把城市文化遗产景观与现代城市健康生活方式相结合起来，是对古城遗产景观保护理念的再次创新和发展[20]。

首先，在二环辅路与绿化带之间开辟出步行、骑行区域，打造城市里的慢行系统。结合地铁和公交站布设公共自行车租赁站（图07），二环主路两侧辅路分别形成双向自行车道系统，自行车道使用彩色路面，总规划长度87公里（图08）。步行系统依托沿线的滨水空间、带状绿地而建，蜿蜒曲折的石板路，适合漫步休闲。沿途布置服务站和休闲广场，步行系统和骑行系统共同构成二环路慢行系统。绿道慢行系统不但串联起二环路沿线公园绿地，通过它还可以方便地抵达地坛公园、雍和宫、国子监、日坛、月坛、天坛公园、玉渊潭公园、大观园、陶然亭、天宁寺公园等风景区和名胜古迹。其次，在原有道路两侧绿地基础上加大绿地范围和密度，让绿地连接成片，提升绿地服务水平和景观效果，恢复自然河岸改善城市绿地生态效益。

改造完成后，分散在二环内外沿线的460公顷城市绿地和文化景观将被串联在一起，形成一条全长42公里，最宽处达到2000米 ，集环保、运动、休闲、旅游等功能于一体的城市文化景观绿带[21]（图09、10）。

（4）未来：发展的无限可能。

无论如何，北京二环路是一条环绕北京旧城的城市快速路，发挥吸引和疏散旧城内外机动车交通的作用。道路红线80米至130米宽，全封闭的快速路给穿行带来极大不便，大大降低了城市空间的可达性，过街设施的不便，使近在咫尺的目的地可望而不可即。立交桥把城市空间分割破碎，大量城市空间成为无法接近和使用的“灰色区域”或称“失落的空间”[22]。加上大量机动车的噪音和尾气给城市环境带来严重污染，就在这最繁华的道路旁边，也是城市最嘈杂混乱的地方。

对于二环路而言，所面对问题也是机遇。从20世纪60年代开始，西方国家就开始反思城市快速道路，发现它给城市带来的负面问题要远大于其带来的快速和便捷，纷纷开始对城市敏感区域城市快速路的改造和去除，并发展成为全球性城市快速道路改造运动（Urban Freeway Removal）。美国波士顿大开挖工程（Big Dig）和韩国首尔的清溪川修复工程是改造运动中最典型的两个案例。1991年至2006年，波士顿花费巨资将横亘在城市中心和滨水区域之间的高架快速路干线埋入地下，恢复城市公共空间的活力和连通性。首尔的清溪川恢复工程，则是将掩盖在清川溪上的城市快速路直接去除，恢复城市水系的本来面貌，延续了城市的文化脉络[23]。这两个工程在世界城市建设发展中产生巨大的影响，是不是对北京二环

图07 二环地铁站与自行车租赁站
图08 二环辅路双向自行车道

图09 无障碍坡道
图10 人行步道系统

图07

图08

图09

图10

路未来的发展也有借鉴意义呢（图 11、图 12）？

未来，北京二环路的发展拥有无限的可能性。随着城市的扩张和发展，北京二环路已经由城市外围环路，逐渐成为城市中心区的界线。城市中心区无法消解逐渐增多的机动车交通，再说城市中心区公共交通最为发达，所以，二环路未来是不是有可能改变城市快速路的性质，或者改变地面快速路的形式，逐渐成为人们考虑的方向。有学者提出将东、西二环城市快速路功能埋入地下，地面保留慢速道路，建造绿地，恢复原来的护城河水系和城市风貌的方案[24]。也有研究课题，提出恢复北京二环路的城市街道尺度，将其改造成为环城公园。研究方案对二环空间分析非常透彻，提出恢复环城水系，在原快速路基础上建设公共空间，将高架桥改造成公共建筑使用，公园两侧则是尺度适宜的街道空间[25]。正如课题的名称：《北京二环·2049》，我们期待北京二环路未来发展，能为古老城市文化景观遗产的保护和创新提供更多的可能性。

5 结语

城市交通发展与北京旧城文化景观遗产从相互冲突、破坏，最终融合在一起，形成新的城市文化景观形态。二环路与北京旧城文化景观遗产已经成为一个整体，全面记录了北京城市的演变历程，其本身已经具有文化景观价值；城墙和城门是北京二环路景观的文化核心，二环路是北京城市文化景观保护和完善的空间框架；二环路景观体系是新、旧北京城市文化景观融合的文化景观标志。

北京二环路发展对古城文化景观遗产经历从破坏到保护，从保护到更新，其景观形态记录了城市发展的印迹。在发展过程，环路逐渐形成了自己的文化景观格局和个性，它是历史和现实的融合体，它自身已经是城市最大的文化景观体系。面对今天的北京，对古城发展过程中的遗憾一味批判没有意义，我们应该面对现实，珍惜当下的机遇，努力营造符合我们现时代和未来需求的宜居城市。黑格尔说："存在即合理"。城墙也好，环路也好，在城市发展过程中遇到冲突时，现实本身都没错误，只是我们不应该满足当下需求而不考虑后代的发展。拆除城墙和否定环路同样是消极的处理态度，如果我们积极的看待环路，把它作为一个城市公共空间去营造，合理调整交通模式，引导大众的交通习惯，丰富环路的城市功能，改善环路的景观环境，它也一定能够成为北京新城市文化景观。

注释

图 01、图 04 引自北京旧城地图及老照片，参考自北京建筑大学图书馆北京地图特色资源库；图 11 引自谷歌地图（google map），美国波士顿 2002 年和 2010 年卫星图片。其他未注明来源的照片及示意图均为作者拍摄和绘制。

图 11 波士顿大开挖工程前后对比

图 12 首尔清溪川恢复工程前后对比

参考文献

[1] 李磊，刘晓明，张玉钧．二环城市快速路与北京城市发展 [J]. 城市发展研究，2014,(7):32-41.

[2] 吴必虎，刘筱娟．中国景观史 [M]. 上海：上海人民出版社，2004:2-3.

[3] 单霁翔．走进文化景观遗产的世界 [M]. 天津：天津大学出版社，2010:40-47.

[4] 朱祖希．营国匠意——古都北京的规划建设及其文化渊源 [M]. 北京：北京中华书局，2007:122-123.

[5]（瑞典）奥斯伍尔德·喜仁龙著．北京的城墙和城门 [M]. 许永全译．北京：燕山出版社，1985:28-29.

[6] 梁思成．梁思成全集第 5 卷 [M]. 北京：中国建筑工业出版社，2001:86-87.

[7] 王亚男．1900-1949 年北京的城市规划与建设研究 [M]. 南京：东南大学出版社，2008:204-207.

[8] 王军．城记 [M]．北京：生活·读书·新知三联书店，2004:296-321.

[9] 闫雪静．北京护城河改"暗沟"：65 年保密的"战备工程"[N]. 北京日报．2010-02-23.

[10] 王国华．北京城墙存废记：一个老地方志工作者的资料辑存 [M]. 北京：北京出版社，2007:172-178.

[11] 崔健．北京二环快速路规划建设的回想 [J]. 北京规划建设，2009,06:94-97.

[12] 北京市历史文化名城保护建设规划 [Z].2002.9.

[13] 北京市城市总体规划 (2004-2020)[Z].2004.12.

[14] 北京市"十二五"时期历史文化名城保护建设规划 [Z].2012.12.

[15] 北京绿地系统规划 [Z].2007.5.

[16] 北京市“十二五”时期绿化发展规划 [Z].2012.12.

[17](美)凯文·林奇著.城市意象[M].方益萍,何晓军译.北京:华夏出版社,2001:35-37.

[18] 张璐,吴婷婷,张志鹏程.重建老城区居民滨河景观体系——记北京东南二环护城河休闲公园设计的思考解题过程[J].中国园林,2012,(4):205-212.

[19] 北京北二环城市公园亮相旧城和新区有机结合[N].北京娱乐信报,2006-09-28.

[20] 环二环城市绿廊朝阳段年内建成[N].北京日报,2014-02-26.

[21] 改造城市绿廊 提升二环景观[N].北京日报,2014-03-27.

[22](美)罗杰·特兰西克 著.寻找失落空间——城市设计理论[M].朱子瑜等译.北京:中国建筑工业出版社,2008:2-3.

[23] 卢秀红.首尔清溪川复原工程[J].景观设计学,2011,(1):40-42.

[24] 吴晨.北京二环路局部下穿与旧城风貌复兴的探索[J].北京规划建设,2011,(1):94-100.

[25]OPEN 建筑事务所.北京二环·二零四九[J].风景园林,2013,(2):72-77.

[26] 龚建玲,谭瑞杰,纪丽君.图说民国铁路[M].北京:中国铁道出版社,2011.

地理设计视角下的景观规划设计理论、需求及技术实现

魏合义 黄正东 武汉大学城市设计学院 《风景园林》2014/04

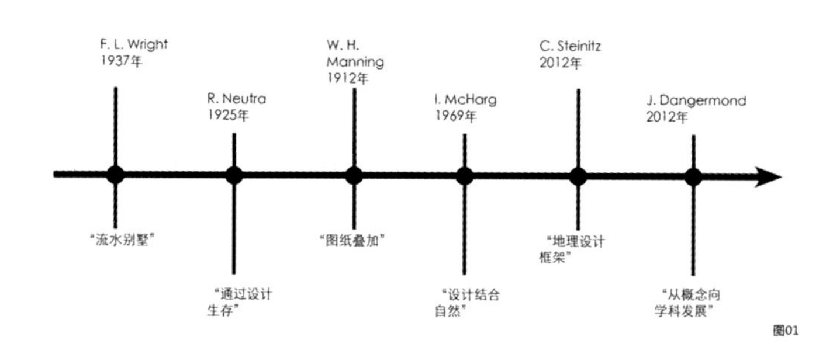

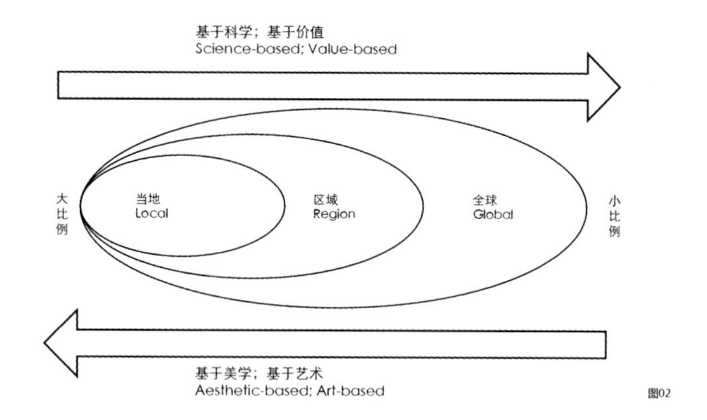

图 01 地理设计实践的历史脉络
图 02 设计与尺度思想

摘　要：地理设计（Geodesign）理论的提出旨在实现科学、技术和艺术在规划设计领域中的完美融合。地理设计研究目前还处于概念阶段，而快速城镇化对景观规划设计理论、程序及技术平台提出了更高的要求。因此，在景观规划设计理论基础上融入地理设计的支持，总结景观规划设计的现实需求，以及探索可行的技术实现途径在新的发展背景下尤为关键。对地理设计的概念起源、发展历程和指导思想进行系统梳理，并解析在地理设计视角下的景观规划设计理论及技术需求。在此基础上，提出 GIS 平台、软件开发和软件集成 3 个技术实现途径，为今后景观规划设计理论研究和实践提供参考。

关键词：地理设计；地理信息系统；GIS 平台；软件开发；软件集成；景观规划

地理信息技术的发展有时会推动其应用领域的进步，地理设计（Geodesign）就是目前讨论的热点之一。地理设计方法的科学性分析、模拟、计算等诸多数字特征，以及人性化的设计环境构想，迅速得到了风景园林、城市规划、建筑等相关应用领域的积极响应。利用 ISI 引擎对关键词“Geodesign”的检索，结果发现仅有少量的学术文献 [1-5]，部分为评论性文章 [6-9]。谷歌（Google）学术检索显示，大多数是近 3 年的会议讨论。由此说明，地理设计虽然受到景观领域的关注，但是在理论研究和具体实践上还处于初级阶段。对地理设计进行一个深入、系统的梳理，有利于相关应用领域中学者们之间的交流，引起对景观规划设计的理论方法、技术需求和技术实现手段的讨论。

1 概念与发展概况

1993 年，德国著名空间规划学家昆兹曼（Kunzmann）在“地理设计：机会还是风险？”文献中，首次使用了 Geodesign 词汇，用于讨论空间规划问题 [10]。2005 年，丹杰蒙德（Dangermond）基于对传统地理信息环境下自由设计的新奇感受非正式地提出了 Geodesign 概念。早在 2001 年，我国学者就曾有讨论地理设计的问题 [11]，利用人文地理的基本理论进行实证研究，但其含义与目前的 Geodesign 是有差异的。因此，对 Geodesign 这个合成词的内涵做出科学解释非常必要。

从 Geodesign 的组成分析，最需要理解的部分是“Geo”，这也是传统设计活动和地理设计方法的区别所在。各个学者对此有不同的理解并给出不同的定义，其中斯泰尼茨（Steinitz）、欧文（Ervin）、弗拉克斯曼（Flaxman）、米勒（Miller）和古德柴尔德（Goodchild）等人的论述最具代表性，“Geo”表示地理空间或地理信息空间（Geographic-space）较被认可 [10, 12-15]。弗拉克斯曼认为地理设计是紧密结合的系统思维，是对地理环境影响、模拟的规划设计方法 [13-14]，其更强调是一种思维方式与方法论。斯泰尼茨在《地理设计框架》图书中，结合大量的景观规划设计实践描述了地理设计的工作方式 [16]。地理设计名称出现时间并不长，但学者更关心今后的科学研究与具体实践内容 [8]。

在美国，虽然地理设计概念出现较晚，但实践工作早在 20 世纪初期已在建筑设计、景观规划等领域中开展 [10]。优秀的建筑设计常重视将建筑融入自然，通过自然要素的天然属性发挥最大的生态效益。早期的建筑师如怀特（Wright）和诺伊特拉（Neutra）多注重自然条件和周围环境对主体建筑的影响，同时后者对 1970 年的环境保护法的形成也有深厚的影响。20 世纪 70 年代之前建筑领域的地理设计工作因科学技术的限制，常用描述性的定性方法指导实践。电能的应用改变了地理设计的工作方式，其中影响较大的是曾与奥姆斯特德（Olmsted）共事的景观设计师曼宁（Manning），通过使用光照透明桌简化画图方式。1912 年曼宁使用图纸叠加方式，通过光照透明桌完成了整个美国的景观规划工作 [10]。

1969 年《设计结合自然》的问世使地理设计实践升华到了规划理论层面，虽然麦克哈格（McHarg）并未使用地理设计，但是他更注重对地理要素的综合评析。同时，实践团队中不乏多种学科背景的景观从业人员，其地理空间分析方法对 GIS 的发展也有重要影响 [10]。目前斯泰尼茨教授是最受景观学界

所推崇的学者之一，其丰富的实践经历和优秀景观规划设计理论成果为学科发展做出了重要贡献。2012年出版的《地理设计框架》记录了早期的景观规划项目，详细论述了地理设计的结构、框架、模型，以及展望了地理设计未来的技术、方法和教育问题 [16]。丹杰蒙德先生是地理设计的主要推动者，目前其主要工作是使地理设计从概念讨论走向科学、科研和教育（图01）。

在我国，古代基于“风水”理论和“天人合一”思想指导下的实践工作，被认为是地理设计在中国的雏形 [17-19]。近年来，中国快速城市化凸显了人地关系紧张、文化遗产流失、生物多样性保护和生态系统脆弱等诸多问题。针对这一现象，相关学者提出利用景观生态学原理，建立生态基础设施（Ecological Infrastructure）和景观安全格局（Landscape Security Pattern），用以维护城市发展过程中人与自然的和谐关系 [20-22]。在地理信息领域，相关研究更多的是从技术角度探讨地理设计工作方式对规划实践的改变 [23-24]。

总之，不同领域对地理设计工作方式有不同的理解，而实践中也具有不同的工作路径和各自的特点。但是，在地理设计理念下，对技术平台的高度依赖已成为共识。

2 地理设计中的指导思想

2.1 科学思想

美国哲学家皮尔斯（Peirce）第一次提出猜测（Guessing）理论，他认为假设a是来自于一种情景中的观察结论，而b结论是根据a推测的结论；当a结论是正确时，猜测结论b也理所当然的正确 [25-26]。因此，反绎（Abduction）是这种猜测的逻辑推理形式，从观察到猜测、验证，及寻找相关的解释证据。米勒对这一哲学思想有经典的论述，并用于解释设计思想和主要特征。他将设计活动描述为三大特征：反绎思维（Abductive Thinking）、快速迭代（Rapid Iteration）和多方协作（Collaboration），地理设计思想是这三大特征的基本反映 [10]。

设计的本质是设计师基于专业知识、实践经验的再现活动，也有超越推理的非线性创造。因此，许多设计行为和设计决策具有不可预测的特性。设计的不可预测性决定了设计风险性的增加，解决这一问题的关键是对设计流程、环节、信息反馈与情景模拟的快速迭代 [10]。计算机相关的信息技术发展及在专业领域的应用，提高了人工迭代的效率，改变了传统设计活动的工作方法和手段。设计工作不只是设计师的独自活动，大部分的景观规划设计项目牵涉到众多管理部门、设计单位、民众和其他利益相关者。因此，缺乏高效的沟通、互动和协作则无法实现既定目标。

2.2 系统思想

景观规划设计在处理复杂景观问题时通常利用模拟和影响分析的技术手段，结合相应的科学理论及社会价值，反映在多种可选择的方案上。实现这一目标，既需要充足的地理信息作为设计支持，又需要相关软件作为技术手段 [12]。现有的数字技术虽然在一定程度上便利了设计工作，但是仍然缺乏协同工作能力。系统思想应作为地理设计的指导思想，这也是处理景观问题的基本出发点。

系统思维反映了从计算机、信息技术及相关应用的软硬平台，是对地理设计工作方式的认识。地理设计的系统思维以系统论为基本模式的思维形态，也是科学理性应用于设计活动的完美构想。设计工作最大的需求是使用易用的作图工具快速的表达设计师的构图理念，同时需要在设计工作中体现科学理性。反映对设计循环的计算机支持，实现设计人员、改变对象、利益相关人员的三方人性化的互动表现。

2.3 尺度思想

斯泰尼茨信奉物理学家伽利略（G .Galilei）的相对空间观，“许多方法在小尺度上有效，但在大尺度上不一定有效” [27]。对于景观规划设计工作同样适用，许多处理景观问题的思路在不同的尺度上应该有所不同。景观设计工作有时候与多种学科相联系，如：地理地质、水文、生态、文史及公共政策管理，对于这些学科的从业人员多立足于宏观思想行使工作。对于建筑和景观设计多注重微观尺度上的问题处理。

处理景观设计问题上常分为愿景（Vision）、目标（Goal）、策略（Strategy）和手段（Tactic）。全球尺度上（Global）的景观改变将影响到自然资源、生态系统、地质水文和人居文化，在解决这些问题时将承担极大的风险，但成功的案例同样会惠及更多更广 [27]。在大尺度的景观问题上，应依赖科学手段和价值判断，承认人类感知能力的限制，避免造成严重的设计后果。设计成果应满足公众的愿景、达到既定的公众目标。中小尺度的景观问题上，应尊重少数群体的文化、审美和特殊需求，作为景观设计师应该捍卫他们的这些权利（图02）。

3 景观规划设计理论框架

国内有学者将景观规划设计的核心工作分为空间形态、生态资源及心理感受的协调与满足 [28]。在景观规划设计的理论方法上，多根据不同的景观尺度、景观类型和地域不同而有所差异，体现了解决问题的针对性。地理设计方法下，最具普适性的景观规划设计理论框架是斯泰尼茨的景观改变模型，这一理论可用于景观问题的研究、分析及解决。景观改变模型现简要概括为“三循环（Iteration）、四参与（Partner）、六步骤（Step）” [16, 29, 30]。

表01 景观规划设计环节、内容及技术需求

环节	内容	技术需求
前期准备	资料、数据收集与调研	快速、准确、精炼、全面
概念性规划	示意性景观类型、景观布局、景观理念	手绘输入、智能拓扑、云计算、效果展示、对比分析
总体规划	景观的定位、布局及目标	各指标的定量评价、空间分析、智能模拟、参数设计
详细设计	景观要素的准确布局、比例把握	视觉分析，景观模拟、示范、漫步，造价控制
扩初设计	对上一环节的补充设计，比例把握	空间关系，材料种类、规格、色彩管理，造价控制
节点设计	优秀景观节点的放大显示与表现	空间关系，景观模拟、示范
施工设计	景观语言转化为标准化的工程语言	造价控制、工序调整、施工答疑、现场管理与维护

（1）“三循环”

设计工作的典型特征是循环迭代，这也是景观设计师因反复修改方案而感到备受折磨的主要因素。

第一，了解环境。任何设计人员在设计创造之前必须经过的过程就是“了解环境”，对于景观设计师来说，也就是对需要改变的景观进行一个综合的了解与评价，这需要数据模型和评价模型。

第二，采取方法。有了对环境的深入了解，将要进入第二个循环即“采取方法”，这取决于针对具体的景观问题选取不同的理论方法和技术手段。这一过程同样需要评价模型，只是从“描述”模型转变为“影响”模型。

第三，研究调整。根据对环境要素的分析、理解及评价，通过影响评价模型对采取的改变景观的方法做出评价，将转入“研究调整”循环。这个循环主要解决的是，采取的景观改变方案是否符合行政管理人员、当地居民及其他利益相关者对景观改变的需求，采用的方法和措施是否满意，如果满意则确定方案，如果不满意将重新返回上一循环进行修改调整。

（2）“四参与”

景观改变模型中的“四参与”主要指设计活动需要紧密协作的景观设计师（Landscape Architect）、利益相关者（Stakeholder）、地理学家（Geographer）和信息技术人员（IT Staff）。

景观设计师是地理设计工作的主体，其中也包括与人居环境相关的城市规划人员、建筑师及土木师，管理者和社区公众。景观设计人员所起的作用是对景观问题的数据收集、分析方法的制定、景观改变方案的制定与修改。地理和信息技术人员在景观设计的活动中，主要对数据收集、数据处理及准确度控制的支持作用，这两方人员决定了景观设计人员对景观问题的分析、模拟及评价是否科学准确。利益相关者是景观服务的主要对象，也是对景观改变最为关心的群体。在景观设计中主要提出景观改变的需求，对景观改变方案给出反馈建议。

（3）“六步骤”

斯泰尼茨通过6个模型形成的“六步骤”构建了景观规划设计的基本理论框架，6个模型即描述模型（Representation Models）、过程模型（Process Models）、评价模型（Evaluation Models）、改变模型（Change Models）、影响模型（Impact Models）和决策模型（Decision Models）。前3个模型包含了评价过程及地理环境具备的基本条件，后3个模型包含了景观设计师对景观干预的过程，分析景观需要怎样改变，景观改变后有何影响，了解潜在的影响差异后决定是否需要改变景观[10]。值得关注的是，以上“六步骤”与“三循环”看似混乱矛盾，其实质是多个“循环”为多个“步骤”的重复过程，景观规划设计理论框架（或地理设计框架）简洁、清晰地描述了解决景观问题的工作过程，以及严谨、科学的景观规划设计理论。

4 景观规划设计的技术需求

信息技术研发人员及教育工作者，从技术组成和实际需要方面对地理设计工作进行了讨论，展望了地理设计工作的构想和需求[10, 12]，主要概括为技术体系建立、科学分析决策、传统设计支持和人机互动。

景观规划设计在实施过程中通常分为概念规划、总体规划、详细性规划、扩初设计和施工设计等环节，不同类型的景观项目中有时会略有差异。现根据景观规划设计不同阶段对地理设计视角下的技术需求，形成一个较完整的系统序列，并按照不同环节对技术需求进行简述（表01）。

（1）技术体系建立

景观规划设计的工作流程和使用的技术手段多种多样，但与城市规划、设计相比，还没有较成熟的技术体系。除了用于约束景观规划设计活动的法律、法规和管理条例外，技术体系的探讨和建立也非常迫切，这一工作可以规范景观规划设计流程、提高工作效率以及保证后期成果的科学性。

（2）科学分析决策

科学分析、科学决策在传统的土地规划、区域发展规划较为偏重，景观规划设计领域多使用描述性的分析。如概念性规划阶段的景观分区、景观轴线、景观视线分析及指引多用线条简单勾绘，加之语言描述。在景观空间分析、景观服务、风环境分析、微气候分析、地理分析、三维分析方面较少，这些在景观规划设计的基础分析中往往是非常重要的内容。景观规划设计的方案选择有多种类型，景观方案选择决策多为专家评比判断，尚缺乏可依据的科学决策模型。

（3）传统设计支持

景观设计师的手绘技能是从事景观规划设计的基本要求，其优点是能快速反映设计思想及表现。在规划设计项目的初期用于沟通设计理念，后期用于局部效果表现。数字技术的发展使手绘借助于计算机的数字输入，通常用CAD、PS及3D软件进行景观规划设计创作。在地理设计理念下，需要对设计师的设计思想进行数字化输入，并转化为具有特定属性结构的数据便于逻辑统计和分析，这需要计算机硬件、软件的发展与进步。

（4）人机互动支持

景观规划设计工作最大的特点是反复修改、快速迭代，人机互动技术的需求主要表现在设计进程中的公众参与与协作、信息反馈和景观体验。

人机互动支持可借助计算机、网络、多媒体及软件操作平台，将景观规划设计的四方人员紧密联系起来，实现公众对景观规划设计的充分参与和协作。至下而上的景观规划设计不只是今后的发展方向，而且最能表达公众对规划设计区域的景观愿景，并及时将公众的建议反馈到方案中。景观体验则通过数字技术展现景观规划设计的各个环节、进程或成果，有利于公众对景观方案的理解与支持。

5 景观规划设计的技术实现途径

5.1 GIS 平台途径

现有技术中，虽然不同软件在某一工作环节具有突出的优势，但 GIS 在规划设计整个流程中所起的作用最为全面。GIS 的优势主要表现在规划设计前期的数据收集、处理与储存，中期的空间分析、景观模拟、3D 显示，后期的工程制图、数据管理、流程建模，以及整个规划设计过程中的信息反馈与修订。另外，GIS 的二次开发、应用模块添加功能可为景观规划设计需求提供可拓展潜力。

景观规划设计初期，遥感、航片、统计数据、图纸等所使用的资料均可通过一定的处理存储，虽然在矢量勾绘上相对没有 CAD 软件便利，但是用 GIS 勾绘矢量图形后的属性建立、储存及分析是其绝对优势。规划设计中期的空间分析与评价方面，GIS 可以承担地质、水文、生态、经济等一系列的分析与评价，这些客观的评价成果用于指导概念性规划，也可以作为总体规划的依据。GIS 软件的 Arcsketch 拓展模块在方案绘制阶段同样具有 CAD 的优点，而建模工具（Model Builder）功能可将相关评价与分析建模，可视化相关评价要素的关联、权重，便于信息反馈的修改和及时调整 [31]。这种可视化的模型一旦建立，可以重复使用减少后期工作量，也可通过 Arcgis 服务器（Arcgis Server）实现互联网共享。

GIS 作为景观规划设计技术平台还有另外一个优势，那就是二次开发功能。景观设计师可以根据工作中的特殊需求，通过 Matlab 或其他计算机语言设计数学模型，添加分析或评价新模块。这一拓展能力是 GIS 技术用于规划设计的生命力所在。随着移动 GIS、云 GIS 以及数据挖掘的探索与应用，在地理设计理念下，人人参与式的景观规划设计将成为可能。

5.2 软件开发途径

景观规划设计领域中，专业的软件平台需求早已经凸显。常用的软件工具多来自于建筑、城市设计行业，如：BIM（Building Information Model）、CityEngine 技术系统 [32-33]，其中 BIM 可以完成建筑从概念设计到运行、维修及拆除的全过程跟踪和查询，较符合地理设计视角下的技术理念。但是，在景观规划设计行业迟迟没有类似的软件技术出现，要从目标需求及软件开发方面解释。

新软件开发是根据用户要求建造出软件系统或系统中软件部分的一个产品开发过程。软件开发是一项包括需求获取、开发规划、需求分析和设计、编程实现、软件测试、版本控制的系统工程。首先，景观规划设计软件开发之前，应明确软件开发的目标要求及可能性。景观设计师根据从业经历与感受，对于软件的需求应比较明确，地理设计理念下的景观规划设计已有学者提出了技术需求和系统概念组成 [10, 12]。这些需求还都处于概念描述阶段，要进行软件开发还需要将目标细化。其次，对于非专业软件开发背景的景观设计从业者，需借助计算机软件开发团队集体协作，进行软件系统框架设计、数据库设计。再次，完成后的软件设计进入程序编码阶段，也就是将其转化为计算机能够运行的程序代码。最后，完成的软件需要进入严密的测试。除了软件的技术测试外，还需进行实际应用测试，检查系统的漏洞、稳定性和兼容性。从新软件的开发流程及所需要的技术支持方面来看，需要大量的人力、财力的投入，这也许是限制这一新软件出现的主要因素。

5.3 软件集成途径

软件集成（Software Integration）是指根据软件需求，把现有软件构件重新组合，这种软件复用的方法是解决大量软件需求，降低软件开发成本的简便途径。根据软件开发分层设计的思想，软件集成可以分为数据集成、业务集成和表示层集成 3 个层面的集成。实现软件集成的关键技术有软件构件技术、中间件技术和软件体系结构 [34]。

在地理设计理念下，景观规划设计软件的集成技术不失为一条明智的选择。已有学者将整个景观规划设计流程中可能用到的软件技术归纳图解 [35]，这一研究较好反映了景观规划设计实践对数字软件的总体需求。景观设计师在实践工作中积累了相关软件系统的使用习惯或经验，并希望在集成的软件中还可以利用到这些工具。在软件构件技术阶段，软件工程师可以将已有景观规划设计软件系统进行改造，封装成符合集成要求的系统。软件集成中间件环节，软件开发人员可以利用中间件集成大量的景观规划设计软件资源。软件集成的技术方法，目前最为关心的是各种数据在不同软件处理、传递过程中的准确度、信息保持度，以及无缝衔接问题。软件集成的方法为地理设计工作的实现提供了一种思路，相比新软件开发途径所需成本可能要低，但是这种集成难度仍然存在。

6 展望

地理设计工作的理念，虽得到不同规划设计领域的热议，且欧美国家也已有多所高校开设了相关课程 [4]，但从目前的概念讨论、理论研究及应用实践来看仍处于这一理念的初级阶段。地理设计工作的理论基础为景观规划设计理论框架，技术支持目前仍以 GIS 为主。在景观规划设计领域，还未出现类似 SSIM（Sustainable Systems Integration Model）、BIM 在相关领域中应用的成熟技术 [30, 32, 36]。地理设计可以作为一种方法论，在景观规划设计、城市设计、建筑设计或土木工程等领域中发挥重要作用。对于景观领域来说，未来的工作应将地理设计这种科学理念应用于景观规划设计实践，同时需要发展或开发一个可靠的技术平台为其提供保障，最终才能实现科学、技术和艺术的完美融合。

致谢：
感谢 1505 工作室的硕士研究生林沐对所需资料的收集。

注释

图 01 根据文献 [10] 修订绘制，图 02 作者绘制。

参考文献

[1]Wilson M W.On the criticality of mapping practices: Geodesign as critical GIS?[J].Landscape and Urban Planning,2014,In Press.

[2]Aina Y, Al-Naser A,Garba S.Towards an Integrative Theory Approach to Sustainable Urban Design in Saudi Arabia: The Value of GeoDesign[M]. In Tech:Advances in Landscape Architecture,Chapter 20,2013.

[3]Tulloch D L.Learning from students: geodesign lessons from the regional design studio[J].Journal of Urbanism:International Research on Placemaking and Urban Sustainability, 2013,6(3):256-273.

[4]Paradis T, Treml M, Manone M.Geodesign meets curriculum design: integrating geodesign approaches into undergraduate programs[J].Journal of Urbanism:International Research on Placemaking and Urban Sustainability,2013,6(3):274-301.

[5]Marimbaldo F M, Corea F G, Callejo M M.Using 3d geodesign for planning of new electricity networks in spain[C].In Computational Science and Its Applications-ICCSA,2012:462-476.

[6]Jorgensen K.A Framework for Geodesign: Changing Geography by Design[J].Journal of Landscape Architecture,2012,7(2):87-87.

[7]Shearer A W. A Framework for Geodesign: Changing Geography by Design[J].Landscape Architecture Magazine,2012,102(10):186.

[8]Batty M.Defining geodesign (= GIS plus design ?)[J]. Environment and Planning B-Planning & Design,2013,40(1):1-2.

[9]Crooks A.A framework for geodesign: changing geography by design[J].Environment and Planning B-Planning & Design,2013,40(6):1122-1124.

[10]Miller W R. Introducing geodesign: The concept[R]. Redlands:Esri,2012.

[11] 陈艳 . 区域地理设计的理论与实践 [D]. 广州 : 中山大学 ,2001.

[12]Ervin S.A system for GeoDesign[C].In Proceedings of Digital Landscape Architecture,Anhalt University of Applied Science,2011:145-154.

[13]Goodchild M F.Towards geodesign: Repurposing cartography and GIS?[J].Cartographic Perspectives,2010(66):7-22.

[14]Flaxman M.Fundamentals of Geodesign[C].In Proceedings of Digital Landscape Architecture, Anhalt University of Applied Science,2010:28-41.

[15]Raumer H S, Stokman A.GeoDesign-Approximations of a Catchphrase[C].In Proceedings of Digital Landscape Architecture, Anhalt University of Applied Science,2011:189-197.

[16]Steinitz C.A framework for Geodesign: changing geography by design[M].Redlands: Esri,2012.

[17]Chen X, Wu J.Sustainable landscape architecture: implications of the Chinese philosophy of "unity of man with nature" and beyond[J]. Landscape Ecology,2009,24(8):1015-1026.

[18] 俞孔坚 , 李海龙 , 李迪华 . "反规划" 与生态基础设施 : 城市化过程中对自然系统的精明保 [J]. 自然资源学报 ,2008,23(6):937-958.

[19]Yu K.The Art of Survival and the Promise of Geodesign[R]. Redlands: Geodesign Summit,2014.

[20] 俞孔坚 , 李迪华 , 刘海龙 . 基于生态基础设施的城市空间发展格局 —— "反规划" 之台州案例 [J]. 城市规划 ,2005,29(9):76-80.

[21] 俞孔坚 , 王思思 , 李迪华 . 北京市生态安全格局及城市增长预景 [J]. 生态学报 ,2009,29(3):1189-1204.

[22] 俞孔坚 , 乔青 , 袁弘 . 科学发展观下的土地利用规划方法 : 北京市东三乡之 "反规划" 案例 [J]. 中国土地科学 ,2009,23(3):24-31.

[23] 罗灵军 , 邓仕虎 , 金贤锋 . 从地理信息服务到地理设计服务 [J]. 地理信息世界 ,2013,10(6):40-46.

[24] 金贤锋 , 罗灵军 , 贾敦新 . 服务城乡规划的地理设计体系研究 [J]. 规划师 ,2014,(3):112-115.

[25] Peirce C S.On the logic of drawing history from ancient documents, especially from testimonies[M].In The essential Peirce: Selected philosophical writings(1893-1913), 1901(2):75-114.

[26]Peirce C S.Prolegomena to an apology for pragmaticism[J].The Monist,1906,16(4):492-546.

[27]Steinitz C.Landscape Architecture into the 21st Century-Methods for Digital Techniques[C]. In Peer Reviewed Proceedings Digital Landscape Architecture,2010:2-26.

[28] 刘滨谊 . 现代景观规划设计 [M]. 南京 : 东南大学出版社 ,2010.

[29]Steinitz C, Faris R, Vargas Moreno J C, et al.Alternative futures for the region of Loreto [R].Baja California Sur,2005:1-48.

[30] 马劲武 . 地理设计简述 : 概念 , 框架及实例 [J]. 风景园林 ,2013,(1):26-32.

[31]Albert C, Vargas Moreno J C.Testing GeoDesign in Landscape Planning-First Results[C].In Proceedings of Digital Landscape Architecture, Anhalt University of

Applied Science,2011:219-226.

[32]Tsai M H, Md A M, Kang S C, et al.Workflow re-engineering of design-build projects using a BIM tool[J].Journal of the Chinese Institute of Engineers,2014,37(1):88-102.

[33]Kim K, Wilson J P.Planning and visualising 3D routes for indoor and outdoor spaces using CityEngine[J].Journal of Spatial Science,2014:1-15.

[34] 黄靖，赵海光．软件复用，软件合成与软件集成 [J]. 计算机应用研究 ,2004,21(9):118-120.

[35] 蔡凌豪．风景园林数字化规划设计概念谱系与流程图解 [J]. 风景园林 ,2013, (1):48-57.

[36]Georgoulias A, Farley E, Ikegami M.Sustainable Systems Integration Modeling: A New City Development in Tanggu-Baitang, China[J].Harvard Graduate School of Design,2009:1-32.

动感形式：单纯与繁复

黄源 中央美术学院建筑学院
王丽方 清华大学建筑学院
《世界建筑》2014/06

摘 要：本文通过对数个现当代重要建筑案例的分类比较，梳理了动感样式的形式系统——动感形式的要素、关系与组织。本文尝试提出了繁复动感形式的形成条件和关键特征，意在避免对于动感形式的盲目追随。

关键词：动感形式，建筑造型，单纯，繁复，层次性

我们的时代是动感的时代，而艺术顺应了这一潮流也是不无道理的。[1]

——[法]J·J·德卢西奥·迈耶

回首 20 世纪早期现代主义建筑运动，我们已经看到了两种形式倾向的交锋：水平与垂直的直线意味着理性、效率、功能，而曲线、曲面传达了感觉与表现性。密斯的范思沃斯住宅是前者的代表，门德尔松的爱因斯坦天文台设计方案则为后者代言。

但两者的地位在那时似乎并不平等。

在形式要素[2]的层面上，直线 / 曲线、平面 / 曲面、基本几何体 / 自由曲面体形成了线面体的不同倾向。直线、平面、基本几何体被视为更基本的的常用要素，而曲线、曲面和自由曲面体则是少数派，其使用范围受到某种限制，一定程度上，被边缘化。

在形式要素组织的层面上，规则的正交直线网格[3]源远流长，在现代建筑设计潮流中更是占据了举足轻重的地位，而斜交的网格、极坐标旋转网格、自由网格则被视为某种变异。

近年来，上述情况发生了改变，表现动感、动态的建筑形式成为建筑师关注与讨论的热点，动感的建筑给原本静态、稳定的建筑外观带来了全新的面貌。这种变化的一个典型现象就是，各种曲面体建筑脱离了边缘化的地位，被奉为时尚。

事实上，在各种艺术作品中一直存在着对于动感的表达。动感的形式具有强烈的吸引力和冲击力。一个具有灵动感、体现了生命运动的艺术作品，能够长时间引发人们的兴趣，保持长久的艺术活力[4]。在当代建筑中，追求动感已经成为全球建筑创新的一个推动力量。

人类视觉对于运动现象有着与生俱来的敏锐感受，但要较为严谨地讨论建筑造型中的“动感”却颇为困难。一方面，建筑的动感形式几乎与其功能、建造技术等要求没有直接关系。例如，在建筑造型中运用自由曲面，表现强烈的流动性，这是近年来的热点，但绝大多数建筑并不需要如赛车般的空气动力学性能，有时这仅仅只是其内部活动的某种隐喻[5]。这意味着，直接讨论动感形式将冒险把功能、工程技术、环境因素暂时搁置一边①[6]。另一方面，除去极少数真能够运动或部分运动的建筑，绝大多数建筑造型在物理学意义上，相对于地面是静止的。我们显然是在一个心理场中，而不是在一个物理场中讨论所谓建筑形式的动感。物理学意义上的运动速度、方向或加速度等术语，并不适合讨论动感形式。心理场中的动感与视觉的力、心理的力密切相关，呈现为丰富多彩的视觉动力样式。动感形式，这个核心概念，指的正是在心理场中的视觉动力的样式。“视觉样式实际上是一个力场。”[7]这个力场难以用设备与仪器测量，我们人类自身的视觉认知系统（眼与脑、感觉与心智）正是感受与分析动感形式的最佳工具。这一认知系统的存在也是动感形式存在的前提。

1. 动感形式的区分

具有高超设计技巧的建筑师已经提供了令人赞叹的动感形式。

面对丰富多彩、变幻莫测的动力样式，如何认识和把握？

工具是一个可能的理解角度。工具的进步为复杂多变的曲面动感形式提供了技术支持：一方面是设计工具的进步，特别是计算机与软件技术的进步；另一方面是施工技术的进步，特别是数控加工与高精度三维测量技术的进步。“计算机辅助设计（CAD）软件所涉及的主要是同几何体相关的建模技术，以及不同层级的分析和优化功能；计算机辅助制造（CAM）技术所涉及的则是依靠计算机系统，对制造流程进行规划、管理和调控。而将上述两套流程整合为一的目标，就是了推动产品循环的高效率，从而带来成本运营上的高效率。”[8]工具对动感形式的帮助是如此的明显，以至于众多设计者成为了高级曲面生成软件和数控加工设备的拥趸。

然而，对于动感形式本身的分析和研究却是更为基础的工作。在被长期抑制的情形下，对动态形体及其组织方式的研究已然落后于设计实践的需求。

尝试对林林总总的动感形式做一个基本分类，给予相应的概念，或许是一个合适的研究步骤。动感，可以是形式要素（线面体）的形状所带来的特征，也可以是形式要素组织过程带来的属性②。二者都是形式研究的重要方面。前者是单纯的，可被视为速度和运动的象征，容易被认知；后者是繁复的，具有一种繁密的组织结构，不易被认清。从美学价值来说，两种动感给予我们的愉悦是不同的，单纯的动感释放激情，或迅猛或舒展，是运动的呐喊，以其简洁明了对于速度和运动的完整表现直击人心。而繁复的动感则具有一种凝神思辨的色彩，疾如风静如水，时而波澜不惊时而气势如虹，让人享受穿透表层、厘清后续意义的乐趣。

2. 两类动感形式的特点

动感形式作为速度的象征时，暗示了短促时间与广大空间的融合——一种短时间内快速跨越大空间的状态，如同哈迪德在东京新国家体育场方案中的表现（图 1）。体育场造型如同一个压扁的自行车运动员的头盔。有时，运动的象征物也会源于自然，小沙里宁的 TWA 航站楼形如一对鸟类的翅膀，它们

图 1 日本东京新国家体育场方案
图 2 美国纽约 TWA 机场航站楼
图 3 西班牙毕尔巴鄂古根海姆美术馆
图 4 西班牙毕尔巴鄂古根海姆美术馆航拍图
图 5、6 西班牙毕尔巴鄂古根海姆美术馆

实际上在静态展示，只有把双翅与大范围的空间相关联，人们才能意会到那象征性的飞翔。这两个案例都是单纯动感形式的典型代表，造型的基础是与运动相关联的整体形状（图 2）。

位于西班牙毕尔巴鄂的古根海姆美术馆则表现出不同的特点。该美术馆建成于 1997 年，可视为盖里最好的作品。他自述道："我享受整个项目的复杂性，试图将各个元素组装起来。"[9] 最终呈现的效果中，众多较小体块的簇拥带来一种立面的波动性，原本属于不同小体块的面域开始相互关联，形成一个起伏不定的波动的立面。建筑平面上没有关于运动的象征物，也不刻意表现速度对于大空间的征服，除了少量向外伸展的元素，内聚的倾向占据了主导（图 3）。从航拍图中，体块向中心旋转汇聚的趋势更为明显。尽管不甚规则，但一个围绕着极坐标点的旋转网格仍然可以被明确认知（图 4）。这正与速度和运动象征物的企图相反：速度和运动象征物倾向于占领更大的外围空间，把建筑之外的一切场地元素也纳入到同一个动力样式之中。

进一步观察，古根海姆美术馆的造型包含了多个方向的动势，每一个小体块有自身的形状和动势方向，与周边其他的小体块有所区别。在某个角度和距离观看时，某些方向将成为主导方向，随着位置的改变，主导方向将更替（图 5）。将造型的诸多元素（较小的体块）堆叠于整个形体中，需要确定它们在三维空间中的位置关系，而位置关系与元素的形状等特征无关，造型整体中因此可以容纳不同特点的元素。各元素的位置关系最终形成一个三维拓扑网格[③]。盖里运用的扭转曲面源自对鱼身扭动状态的抽象，但他没有停留于个别元素的形态，而是进入到元素的组织关系之中，把若干扭转曲面体块和平直表面的长方体块拼贴在一起（图 6）。

上述 3 个案例中，前两者凸显形式要素的形状：流线型或是模拟自然的动态形状。动感形式的繁荣已经将自由曲面体提升至与基本几何体同样的地位。后一个案例中，除了具有波动起伏的单体要素形状，还具有一种动感的组织，即体块在平面上围绕中心旋转分布，三维空间中，形体的拓扑关系形成立体的拓扑网格。动感形式的组织已然突破了二维正交直线网格。

前两个案例有助于如下归纳：曲面体或动态形状大体上有两个来源：（1）复杂曲面几何学与数学；（2）某种单纯的自然形。两者构成了单纯动感形式的基础。

后一个案例则表明，动感形式组织主要体现在多个要素的关系之中：（1）大小不一的体块具有多方向的动势，也保持一定的独立性；（2）各元素相互堆叠，形态上可以是极富差异性的，彼此联结成有一定内聚倾向的三维拓扑网格；（3）如果造型元素进入拓扑网格，与整体的关系便被加强，反之，则有一种离散的倾向。要素之间的关系构成了繁复动感形式的基础。

有时，离开曲面体和自然形，更多地依靠形式要素关系的组织，也可以产生动感的形式。由波姆[④]设计，1968 年落成的内维格斯朝圣教堂清晰地展现了由组织属性造就的动感效果。教堂主体由多个经过切削的多边形棱柱体簇拥而成，立面多次转折的波动效果与屋顶相联系，暗示了内部墙体和顶棚的连续性。

教堂主体的内聚性比古根海姆美术馆更为明显，在较为高耸的中心，立体网格的紧密度更高，而周边体块在切削方向和形状上的独立性则更强，网格变得松散（图 7）。在强调向上动势方向的同时，周边体块的切削方向在立面视角里存在偏斜，顶部采光口也刻意向横向突出，制造了对于主导动势方向的挑战，这些异样突出的角部也可以被理解为立体网格中异化的部分，采光洞口穿透形体的表面，形成一个个光线、精神和能量的出入口（图 8）。与此同时，航拍图视角中可以看到，体块向中心汇聚，并且轻微旋转，这一动势也为立体网格增加了张力（图 9）。

这个案例中，斜线与斜面似乎可以作为替代曲线、曲面的形状因素，但斜线与斜面更可以被视作立体网格本身的结构。这似乎暗示着，立体网格自身就可以显示出某种动感效果。

3. 动感形式如何面对环境？

在对周边环境的组织方面，繁复的动感形式似乎比单纯形式具有更高的宽容度和吸纳性。

在内维格斯朝圣教堂案例里，我们转而观察附属的联排居住单元，它们位于主入口宽阔通道的一侧，与对面一道长长的折线墙体共同限定了教堂西北侧场地的边界。我们在这里看到了一串曲面元素，被一个沿场地自然展开的线性网格所控制。元素与网格类型跟教堂完全不同，形成鲜明对比。毕尔巴鄂古根海姆美术馆，则更为热烈的拥抱环境中现存的要素。盖里的自述或许更为直接，他自问自答："如何打造一座具有人情味的巨大单体建筑？我试图融入城市。我利用桥梁、河流、道路来建造这座与 19 世纪城池大小相当的建筑。"[9] 结果，我们看到了美术馆的一翼与现有高架桥缠绕勾连，而新的水池则形似原有河道漫过堤岸的自然结果。

与此相对，回顾哈迪德设计的东京新国家体育场，可以发现，体育场外围的机动车道、人行道、场地划分乃至绿化的平面形态都完全从属于体育场主体建筑的动势与线条样式。在确定了一种运动趋势和线条样式之后，从整体到局部，从建筑到环境，均需要保持完全的一致性和连续性，"产生一个无缝的有机统一体，各个组成部分相互连贯，浑然一体"[9]，一直持续到项目地块的最外侧边界。换言之，如果没有地块边界的法定限制，这种偏执和强力还将继续下去。这恰恰是单纯动感的特点。在此意义上，单纯的动感形式对于外部环境具有一种排他性，它不能容忍环境中不同的秩序，至少需要将自身力场中的异己力量排除出去，并充当更大环境中的领导者。这与繁复动感样式主动制造异化、容纳异类组织方式的态度截然不同。有时，单纯的动感形式在无法征服周围环境时，甚至采取了无视和放任的态度。同为哈迪德设计的广州歌剧院，并没有回应周边的城市环境和高大建筑的挑战（图 10）。

4. 动感形式的组织层次

概括地说，在由盖里和波姆提供的繁复的动感样式中，展现了多个可以被认知的组织层次。

这些层次正是繁复动感样式的主旨，主要包括：

（1）当观者从远距离考察时，周围环境中的要素（诸如毕尔巴鄂的高架路、河流和传统城市街区）与建筑的整体特征构成第 1 个层次，两者力图进行拼贴和复合。

（2）观者的注意力聚焦到建筑自身时，形体彼此相交、重叠、咬合，整体外轮廓的完形让位于立面的波动性和三维拓扑网格，形成第 2 层次。

（3）进入到造型局部时，局部的形状、数量、尺寸、质感、颜色，以及这些局部特征的组织方式构成第 3 层次。这些组织方式也是多样化的，主要包括：位置关系、相似性、秩序性、重复性与节奏、连续或离散。

在每个层次中，都可以进行动感的塑造。

可以通过下面两个案例进一步展开这种层次性的比较。一个是福斯特事务所设计的扎耶德国家博物馆方案（图 11），另一个建成作品是赫尔佐格和德梅隆事务所设计的维特拉家具展厅（Vitrahaus，图 13、图 14）。两者都具有多个相似而重复的单元体。前者的主要体量是位于下部的覆土基座，基座几乎完全消隐于环境中不加以表现，上部是 5 片夸张的羽毛状通风塔，它们彼此分离，构成主要的建筑形象。在透视表现图中，5 个通风塔有所重叠，形成起伏的曲线外轮廓来强化其整体性。这与单一动感形体强调外轮廓的倾向是一致的。5 个通风塔虽然存在视觉上的前后重叠，但其位置关系却是简单的，观众知道它们实际上彼此分离，即使视点有所改变，5 个单元体在空间中的定位仍然是清晰明了的，只是一种简单的平面布局。福斯特的方案尽管运用了多个造型元素，但与那些单一形体的单纯动感样式相同，只具有一种简化的、甚至是单层的视

图 7 德国内维格斯朝圣教堂
图 8 德国内维格斯朝圣教堂顶部
图 9 德国内维格斯朝圣教堂航拍图
图 10 广州歌剧院与周边环境
图 11 扎耶德国家博物馆方案效果图
图 12 扎耶德国家博物馆景观平台效果图

觉结构。这种单层结构倾向于减少形态的层次，以产生清晰简明的外轮廓：一个视觉完形。这个备受重视的完形中，单一或多个成组体块作为独立的图形，需要与其背景和环境严格区分开来，背景和环境作为图底关系中的“底”被彻底抑制或忽视。而形体之间的空隙同样是消极的、被分离出去的背景。人们走在 5 个通风塔的平台之上，确定无疑地知道自己身处建筑之外（图 12）。

格式塔心理学（完形心理学）的知觉组织原则⑤被其创始者之一考夫卡（Koffka）总结为一句话：“如果对于图形存在多种可能的理解，则视知觉倾向于采纳能产生最简单、最稳定的形状的那种理解。”[10]12

单纯的动感形式为这个论断提供了支持案例，为了得到清晰简明的外轮廓，设计者甚至倾向于放弃元素关系的组织，更多地依赖简单而可靠的整体形状——一种动感的完形。

相比之下，维特拉家具展厅的整体外轮廓不是一个完形，其整体轮廓特征与一个单体的山墙立面相比，甚为模糊（图 13）。此时，体块的堆叠、面域的多重转折和波动是显见的效果，而组织它们的三维立体网格则是潜在的。这一立体网格主要定义了形体间的拓扑关系，即相邻、连通、结合、重叠、包含、分离的关系，对于几何形状则不作要求，留下了造型的宽容度。家具展厅的 12 个长条形坡屋顶单元体正是依据拓扑关系被纳入到三维立体网格中。值得注意的是，除了极少数作为视觉趣味调节而出现的局部曲面，10 余个单元体外观几乎不包含曲面形态——建筑师并不依赖曲面体塑造动感。

在艺术知觉过程研究领域，奥地利著名艺术心理学家安东·埃伦维茨（Anton Ehrenzweig，1908—1966）认为，完形心理学研究了表层知觉，但只重注分析艺术作品的具象形式因素，只研究能为理性把握的有意识成分，而艺术作品还同时包含着大量的非具象形式因素，是由深层知觉，即无意识知觉进行把握的。他进一步语出惊人：“对美的需要（特指审美时追求‘美好’完形的倾向）只能属于心理表层，而不属于完形范围之外的深层心理。现代艺术一直闯入了深层心理领域，这就抛开了艺术的美感表层，揭示了无意识的、非美的、完形范围之外的视觉形象。”[11]

借鉴上述无意识知觉理论，有理由猜测，潜在的拓扑关系是深层的，形状是表层的；人们对拓扑关系的认知相对于形状而言，是无意识，但却是重要的。

中国为数不多具有一定国际影响力的认知心理学家陈霖在 1982 年提出了视觉拓扑理论[10]100-102。这一理论揭示了人们在认知拓扑关系时，时序上的优先性。他认为，视觉处理的早期阶段，提取和检视的视觉特征是大范围的、整体的拓扑性质，以后才处理图形的局部特征⑥。

拓扑关系位于深层知觉中，却又在认知时序上更为优先。这一特性使得主要基于拓扑关系建立的三维立体网格在繁复的动感样式中具有突出的地位。

维特拉家具展厅的单元体块彼此交错、咬合、架空、镂空，将拓扑关系进行了充分的运用。图 14 中的观者，置身于这个

图 13 维特拉家具展厅外观
图 14 维特拉家具展厅的架空与镂空
图 15 维特拉家具展厅航拍图

三维拓扑网格之中，感受到的是整个网格的力场，此时，建筑的内与外似乎可以翻转，架空与镂空的部分是在单元体外部构建起来的另一类积极的空间，而不是被分离的背景，这一空间比单元体内部的空间具有更高的层次，是属于拓扑关系整体的空间。在拓扑网格中，单元体的组织关系得以在多个方面展开：位置关系、相似性、秩序性、重复性与节奏、连续与离散，提供了进一步的局部关系认知的可能性，从而实现繁复动感形式中的多个认知层次（图 15）。

此时，拓扑网格是实现多个认知层次的重要组织工具。一方面，拓扑网格应该富有实效，其有效性体现在从大环境到造型局部的各层次上；另一方面，它也应该是灵活而开放的，容纳异类和对比的特征。

5. 结语

至此，可以说，组织的多层次性是繁复动感形式的本质，也是它取得成功的关键。而缺少有效、灵活、开放的拓扑网格，失去多层次性的繁复的动感形式有可能陷于混乱无序。与此相对，单纯的动感形式主要依靠单一的特殊形状建立起自己的个性，元素的数量和形态的层次都很少，一个单纯、统一、无缝的形体也不需要强调元素之间的关系组织。

对单纯与繁复动感形式的分析，旨在较深入理解已经出现的大量特殊动感样式，梳理动感样式的形式系统——动感的要素、关系与组织。希望这样的梳理对于新的动感样式的创造有所启发。由于繁复动感形式的组织属性更难于认识，也由于单纯动感形状时下的泛滥，本文着重分析了繁复的动感形式。但并不意味着繁复、多层次的形式组织是新的动感样式的必要组成部分，它的出现也并不能作为检验动感形式的唯一标准。动感形式的创造是一个开放的课题，丰富的动力样式来源不应局限于某个时期、某种风格和流派。本文尝试做出一些分类，给出一些关键特征，意在避免对于动感形式，特别是对于单纯运动形状的盲目追随。也许，应有的态度不是非此即彼，在我看来，在单纯与繁复这两个极端之间进行创造性的接触，将赋予

动感形式以某种意义和希望。

注释

①《建筑理论（上）：维特鲁威的谬误——建筑学与哲学的范畴史》是建筑理论的重要著作，该书中，作者将形式、功能、意义列于第一层级的基本范畴，将结构、文脉、意志列于第二层级的派生范畴。苏联在政治上以“忽视社会本质与内容”批判“形式主义”，严重影响了“形式”一词在中国艺术理论界的声誉，使其未受到应有的重视。

②在此，将由于重心不稳或大尺度悬挑带来的不稳定感、倾覆感排除在本文动感讨论之外。

③拓扑关系（topological relation），指实体之间的邻接、关联、包含和连通关系。本文所说的拓扑网格指的是通过确定形体间拓扑关系而得到的网络化的组织关系。

④歌德费里德·波姆，德国著名建筑师，1986年普利兹克建筑奖得主。

⑤格式塔心理学认为，人们之所以能够将“分散”的知觉对象看成是一个知觉整体，是因为人对图形的知觉由一些一般性原则决定，这些原则叫做格式塔知觉组织原则。主要包括：接近律、相似律、闭合律、连续律。

⑥陈霖用一系列认知心理学实验揭示了，与通常的形状差异相比，在视觉的早期阶段，人们对图形拓扑性质是否等价更为敏感，连通性、封闭性这样的拓扑特征在视觉加工的早期得到了较充分的加工。篇幅限制，本文未引述相关实验。

参考文献

[1] J·J·德卢西奥·迈耶．视觉美学．李玮，周水涛译．上海人民美术出版社，1990:154.

[2] 戴维·史密斯·卡彭．建筑理论（下）：勒·柯布西耶的遗产——以范畴为线索的20世纪建筑理论诸原则．王贵祥译．北京：中国建筑工业出版社，2007:48.

[3] 程大锦．建筑：形式、空间与秩序．刘丛红译．天津：天津大学出版社，2008:230.

[4] 王令中．视觉艺术心理：美术形式的视觉效应与心理分析．北京：人民美术出版社，2005:91.

[5] 刘先觉，汪晓茜．外国建筑简史．北京：中国建筑工业出版社，2010:263.

[6] 戴维·史密斯·卡彭．建筑理论（上）：维特鲁威的谬误——建筑学与哲学的范畴史．王贵祥译．北京：中国建筑工业出版社，2007:191.

[7] 鲁道夫·阿恩海姆．艺术与视知觉．四川：四川人民出版社，1998:8.

[8] 彼得·绍拉帕耶．当代建筑与数字化设计．吴晓，虞刚译．北京：中国建筑工业出版社，2007:198.

[9] 鲁思·派塔森，格雷斯·翁艳．普利兹克建筑奖获奖建筑师的设计心得自述．王晨晖译．石铁矛审校．沈阳：辽宁科学技术出版社，2012.

[10] 邵志芳．认知心理学——理论、实验和应用．上海：上海教育出版社，2006.

[11] 安东·埃伦维茨．艺术视听觉心理分析——无意识知觉理论引论．北京：中国人民大学出版社，1989:17.

多态一体
——我理解的自然与设计

刘海龙 清华大学建筑学院 《世界建筑》2014/02

摘　要：自然对人而言是多面的，同时人对自然会产生多重认识。基于主客体的复杂联系，人与自然呈现一种真实的“多态”关系。当代景观设计实践背后存在着多元自然观的影响。设计师应从“知与行”的角度重新认识自然并反思自己的设计哲学，从而探索基于真实的自然功能、结构和过程的空间形式与表达，维护动态、健康的自然，创造多态而一体的设计。

关键词：自然，人，多态，设计

引言

对于自然，人们常常觉得又亲切又遥远。这是因为实际存在着两个自然：一是观念中的自然，是基于人的意识形态、文化观念建构起来的自然，是人们可以理解的自然世界，是人化的自然；二是真实的自然，是模糊、无定形的（amorphous）和未经调和的（unmediated）的能量流（flux），一般脱离或超越人们的理解，是处于文化之外的世界 [1]84。

2008 年 5 月 12 日中午 2 点 28 分，我们一行正在四川彭州银厂沟做调研。猛然间，车中的我们被筛豆子般地抛上抛下，无法坐住。从车中出来，立刻被笼罩在一幕灾难大片般的景象之中：周围山体尘雾滚滚，遮天蔽日，房屋瞬间倾塌，人皆站立不稳，头破血流者随处可见。那一刻感受的是自然力量的肆意发泄，以及我类在自然面前的渺小、无力。但仅仅数分钟前，这里还山清水秀，风光旖旎，仿若仙境，新人婚纱妙曼，游客老幼怡然，共享“天人合一”，为何在转瞬之间，自然就变了面目？

这次经历令我终生难忘。而最深刻的印象是认识到自然的多变性。前述的两个自然说，或可归为主观与客观、唯心与唯物、感性与理性等西方传统哲学的二元对立范畴，这里无意深究，但我却切身体会到自然超越人的自在性（independent existing）。在自然面前，人有其适应性（adaptive）与选择性（choice-based），人也具备一定管理自然的能力，但的确尚不掌握自然的全部法则。由此，本文思考的是人对自然的文化认知与“真实的自然”究竟有多大不同？而“人化的自然”与“真实的自然”之间的差距，会如何影响不同个人及人群的自然观？进而，这种差异又如何影响我所从事的景观实践？

多态的自然与自然观

“多态”（Polymorphism）的概念产生于技术领域，按字面的意思就是“多种状态”，表示接口的多种不同实现方式 [2]。作为客体的自然，与作为主体的人，在多个向度上发生

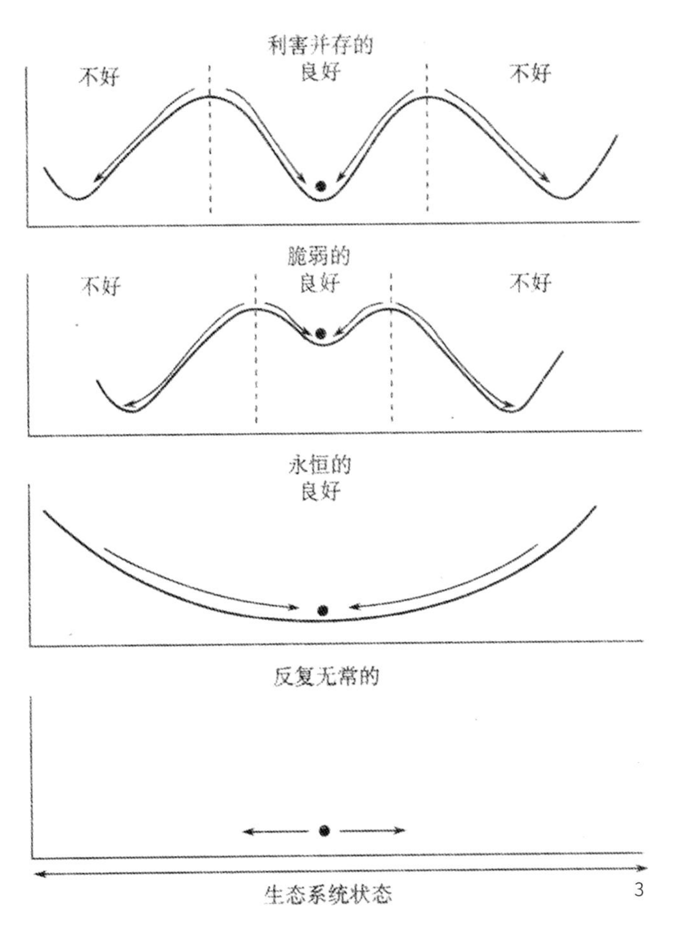

图 1 龙门山银厂沟地震前景观
图 2 龙门山银厂沟地震现场
图 3 不同自然观的稳定域图解

图 4 经验主义自然观下的景观：美国纽约中央公园
图 5 经验主义自然观下的景观：美国波士顿的翡翠项链公园体系
图 6 经验主义自然观下的景观：美国芝加哥南部的华盛顿公园

连接，因而其关系必定是交叉复杂的，“多态”成为人与自然关系的真实状态。

首先，自然是多态的。仍举龙门山为例，这里的陆内推覆构造（nappe tectonics）是世界三大造山类型之一，而其南北长 500 公里、东西宽 70 公里的龙门山断裂带的存在，叠加作用使这里成为地质构造运动的活跃地区，也由此形成了众多壮美、奇异的自然景观，堪称高品质的自然与文化遗产富集区①。但这些美景的背后，却是地质运动、生物繁衍、水文循环的生生不息。当长时间的安详被自然过程打破，不宣而至的爆发便使“真实的自然”与“人化的自然”产生了强烈反差。而这样的“多面”自然绝非个案。纵观世界风景幽美之地，大多都与地质、气候、水文、生物等方面的独特作用有关。它们对于人总体是安全的，但一定周期后便显示出其动态、活跃的一面，是人难以预测和预防的。因而自然对人类从来都是“利害并存”[3]。人需要自然，但自然在很大程度上并不需要人类②。自然过程的发生不会“顾忌”人的存在。无论是天然发生的自然灾害，还是人为破坏环境而导致的自然灾害，自古至今一直存在。

其次，人与自然的关系是多态的。“真实的自然”的不同面目，或利好与美妙，或暴戾与凶猛，都会在人的脑海中形成映射，产生对自然的不同看法。同时，人也需要自然来满足其多方面需求，从物质、实用、生存层面到精神、心灵、审美层面，因而人对自然的认识会有不同层面的差异。另外，自然观作为人与自然关系的思想与哲学基础，在不同群体、不同文化、不同时代之间也有差异性。不同个人因其与环境的作用与反作用的不同，自然观会有差异。而一群人若生活背景经历类似，其自然观会比较相近。而在不同群体间，其自然观也会有差别。因此，环境史研究在考察人的活动与环境的关系时，对于种族、职业、收入、地位、性别等方面的差异是需要区分的。所谓“三六九等，各个有别”[4]。如帝王将相占据社会优势地位，其对自然的看法多体现为与政治、经济、意识形态等关联的上层特征。平民百姓，尤其是社会底层的劳动人民，在生活劳作中与自然的联系更为直接、紧密，其自然观更具“简单、实用、朴素、功利”的草根特征。而掌握文化知识的人群，如古代士子、文人，被认为是社会的良心和时代代言人。他（她）们或研究自然规律与社会关系，在“形而下”层面分析问题，提出对策，为高层治理提供依据，或以诗文之心体化自然，在审美、精神、哲学、思想的“形而上”层面发挥社会启蒙作用。

在不同文化中，自然观也有很大差异。在人类文明的源头，东西方都倾向于把自然看作一个“包含人类自己的有机、有灵的混沌整体”[5]。但之后，西方走向“二元对立”，而东方则延续发展“天人合一”。就中国古代而论，更多是将自然与人类的政治、伦理、文化体系相联系。但此类解释有时会有附会和影射的含义[6]③。中国古代也会将自然的更始变化与人的情感、审美等相融合，但常陷入一种“人化自然”的想象空间，已与“真实的自然”相去甚远。而中国古代有许多优秀的自然保护思想，具有不少朴素科学成分，但基于更现实与强势的政治、经济目的，人类向自然的开拓与攫取古今并没有什么根本区别[7]④。因此，自古至今不存在不变的自然，也不存在一以贯之的人与自然的关系，只是人的破坏强度及自然的恢复能力有差异。

不同时代会形成占主导的自然观。这很大程度上取决于其拥趸的规模、地位及影响力。但近现代以来，后现代主义、存在主义、消费主义、实用主义等思潮使对人与自然问题的探讨已趋于分化。如各种以生态（eco-）、绿色（green-）作为前缀的新概念层出不穷。其背后不乏价值观、利益诉求的差异及话语权的争夺，但人人都活在与自然的关系当中，都会形成自己的理解[8]。因此有学者认为，生态学已走向科学（science）、知识（a framework for understanding）、哲学（a philosophicalfoundation for living）⑤等多元化理解。人们以为“人化自然”只存在于古代，实际上，在当代人的脑海中，自然也常是一幅“主观图景”。“人化自然”仍占据着现实中最广泛群体的思想。而“真实的自然”需借助高级科学技术手段来认知，仍属于科学家群体。相对而言，科学家群体多以“普遍联系”、“利害原则”等理性原则来看待自然，多关注物质客观世界，缺乏思想、舆论、价值观力量。而大众则多持“脆弱”、“永恒”、“反复无常”等主观、感性理解，虽部分正确，但不够完整[3]。因此，当代在“人化自然”与“真实自然”之间仍存在着巨大的距离。

多态合一的设计

“多态”本是设计的常态，各种风格流派浮浮沉沉。那么，景观学实践（landscape architecture）是如何对待和设计自然的？其背后的自然观如何？

景观学科的特征首先决定了它必定与自然有紧密的关系，

表1：景观实践及其自然观

自然观	实践	特征	含义	拥趸
经验主义自然观（experientialism）	中国自然山水园、英国浪漫主义景观、乡土景观……	生活式的、情感的、主观的、感性的、内在的、历史的……	基于自然经验的设计，具有回归自然的理念，向往优美的自然，模拟自然的形态和意境，表现人化的自然，	大众、土著、传统爱好者、文人……
功能主义自然观（functionalism）	生态修复、后工业景观、基础设施景观、生态适宜性分析、保护区规划……	研究式的、科学的、工程技术的、实验的、可证的、客观的、理性的、外在的、现代主义的、朴素的……	基于自然科学的设计，以维护生态功能为目标，应用自然科学原理和技术，解决现实问题，体现真实的自然	生态学家、生态规划师、生态设计师、环保主义者……
表现主义自然观（expressionism）	大地艺术、后工业景观、生态艺术设计、参数化与非线性景观……	展示性的、超越性的、神秘的、哲理的、隐喻的、抽象的、后现代主义的……	基于自然哲学的设计，诠释环境危机，涉及自然伦理与环境教育，解决特定问题，产生新型生态审美，体现多态自然的统一体	生态艺术家、环境伦理学者、设计哲学研究者……

包括其学科内容主要关注土地与户外空间的问题，学科对象涉及自然和有生命的材料与空间，如“植物、土壤、水、岩石、微生物、动物及人与社会群体等”，其成果更体现“动态和变化”的特征。科学与艺术的分离一度曾被认为是景观学科分裂的表现。如注重理性、客观分析、强调数据收集、逻辑决策和大尺度研究的生态规划学派，与富于感情、直觉、带神秘色彩、关注主观、经验和审美表现的“艺术家”之间的分化[1]。实际在对待自然的问题上，除去时代影响及个人喜好，设计师的自然经验及对人与自然关系的理解有很大的影响。设计师若拥有直接依靠土地而生活的经验，与土地的直接连结会使之对自然有深入的理解与内化体验。否则设计师更多是从一种外在视角来看自然，较客观、理性，但也少了情感。而更常见的情况是，设计师一经专业训练，长时间会养成一种职业化的固定思维模式，看自然为职业训练所教授的那样。因此总体上，设计师有其专业偏见，但相对又是开放和灵活的，在设计中必然感性、理性兼有。对历史与当代的各种景观实践风格流派及其背后的自然观进行梳理，可以基本划分为 3 类自然观（表 1）。当然，这些实践在当代都是同时存在的，相互之间的区分也非绝对。

相对而言，经验主义自然观出现最早，至今仍具生命力。其模拟自然形式和风格的设计，更多依据设计者的经验与情趣，并非客观实际，并不一定符合健康自然的科学标准。功能主义自然观更多在现代科学和现代主义思潮诞生之后形成，一般体现了自然科学在设计实践领域的应用，一般尊重场地的自然过程与风貌，但缺乏设计的情感与艺术性。表现主义自然观所代表的一类实践，力图在当代环境危机背景下，超越模仿自然形式和纯技术导向的设计，将“人化自然”（经验主义）与“真实自然”（功能主义）融合，将对自然的主观表达与客观研究结合起来，将自然的过程、结构、功能作为景观实践的艺术表现对象，从而形成“多态一体”的设计哲学。

结语

当前人与自然的关系呈现危机化趋势，倒逼人们重新认识自然及人自身。实际上，这一危机本质上是人的自然观、知行观的危机。人们往往更乐意接受自然美好的信息，却不愿接受令人不悦的“真实”的自然，更不愿纠正自身行为的错误，节制自身的欲望。自然有其规则，人也有自由的意志，二者实际各有其道。人具备一定管理自然的能力，也常以为自己所知所行合情合理，但在“多态”的自然面前，人不应被单一的认识所局限。自然是设计师的灵感源泉和学习对象，人需要在客观认识自然的基础上，以智慧、灵性与创造力来合理经营自己的生存方式，与自然保持合适的关系，顺服超越力量的存在。景观学实践相对于建筑学等领域，更体现了人作为主体在“人与自然”关系中的积极协调的角色，因此设计师的自然观就显得更加重要。设计师需从“知与行”的角度重新认识自然及人与自然的关系，更多向自然学习，并反思自己的设计哲学与设计实践，探索基于真实的自然功能、结构和过程的空间形式与体验表达，进而积极影响和引导大众的自然观。

图 7 功能主义自然观下的景观：德国萨尔布吕肯市港口岛公园
图 8 功能主义自然观下的景观：美国波士顿一处雨水调蓄池
图 9 功能主义自然观下的景观：美国华盛顿一处停车场旁边的雨洪管理景观

图 10 表现主义自然观下的景观：螺旋形防波堤（图片来源：[美] 伊丽莎白·巴罗·罗杰斯．世界景观设计（Ⅰ、Ⅱ）[M]. 韩炳越，曹娟，译．北京：中国林业出版社，2005.）

图 11 表现主义自然观下的景观：美国芝加哥千禧公园

图 12、图 13 表现主义自然观下的景观：美国纽约高线公园 不同自然观的稳定域图解

图 14 表现主义自然观下的景观：麻省理工学院中 Stat Center 雨水花园

注释

①拥有2处世界遗产、2处国家级自然保护区、4处国家重点风景名胜区、1处国家地质公园、4处国家森林公园、1处国家历史文化名城、2处国家历史文化名镇、12处国家重点文物保护单位等资源。

② "People need nature, but nature does not need people"，见Laurie Olin为清华大学景观学系10周年发来的祝贺视频。本文基本认同这一观点。

③如司马迁在《史记·周本纪》中指出，"夫天地之气，不失其序；若过其序，民乱之也。……夫水土演而民用也。土无所演，民乏财用，不亡何待！昔伊、洛竭而夏亡，河竭而商亡"。

④自然多变，如温暖期、寒冷期的交替出现古已出现，对人类政治、经济、文化等带来巨大影响。而古人破坏自然的情况亦十分普遍且持续，如中国古代人口激增的几次大的时代拐点均对生态环境造成巨大的破坏，长期建都的几个区域的山地木材消耗与环境退化有巨大关联，中国森林覆盖率随朝代的锐减，以及围湖造田与水灾频率等的关系。

⑤清华大学景观生态学课程课件，Bart Johnson，2006。

图15 表现主义自然观下的景观：波特兰特纳公园中的湿地（Tanner Spring Park，图片来源：张晋石）

参考文献

[1] James Corner. Ecology and landscape as agents of creativi ty. Ecological design and Planning[M]. George E Thompson and Frederick R. Steiner, John Wiley &Sons. 1997.

[2] 百度百科·多态[OL].[2013-12-20]. http://baike.baidu.com/view/126521.htm?noadapt=1.

[3] [英]杰拉尔德·G·马尔滕．人类生态学——可持续发展的基本概念[M]. 顾朝林，袁晓辉，等译．北京：商务印书馆．

[4] 王利华．中国历史上的环境与历史[M]. 北京：三联书店，2007.

[5] 鲁枢元．自然与文人——生态批评学术资源[M]. 北京：学林出版社，2006.

[6] 田丰，李旭明．环境史：从人与自然的关系叙述历史[M]. 北京：商务印书馆，2011.

[7] 赵冈．中国历史上生态环境变迁[M]. 北京：中国环境科学出版社，1996.

[8] 刘海龙．当代多元生态观下的景观实践[J]. 建筑学报，2010（4）：90-94.

风景园林与自然

王向荣 林箐 北京林业大学园林学院 《世界建筑》2014/02

摘 要：在风景园林的视野中，自然有4个不同的层面，每一层面的自然都有独自的特征和价值。4个层面的自然共同构筑了一个国家的国土景观。只有了解并尊重不同层面的自然的属性，才能真正做到与自然的协调，也才能更好地维护和发展本土的自然景观。

关键词：风景园林，自然，研究，文化景观，协调

从古至今，人类都在试图更深入地了解世界，认识自己，探究生命与自然的关系。从自然科学到社会科学，在不同的学科中，关于什么是自然的思考与研究从来没有停止过。风景园林是与自然有着最为密切关系的学科之一，肩负着保护自然、管理自然、恢复自然、改造自然和再现自然等使命，清楚地认识自然就显得更为重要。那么，我们到底应该如何理解自然呢？

其实，关于“自然”，在历史的不同时期，不同人对它有不同的理解。古希腊哲学家柏拉图认为，“自然”是我们不可见的完美的世界。新柏拉图主义用“自然”表示形式的世界——形成可见世界的基本的和普遍的形式，而不是日常所见的世界。这一哲学思想深刻地影响了西方艺术的历程。正是在这样的背景下，才有古典主义艺术中对于完美几何和数学比例的推崇。比较早地使用“自然”这个词去表示经验主义的现实是古罗马哲学家、政治家西塞罗。他认为，天然景观是第一自然，农业景观是第二自然。于是，在16世纪的意大利，园林被视作第三自然[1]。达·芬奇曾经提出过两类自然的艺术理论：自然世界是第一自然，而画家对自然世界“先存于心中，然后表之于手”的艺术展示是第二自然，力图达到“如同自然本身一般”的效果[2]。启蒙运动中，“自然”用以表述人类的天性。卢梭提出“人类应该回归自然”，比如让孩子尽量停留在他们天真无邪的“自然”状态里。歌德则认为“第二自然”是对“第一自然”进行加工改造，使之接近完美的自然[3]。马克思主义哲学认为，天然存在的自然物为第一自然，人类生产实践活动形成的人化自然物称为第二自然[4]。中文中的“自然”一词是老子发明并首先使用的，“人法地，地法天，天法道，道法自然”中所说的“自然”，不是指自然界，而是指事物的存在方式和状态。可见，在哲学领域，自然并不仅仅用于描述物质世界，它也用于描述精神世界和抽象的原理。

中国传统园林与作为客观存在的自然有密切的关系。有的利用幽美的自然环境，将人工与自然完美结合；有的完全是人工建造的，但却生动地模仿了自然。有一些国内的专业书籍将中国园林称为“第二自然”，那么很容易理解，未经雕琢的自然是第一自然。这个观点与歌德的“自然”思想有共通之处，

图1 瑞士瓦莱州的雪峰、冰川和荒漠
图2 贵州苗寨和梯田景观反映了特定地区和特定人群的文化

都是将艺术化的自然作为第二自然。

然而自工业革命以来，随着现代风景园林涉及的领域不断扩展，其工作的对象越来越多样，面临的问题也越来越复杂。今天，基于艺术理论的二类“自然”解释已经不能完全涵盖我们学科研究和实践的范围。20世纪，随着研究的进展，有些西方学者在重新审视自文艺复兴以来形成的“三类自然”理论的基础上又提出了“第四自然”的概念，从而形成了相对完整的对自然的认识体系：

第一类自然是原始自然，表现在景观方面是天然景观。

第二类自然是生产的自然，是人类生产、生活改造后的自然，表现在景观方面是文化景观（cultural landscape）。

第三类自然是美学的自然，园林是这类自然的代表。

第四类自然是自我修复的自然，即被损害的自然在损害的因素消失后逐渐恢复的状态。

这一认识非常清晰地整理出了自然的不同层次，范围覆盖了地球表面的绝大多数陆地，涵盖了现代风景园林学科研究和实践的不同对象。4类自然的划分和理解为我们更好地认识当今风景园林的发展建立了良好的框架。[5, 6]

第一自然（The First Nature）

第一类自然是原始自然，表现在景观方面是自然山脉、河流、湖泊、峡谷、森林、草原和沼泽等天然景观。随着人类活动范围的不断增大，越来越多这样的地区被城镇、村落、度假村和其他人工设施所占据。没有人为干扰或者干扰很少的原始

自然地区已越来越少，越来越珍贵。一些景观、生态或者自然历史价值比较高的地区，往往还被划为自然保护区、国家公园、风景名胜区、地质公园、湿地公园等。在这一类的环境中虽然也有人工构筑物，但总的来说，并没有影响到总体景观的自然面貌。这些环境中饱含着自然演变的各种信息，是各种生物的家园，也是人类研究自然生态系统的珍贵样本。第一类自然是地球上的自然遗产，具有不可替代的价值（图 1）。

在这些区域中进行的人类活动应该在对自然最小干预的原则下进行，不能超过自然允许的承载限度。许多国家都有关于自然保护的法规条例和保护机构，但是从世界范围来看，很多这样的自然区域仍然得不到有效的保护，甚至不断地遭到破坏。因此，有效地保护第一自然是人类面临的挑战之一，也是风景园林师重要的责任之一。

第二自然（The Second Nature）

第二类自然是生产的自然。它是生活在一定地区的人们在特定的自然条件下，在社会、经济、技术等多种因素的制约下，进行耕种、放牧、养殖等生产活动，并且在当地居住和繁衍而对原有的自然进行改造而形成的。尽管第二自然是以生产和实用、而不是视觉和美学为目的来形成的，但往往是顺应并融合了第一自然而产生的，而且与人类的活动联系在一起，体现了人与自然和谐共处的关系（图 2）。

第二自然具有历史与文化的内涵，是人与自然相互适应的结果，是在第一自然上叠加人类活动而产生的景观形态，表现为土地上的地形、植被、定居点等肌理的综合。这种肌理在一定程度上反映了人们对土地的使用方式的发展演变，具有浓厚的人文色彩，是人类和自然共同历史的一部分。因此，这一类的景观也被称为“cultural landscape”，在中文中被译作“文化景观”。

每个地区的人们根据不同的自然条件和自己的风俗习惯选择了独特的生产方式，从而形成了不同的第二自然。而在地球上有人类活动的地区，大部分的土地是农业用地，因此，经过漫长的积累，第二自然的不同也形成了不同的地域景观，继而进一步造就了各异的国土景观。

从第二自然中获得设计语言和设计策略，是当今世界各国风景园林师的普遍手法。一些设计师在设计中有意识地表达农业耕作景观的形式之美；一些设计师重视第二自然呈现出的场所历史，将场地肌理作为构建新景观、体现设计特征的一种方式；另一些设计师有意识地从第二自然中提炼具有地域特征的景观元素，反映在设计中，使作品传递出一种地域的融合感和文化的归属感（图 3）。无论是“把乡村带入城市”、对第二自然进行艺术再现，还是从历史痕迹着手、维护大地肌理的延续性，都反映了现代风景园林师对于农业景观、乡村景观自然属性的理解与认知。[7]

今天在中国，随着城市的急剧扩张，大量的新城和城市新区项目在农田上拔地而起，许多最为重要的景观项目也都位于原来的第二自然的区域，设计师对基址上原有自然的认识和态度会对这些项目的走向带来关键的影响。如今，在城市规划领域，城市的更新和发展要保留城市原有的重要肌理已经是众多有识之士的共识。同样，第二自然也是人类历史和文化的一部分，新的景观的建立不应该以抹杀原有景观的所有痕迹为前提，应该是“在自然上创造自然”，把大地肌理的保留、景观的积累作为一种历史的延续和新景观产生的基础，从而创造出人工与自然协调的环境（图 4）。[5]

第三自然（The Third Nature）

第三类自然是美学的自然，是人们按照美学的目的而建造的自然。这一类自然是不同文化中造园艺术获得的成果，对它的解读也有助于我们从另一个视角认识世界上各种园林的起源和发展。

园林是在人世间建造的理想中的天堂。而生活在凡尘中的人们并不能亲眼见到天堂的模样，于是，大家就在园林中模仿

图 3 法国风景园林师高哈汝（michel Corajoud）设计的里昂日尔兰公园（Parc de Gerland）模仿了农业耕作的景观

图 4 位于荷兰乡村的休闲公园，以欣赏农业风光为主，融入周围的乡村环境

图 5 苏州留园的人工假山与水面
图 6 西班牙伊斯兰园林，塞维利亚城堡庭院的水渠和下沉式植床
图 7 法国维兰德里城堡（Château de Villandry）花园，此部分是 20 世纪初期根据中世纪风格重建，几何花坛里种植的是各种蔬菜

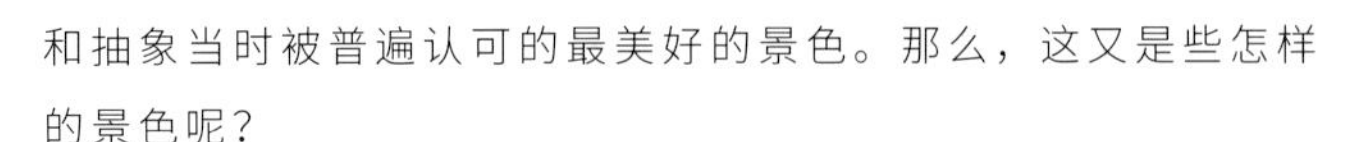

和抽象当时被普遍认可的最美好的景色。那么，这又是些怎样的景色呢？

中国疆域广阔，自然风光独特，古代中国人心目中最美好的景色是秀美的山川湖泽，即“山水”。中国园林的起源就是从模仿这样的自然景色开始的，这使得中国园林沿着自然式的道路发展了几千年。可以说，中国传统园林源于对第一自然的模仿，并从写实逐渐发展到写意（图 5）。

古代两河流域由于降水不足，难以维持旱作农业，人们通过长期的摸索，发展出了灌溉农业。而北部的波斯地区多山而河流稀少，水非常珍贵，灌溉和生活用水依靠水渠或者地下暗渠引入。这些以水渠网为结构形成的生机勃勃的富饶田园是当时人们心目中最美好的景色。于是，十字形水渠划分的四分花园（chaharbagh）很早就成为波斯园林的传统，以后又成为继承了这些文化的伊斯兰园林的特征。因此，西亚园林发源于第二自然，它是该地区干旱气候下灌溉农业的一种再现（图 6）。

欧洲的园林传统，可以一直追溯到古埃及。那里雨水稀少，沙漠环绕，只有经常泛滥的尼罗河形成的肥沃的河谷平原是富庶的象征，只有在这片土地上经过耕种的农田和果园才是美好的。古埃及园林中，方正的围墙围合了整齐的果园、葡萄园和矩形的水池，成为农业景观的一个缩影。这一实用性和观赏性兼而有之的特征，在几千年后欧洲各国的园林中仍然保留。从本质上说，欧洲园林中的要素——花坛、水渠、喷泉、整齐的树林、甚至风景园中的草地树丛等，都来自农业景观。花坛是不同作物种植区的抽象，水渠和喷泉直接来自于农业灌溉的形式，整齐的树林是果园的再现，自然的草地则来自于牧场风光。园林在很多情况下也是进行生产和园艺实验的场所，这样的园林是第二自然和第三自然的结合（图 7）。[7]

第三自然反映了特定时代特定人群对自然的认识，只不过对自然的不同理解使得不同的民族选择了不同的景观原型，并因此积累了不同的要素和不同手法，园林的面貌也就大相径庭了。

各国优秀的历史园林为人们留下了宝贵的文化遗产，而人类建造“人间天堂”的梦想也一直会持续下去。今天的风景园林师，在研究和继承传统时，应当更多地从历史园林中学习如何模仿自然，如何从第一类和第二类的自然当中获取设计灵感、提取设计语言，让设计真正能够源于自然而高于自然。如果只是一味地模仿前人的作品，只能使自己的作品沦为对模仿物的再模仿，从而缺乏鲜活的自然特征，失去灵动的自然气韵。

第四自然（The Fourth Nature）

第四类自然是自我修复的自然，即被损害的自然在损害的因素消失后逐渐恢复的状态（图8）。自然具有自我修复的能力，但是修复的速度视破坏程度的高低和当地的自然条件会有不同。如被污染的土壤在污染停止后，一些抗性极强的草本植物会首先生长出来，一些植物本身具有分解有毒物质的能力，一些植物枯萎腐烂后产生的有机物会中和土壤中的污染物，经过若干时间，通过这种生物化学作用以及雨水冲刷的物理作用，土壤会得到一定程度的改良，从而使更多的抗性一般的植物能够生长起来，加快土壤净化的过程。这个过程及其产生的良性循环的生态系统都是自然的。当然，有益的人工介入，可以加速生态系统修复的过程，如增加土壤腐殖质，改良其营养状况，促使植被的自然再生；利用植物、动物或微生物的活动来处理污染物等。[5]

人类的活动污染或者破坏了地球上大量的土地和水系，而产业结构的巨大变化，也留下了众多的工业废弃土地。这些区域都与第四自然相关，研究和处理这些区域，是今天风景园林师面对的重要课题之一，内容涉及处理场地上的污染，改良土壤，进行河流的自然再生，净化水体，增加植被，为野生生物创造栖息地和活动廊道，提高环境质量等等重要内容（图9）。

对第四自然的认识，改变了人们传统的美学观念。人们认识到，环境受损的区域并不完全是肮脏的、丑陋的、破败的、消极的。相反，一方面，很多区域作为一种人类活动的结果而成为文明的见证，如工业遗产地；另一方面，这些地方展现出来的顽强的自然生命力不仅具有科学研究的价值，也具有独特的审美价值（图10）。很多遭破坏而被遗弃的土地，具有独特的场地肌理，它所显现出来的文明离去后的孤寂荒凉的气氛给人以强烈深沉的感受，与其他几类自然一样能够打动人心。

结语

每一个层面的自然都有自己的特征，在不同的地区，同一层面的自然也会表现出完全不同的景观形态。只有当人们认识到每一层面的自然自身的价值，了解并尊重它原有的特征，才能真正做到与自然的协调。

长期以来，我们对第一自然和第三自然认识颇多，而对乡村田园的自然和生态恢复的自然却了解甚少，国内许多人甚至将风景园林涉及的范围局限在“风景区＋城市园林”。10余年来，风景园林在中国的研究和实践领域已从过去主要创造第三类的自然，拓展到管理并引导包含有4类自然层面的广泛的自然系统。实践的领域拓展了，然而，我们的自然观似乎并没有大的改变。

一些项目在第一类的自然环境中用第三自然的符号语言来美化，实际却对第一自然造成了破坏；大量的项目按我们固有的第三自然的观念来处理一片属于第二自然的土地，给大地穿上了一件漂亮的外衣，却将土地传递给我们的关于人类历史的信息彻底铲除；对于一些曾经遭到破坏而今已开始恢复的地区，一些设计师无视基地上由自然的进程所带来的荒野的但是充满生机的景观，雄心勃勃地要把它变成自己心中的美丽画卷。这些以不变应万变的设计哲学抹杀了不同层面的自然之间应有的差别，造成自然历史的断层和文化记忆的缺失。

4个层面的自然共同构筑了一个国家的自然景观。如果我们的自然观仍然停留在以往狭隘的层面之上，只会使我们把头脑中固有的自然与其他层面的自然对立起来，将自然模式化，将景观符号化，并给自己的学科设下某些教条。如果我们仍然以固有的对第三自然的认识来研究其他层面的自然，以固有的处理第三自然的方式来处理其他层面的自然，那么，一个可以预见的结果是，中国几千年传承下来的乡土的和地域的景观会在设计师的画笔下逐步消失。这些设计师创造的景观或者在原本朴实美好的第一自然上画蛇添足，或者将原有的所谓的“不自然”的第二类或第四类自然改造为所谓的“自然的”和“优美的”风景。而这种风景完全不属于这块土地，它们毫无顾忌地摧毁了土地的历史信息，它们凸显、甚至凌驾于更广泛区域的肌理之上，成为一种飞来的风景。

显然，拓展的行业需要我们从根本上去拓展对自然的认识，重新思考自然的含义，这样我们就不会把自然简单化、符号化；在全球化的背景中，我们也就能够对其他文化有更好的了解，也会接受我们以前不熟悉的一些观点和看法，并且更加宽容地看待我们从未见过的、不熟悉的或不理解的景观，也会更好地维护和发展中国本土的自然。

图8 德国波鸿市西园（Westpark），原有工业废弃环境中自然的恢复
图9 德国杜伊斯堡北风景公园（Landschaftspark Duisburg Nord）在原有钢铁厂遗址上建成
图10 杭州江洋畈生态公园，从荒芜的淤泥库自然演替形成的沼泽林地成为公园景观的基础，带来了丰富的自然体验和公众教育的机会

8

9

10

参考文献

[1] （英） Tom Turner. 世界园林史 [m]. 林箐，等译 . 北京：中国林业出版社，2011.

[2] 邱紫华 . 达·芬奇的艺术美学思想 [J]. 兰州大学学报（社会科学版），2003(3) .

[3] 张坤 . “第二自然”概念的哲学意味及其转用生发——兼论“第三自然”[J]. 太原理工大学学报（社会科学版），2003(4).

[4] 王彦丽 . 多维视阈：马克思的自然概念与伦理价值 [m]. 北京：中国社会科学出版社，2012.

[5] 王向荣，林箐 . 自然的含义 [J]. 中国园林，2007(1).

[6] 伊丽莎白·巴洛·罗杰斯 . 世界景观设计——建筑与文化的历史 [m]. 韩炳越，曹娟，等译 . 北京：中国林业出版社，2005.

[7] 林箐，王向荣 . 地域特征与景观形式 [J]. 中国园林 . 2005(6).

景观综合体作为城市发展媒介的特征与构建探索

郑 曦 马璐璐 北京林业大学园林学院 《风景园林》2014/02

摘　要：面对当代快速城市化进程，景观所承载的功能、内涵与价值对于城市而言，已经超越了仅仅作为简单的风景式背景和功能较为单一绿地类型的理解，而是作为综合体，成为城市发展的推动力。景观综合体提供了一种针对当代景观和城市关系认知的视角，和一种表述这种关系的语汇与工具。作为城市发展的媒介，景观综合体承载城市功能，并通过协调与重组资源，促进城市生长，成为城市结构的重要组成部分。通过对历史的回溯与经验借鉴，结合当代发展，归纳总结出景观综合体的特征：开放与战略性，渗透与弹性，整合与控制性；探讨了景观综合体构建的4种途径：功能转换，尺度拓展，资源配置，数据驱动，并结合案例进行了分析。

关键词：城市设计；景观综合体；景观都市主义；城市发展；媒介

1 景观综合体——城市发展的媒介

面对当代快速城市化进程出现的环境危机，区域景观风貌的迅速变化，以及经济、人口与生活方式的巨大改变，景观所承载的功能、内涵与价值对于城市而言，已经超越了仅仅作为简单的风景式背景和功能较为单一绿地类型的理解，而是以综合性的处理方式成为城市空间与形态塑造的推动力[1]，这类作为综合体的景观，构成了城市发展的媒介。景观综合体成为处理当代城市密度增大、资源减少与环境恶化的有效手段。

（1）综合性是景观的重要特征，把“景观”与“综合体”合在一起使用，是强调景观在应对日益复杂的场地问题中，所具有的整合多层次、多样的复杂城市功能，协调人工与自然要素的综合能力。景观综合体不是规划设计方法，而是希望提出一种针对当代景观和城市发展关系认知和分析的视角，并作为一种表述这种关系的语汇与工具，或者说是区别于花园设计、功能较为单一绿地设计的不同类型。

（2）景观综合体是城市发展的重要媒介。选择使用“媒介”，是强调在作为城市背景的同时，景观本身是动态的，具有渗透性和可见性的特点，而与“容器”、“载体”等词汇更趋向于静态的、不具渗透性、不可见的特征相区别。作为城市发展的媒介，景观综合体承载城市功能，并通过协调与重组资源，促进城市生长，成为城市结构的重要组成部分。本文所探讨的内容主要集中在风景园林学与城市设计范畴内的景观规划设计实践。

2 作为综合体的景观发展追溯

景观作为综合体不是新的语汇，而是基于传统的原则。历史上，从中国古代的城市营建到西方现代工业城市19世纪的社会改良，通过整合雨洪、卫生，交通，地下排水，植被等多样的功能而形成的景观系统推动了城市发展。然而到了20世纪，由于工业化程度提升导致的行业分离与分工细化，以及受现代功能主义城市等理论的影响，城市景观逐渐与城市的其他要素相分离，从具有媒介作用的综合体蜕变为功能相对单一的绿地与公园营造，这种影响一直持续至今。

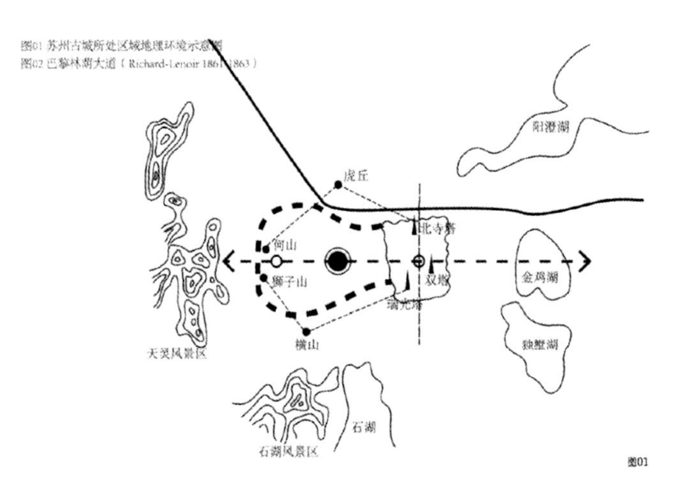

图01

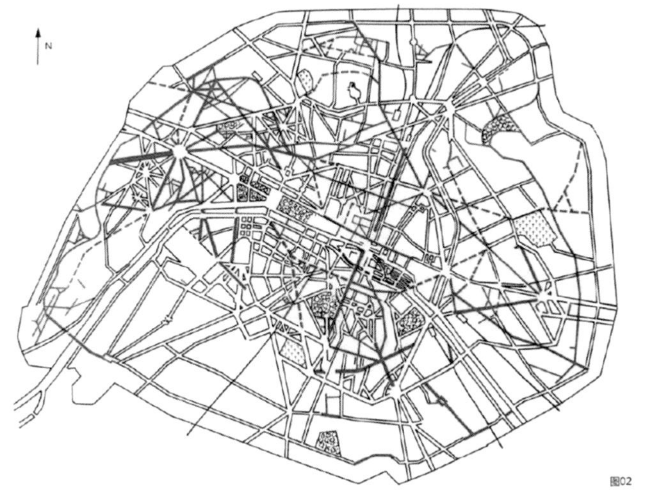

图02

图01 苏州古城所处区域地理环境示意图
图02 巴黎林荫大道（Richard-Lenoir 1861—1863）

2.1 古代的城市景观系统塑造城市空间形态

城市存在于区域自然系统中，自然资源是城市得以繁衍生长的根源，人工干预引导了城市人居环境的发展，而景观的介入，调和了这种干预下衍生的矛盾，为古代城市营造提供了一种有效的操作方法与框架，成为孕育城市文化和构建宜居环境的重要媒介。

苏州区域景观演变与古城构建是一个典型的案例。自古以来水患就威胁着这个“水乡泽国”，面对自然的考验，人们兴修水利、开凿水道、引水入城，开始为了顺应自然地理环境而进行适度的人工干预，这种内外互动的建构过程成就了古城景观构架，整个城市运行与资源系统调配都建立在这个构架中，纵横的水道不仅承担着整个古城的引水、排水、运输、防卫、净污等城市功能，也创造了古城独特景观风貌和杰出的地域文化，保证了苏州城的持久繁荣（图01）。[2]

颐和园昆明湖营造与北京城景观水系统完善是另一个值得

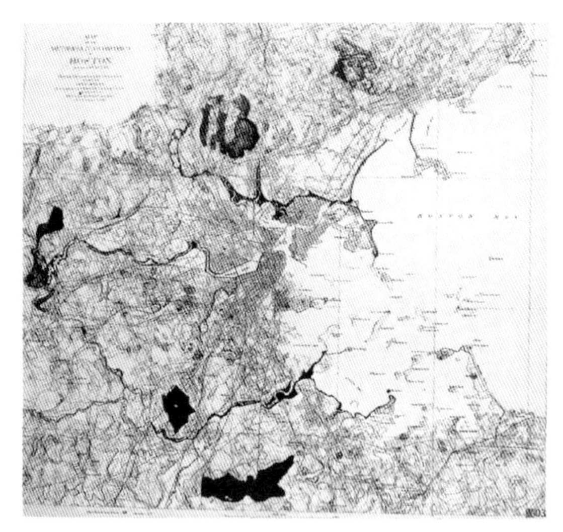
图03

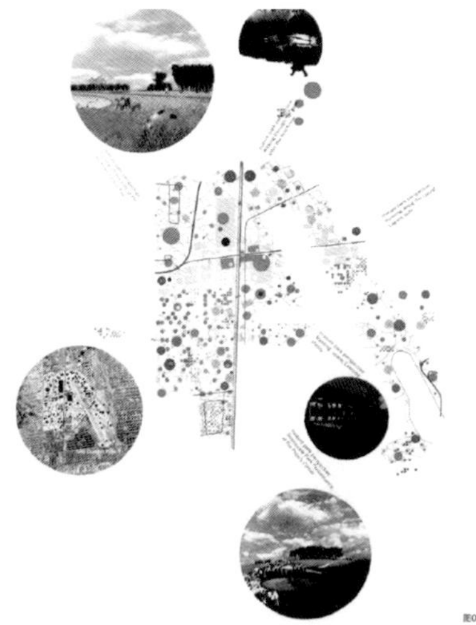
图04

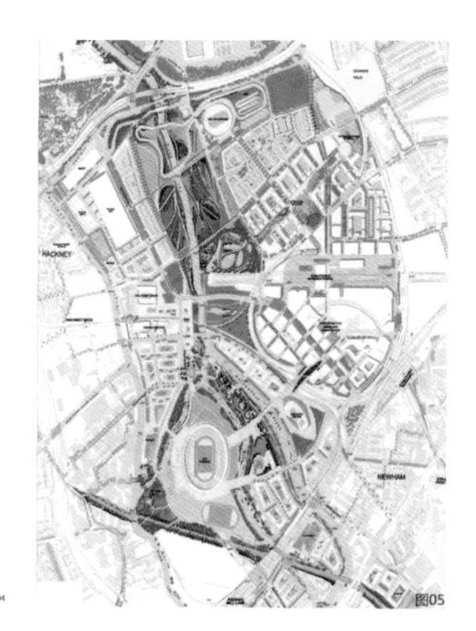
图05

研究的案例。作为元大都的北京城建城之初内城水系的水源引自紫竹院内泉水，而后清代在西郊修建昆明湖作为水库调蓄西山汇水，消除水患，灌溉农业，并开凿昆玉河、长河与内城水系沟通，保证了内城水系的水源补给和雨洪调节，同时也保证了与内城水系在城东贯通的，位于下游的通惠河水量补给与水位控制，通惠河是连接京城与东郊通州京杭大运河北端点的人工河道，经大运河漕运运抵通州的南方物资，须再经由通惠河运抵内城。而在昆明湖建成之前，由于上游水源不稳定，且北京地势西高东底，通惠河水位常无法满足漕运要求，船只经常搁浅。可见颐和园昆明湖的修建首要任务是调洪蓄水，为城市生活用水、漕运以及农业提供供给的基础上形成的皇家园林，虽偏于北京城西郊，但对城市发展的意义重大。[3]

2.2 景观作为工业化城市改造与社会改良的手段

18 世纪中叶后，工业革命带给城市的负面影响在卫生、贫困、污染等社会问题上日益突出，而逐渐兴起的中产阶级开始对城市开放空间有了更强烈的需求。在这样的背景下，通过整合多种功能以缓解城市问题和社会矛盾的林荫大道和公园出现了，作为一种社会改良措施逐渐兴起，成为城市中能够实现社会公平的绿色、健康、卫生的活动场所。

1832 年的巴黎霍乱流行病为巴黎启动城市重建工作提供了动力。豪斯曼（Haussmann）1852 至 1870 年间的改造包括拓宽巴黎街道、修缮下水道和城市供水系统、修建大型房屋和豪华旅馆等（图 02）。让巴黎从布满小巷、形状不规则、陈旧的中世纪小城，转变为街道宽阔豪华、空间疏落有致的工业革命时代现代都市。通过宽阔的林荫大道作为媒介，整合了下水道、供水系统、交通与城市景观系统。

19 世纪下半叶，欧美发达国家在工业化进程中出现了城市无序蔓延、交通混乱、城市结构不合理、生态环境破坏严重等问题。奥姆斯特德（Frederick Law Olmsted）规划设计的波士顿公园系统，恢复了波士顿盆地中查尔斯河流域的自然状态，从而达到控制洪水泛滥和改善河流水质的目的，同时整合了潮汐减灾，行车道路，房地产开发等城市功能于一体，形成了完整的城市景观空间框架，推动了城市有序健康发展（图 03）。[4]

3 作为城市媒介的景观综合体发展特征分析

景观综合体通过对城市资源（自然与人工资源）的统筹和调配，推动了城市更新与发展，这在更广泛的层面被理解为能够行使“城市”功能的媒介，显现了开放与战略性，渗透与弹性、整合与控制性的发展特征。

3.1 开放与战略性

景观逐渐从较为单一功能、内向性的结构中解脱出来，通过在尺度与功能上的拓展，获得更大区域范围内的开放性，以此构建向城市完全开放的综合性景观框架，与整个城市发展相协调。[5] 在这个过程中，开放性使景观与城市联系更加紧密，并上升到城市战略层面，在有效利用土地及空间资源的同时，挖掘其潜在的经济效益，促进恢复地区的活力，成为城市发展媒介。

3.2 渗透与弹性

城市的空间形态是人工干预自然资源的深刻反映，在干预过程中产出的矛盾导致环境问题日益突出。景观综合体作为媒介，能够促使自然过程与城市发展的相互融合，形成一个综合的人工生态系统，这个系统为城市环境增强了自净能力，提升了城市的生物多样性，凸显了生态的渗透性。这种生态功能为景观综合体在自恢复能力方面具有了弹性发展的特征，这里的自恢复能力指的是一个系统在历经干扰后仍能动态的保持其基本功能和结构的能力。[6]

3.3 整合与控制性

景观在不同规模的区域尺度范围内，依据城市特有的自然、地理、经济、人文、历史和本土文化等属性，通过合理协调和调配多元化的城市功能，例如交通网络、市政设施、自然要素等，能够有效解决城市发展中自然与人工干预之间的矛盾，体现了作为城市发展媒介的控制性和整合复杂关系的能力。[7]

4 景观综合体的构建途径探讨

景观不仅为城市提供了多种生态空间，也介入城市结构，成为行使城市功能，构建多层次、立体化的城市空间形态的综合体，本文对景观综合体构建的途径进行了初步的探讨。

4.1 功能转换作为发展的基础

景观综合体介入城市发展，在这一过程中，构成景观的元素由原有较为单一的功能也随之发生相应的功能转变，例如植被、水、地形等构成要素。这种转变需要从景观综合体的视角，重新审视既定组成元素的多功能性的拓展，并进行重组，以承载景观综合体的复杂性和多功能性需求，作为承担和引导城市发展的基础要素。

加拿大多伦多市当斯维尔（Downsview）公园设计竞赛一等奖方案“树城”，强调了对原有景观要素“树”的功能转换（图 04）。方案中没有设计具体形式，而是提出用树木代替建筑作为城市扩张的催化剂，通过自然植被的延伸在城市中创造密度，以持续不断地种植为城市发展增加财富，最终使公园形成一个由自然元素构成的城市领域——树城。通过场地中自然系统的发展，以及人的活动对场地造成的影响，来逐渐形成公园景观的形式。[8]

4.2 尺度拓展作为生长的框架

不断拓展的尺度在当代景观实践中推动了解决更为复杂问题的方式。大尺度景观项目的面积大多跨越几十到几百公顷，且与城市和区域的发展融为一体，对于完善城市生态系统、整合复杂城市功能、控制城市生长提供了框架，为城市环境的可持续发展和城市宜居、健康做出了重要贡献。[9]

英国伦敦 2012 年奥运会选址在伦敦东区一个破败、萧条的贫民工业区，在奥运会结束以后，这里将成为新区，并以建设欧洲最大的公园——伊丽莎白女王奥林匹克公园重塑该区域的公共景观系统，巨大尺度的景观综合体推动了新城区发展（图 05）。2014 年 4 月，经过景观改造后公园重新开放，外围新城的地产开发也随之启动，建设的第一阶段还包括保障性住房、零售空间，游乐区和公共花园。

4.3 资源配置作为协调的手段

当代景观实践的关注重点从对某个地块具体方案的解决策略逐渐转移到对区域尺度的资源配置上来，通过对多种类型的环境要素进行重新调配，可以实现对破碎化城市肌理的缝合与重塑，[10] 带动整个城市的更新和发展。

北郊森林公园地区在北京市总体规划中作为四大郊野公园之一提出，涵盖了北京北部近郊地区约 500 公顷的山区和平原区。从市域看，北郊森林公园地区是联系北部山区和市区的关键连接体和生态过渡地带，由于位于盛行风方向，也是市区的核心氧源地，这些资源需要重点维护完整性（图 06）。

通过选择关键资源要素即地质、地貌、土壤、水文、植被、气候气象、土地利用、风景、生境、环境质量、交通、特殊价值等作为影响因子，对区域生态敏感性进行评估（图 07），并结合土地利用规划和现状用地性质，最终选择了该地区 8 块用地作为郊野公园的具体建设区，形成了北郊地区的郊野森林公园群。通过郊野森林公园群把区域内的各类资源进行整合与再分配，实现了地区生态、社会、经济效益的统一和可持续发展，成为推动近郊地区城市化的综合性媒介（图 08）。

北京市朝阳公园面积约 278 公顷，是四环内最大的城市公园。园内以大尺度的水体、树林为基底，融合了公共艺术馆、体育运动项目、后工业景观、时尚休闲等活动设施与景观类型，突出了综合性与参与性，并突破了公园界限本身，对所在的城市片区内相对分散且各自独立的资源进行了再组合和再配置，如外国使馆区，高端住宅区，购物餐饮区和精品商业区等，产生了巨大的辐射效益。

朝阳公园作为综合性景观，推动了城市片区动态发展与健康生长，并衍生和开发出了更多经济类型与新兴产业，增强了吸引力和魅力，使得整个片区成为北京市最具活力、经济效益最好，最吸引人的城市区域之一。

4.4 数据驱动作为整合的工具

利用场地各类数据进行空间分析已经成为数据时代的发展趋势。由于当代景观实践呈现出巨大尺度，土地状况复杂多样，会获得大量基础资料与基础数据。如何把大量的基础数据资料有效整合进行分析，运用数据作为项目进展的驱动，以合理的调配现有资源、最大化的发挥场地潜能，得到更具说服力和更具解释性的最佳方案，是当代景观实践中的重要内容。

作者参与的北京市大西山地区绿化景观提升与林相改造项目。项目基于林木小斑数据资料（图 09），利用 GIS 技术对

图04 “树城”平面与构想图
图05 英国奥林匹克公园伊丽莎白女王公园改造与城市新区关系示意
图06 北郊森林公园区位
图07 北郊森林公园生态体系图

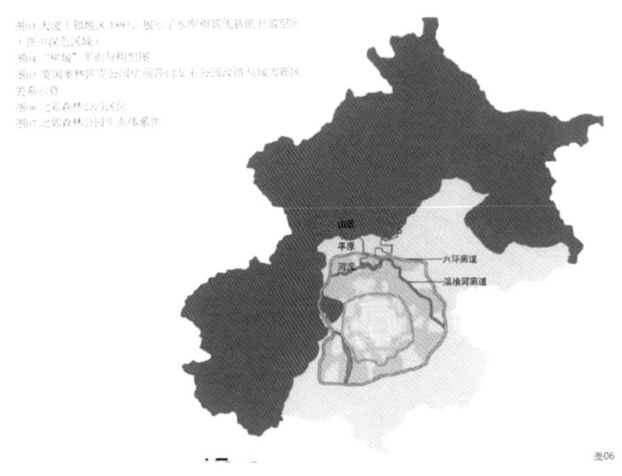

图06

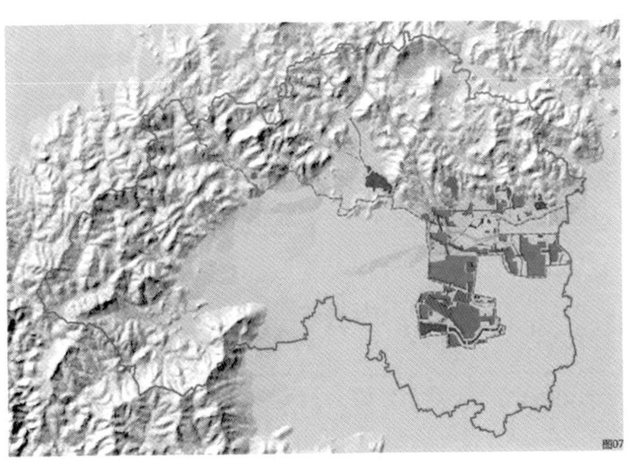
图07

区域关键资源，如道路视域（六环路、北清路、游客视点等）、坡度等因子进行叠加，划定了重点植被彩化提升区域。并根据林地小斑资料的郁闭度、土地使用权、盖度等级、灌木优势种、优势树种等关键因素，将其主要依据林地郁闭度分成 3 个改造等级，兼顾各区域期望所达到的整体效果，制定出不同的林相改造策略（图 10、表 01）。同时将区域内分散的行政机构、复杂的土地权属、林木权属与景观斑块协调整合，重塑了各区块间的联系，增强了景观延续性，完善了自然、人文风景区与城市共生发展关系，成为实现区域资源调配的重要战略媒介。

5. 结语

当代景观实践越来越表现为尺度巨大、功能复杂、内容丰富的特点，受到社会更多的期待与关注。景观综合体可以被看作是对景观与城市发展中不断涌现的新问题新挑战的回应，提供了一个视角和一种表述的方式。

当今社会发展瞬息万变，新生事物不断涌现，只有通过积极拓展思路，探索从不同的视角认知，并进行清晰的专业表述后，才能够创造性地提出专业的策略，构建框架以指导新的实践，解决新的问题。

表01 基于数据分析的区域林地改造流程表

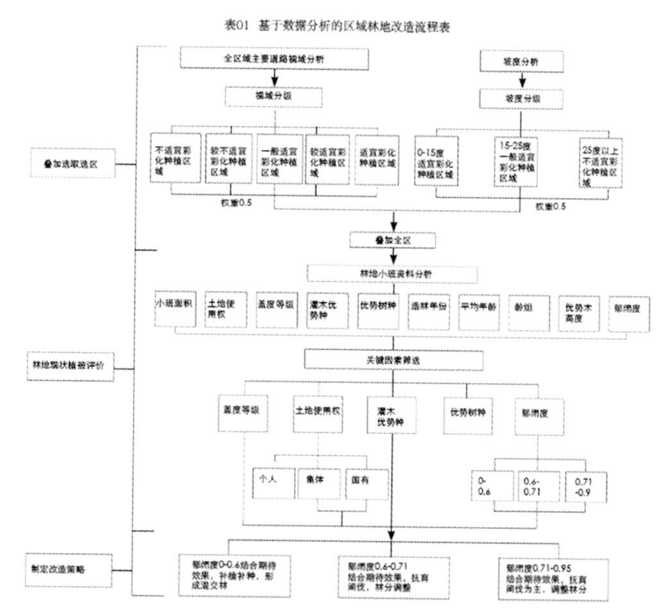

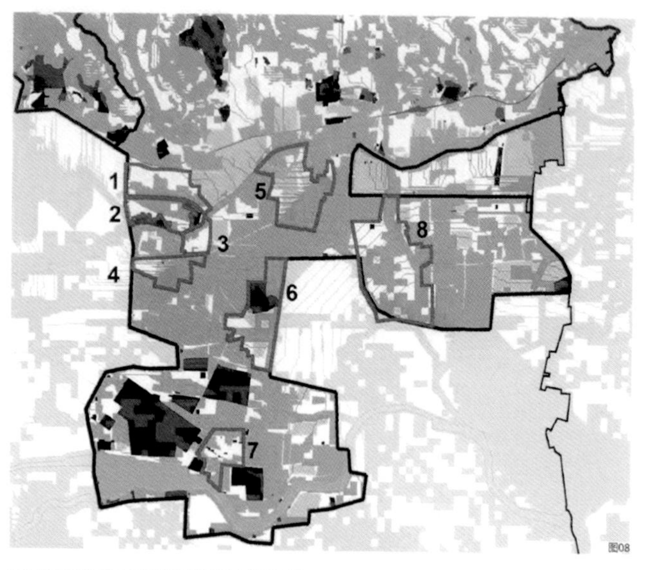

图08 北郊森林公园地区建设郊野森林公园群实施用地建议
图09 林地小斑基础数据
图10 数据分析后的重点改造区域

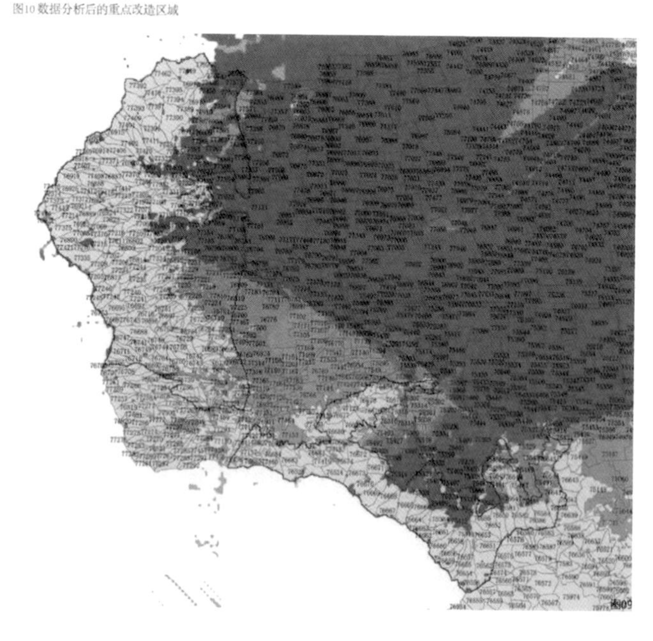

致谢：

感谢北京林业大学园林学院李雄教授在项目实践中的支持与指引，感谢北京林业大学园林学院博士研究生王鑫同学的 GIS 技术支持，感谢文中所列作者参与实践项目的项目组所有成员的支持。

注释

图 01 引自参考文献 [2]，由马璐璐改绘；图 02 引自 Howard Saalman.Haussmann:Paris Transformed[M]. wer press,1971；

图 03 引自Cynthia Zaitzevsky. Frederick Law Olmsted and the Boston Park System[M].The Belknap Press of Harvard University Press,1982；

图 04 引自Julia Czerniak. Case:Downsview Park Toronto, Harvard Design School [M].Prestel Verlag,2001；

图 05 引自 James Corner, Landscape Architect, James Corner Field Operations.Repurposing the South Plaza of the Olympic Park[DB/

OL]. Ebookbrowsee,(2013-10-06)[2014-01-01].http://ebookbrowsee.net/repurposing-the-south-plaza-of-the-olympicpark-james-corner-landscape-architect-james-corner-fieldoperations-0-pdf-d593273125；图06、图08由董晶晶绘制；图07、图09、图10由王鑫绘制；表01由马璐璐绘制。

参考文献

[1]James Corner.Landscape Urbanism In The Field,The Knowledge Corridor,San Juan,Puerto Rico[J].Topos-The International Review of Landscape Architecture and Urban Design,2010,71:25-29.

[2] 陈泳 . 城市空间：形态、类型与意义——苏州古城结构形态演化研究 [M]. 南京：东南大学出版社 ,2006.

[3] 侯仁之 . 北京城的生命印记 [M]. 北京：生活 . 读书 . 新知三联书店 ,2008.

[4] 尤传楷 .“翡翠项链”是合肥人的骄傲——从波士顿“宝石项链”说起 [J]. 中国园林 ,2001,(5):13-14.

[5] 翟俊 . 基于景观都市主义的景观城市 [J] . 建筑学报 ,2010,(11):6-11.

[6] 杰克·埃亨 , 张英杰 . 可持续性与城市：一种景观规划的方法 [J]. 中国园林 ,2011,(3):62-68.

[7] 聂进 . 景观资源的整合与创新 [D]. 长沙：湖南师范大学 ,2008.

[8] 张健健 , 王晓俊 . 树城：一个超越常规的公园设计 [J]. 国际城市规划 ,2007,(5):97-100.

[9]James Corner.Shelby Farms Park [J].Topos-The International Review of Landscape Architecture and Urban Design,2009,66:16-21.

[10]Jane Amidon,Two shifts and four threads Economic and ecologic challenges for landscape architecture and urbanism[J]. Topos-The International Review of Landscape Architecture and Urban Design,2012,80:16-20.

博物馆互动性展示设计新趋向

李 聪 张 建 福建工程学院建筑与城乡规划学院 《新建筑》2014 年 5 月

摘　要：着重介绍博物馆展示设计在发展中出现的一种互动性的展示设计形式，这种形式顺应时代发展的趋向，符合当代人的心理需求。从当前博物馆展示设计发展的四个趋向出发——由以“物”为中心向以“人”为中心转变；由静态陈列向动态展示转变；由观赏性向兼娱乐性转变；由直观展示向各种高科技手段的应用转变——来阐述现阶段国内及世界其他国家互动性展示设计的发展现状及发展趋向。

关键词：互动性展示设计；人性化；科技；发展趋势

20 世纪 80 年代以来，随着我国文化事业的发展，博物馆行业逐渐兴起，各类博物馆如雨后春笋般涌现，达到了空前的规模。博物馆展示的内容越来越丰富，展品来源也更加广泛，但其中有些博物馆建设仓促，其展示设计没有考虑长远发展，缺乏创新，布展简单，空间单调，观众在参观这类博物馆时往往感到疲惫无趣。长此以往，这类博物馆变得门庭冷落。

随着科技的发展及外来文化的影响，中国逐渐向其他国家博物馆的展示设计看齐，改变设计观念，充实设计者的理论修养，提高设计者的审美意识，将展示设计的理论知识与实践结合，在展示设计的形式上作出了新的突破，创造了很多个性化和富有创造力的展示空间及展示设计形式，从而极大增强了参观者的参观兴趣[1]。进入 21 世纪，中国博物馆的展示设计出现了一个新的局面，特别是刚过去不久的 2010 年上海世博会，集中展示了当今世界各国现代化博物馆，其中的展示设计更是集现代科技手段和展示方法于一体，是一次世界各国展示设计的大汇演，其中以互动性作为展示设计重点的案例更是不胜枚举。

国内外现阶段特别是中国现阶段，较领先的博物馆及世博会中世界各国博物馆互动性展示设计的发展趋势，具体表现在以下几个方面。

一、由以“物”为中心向以“人”为中心转变

当“以人为本”的科学发展观被提出后，中国的各行各业开始认识到其对于行业发展的重要性，博物馆行业也由以前的以“物”为中心向以“人”为中心转变，即由重视博物馆藏品的研究，转变为以提高参观者的文化知识、注重公众的活动参与为重点，这也是博物馆实现对公众教育这一重要职能的体现[2]。

以往博物馆展示设计只为了展示物品而展示，忽视了观众的心理感受和心理需求，最终导致观众参观时感到疲惫和乏味。“以人为本”的设计理念的应用，使博物馆展示设计人员认识到人的重要性，即从人的心理需求出发，站在参观者的角度进行设计，使观众“被动”地参观变为“主动”地参观，从而在整个参观过程中变得活跃起来。其设计的重点在于如何引导观众思考，使观众进入互动的角色，让观众自己去发现问题、思考问题，并得到答案。

图 1 矿物的导电性观察（中国地质博物馆矿物岩石厅）

在中国地质博物馆（北京）的矿物岩石厅中，为了让观众了解不同矿物的导电性，设计了一个矿物导电性观察实验：观众按下不同的按钮后，电流表就会出现不同的读数，通过对比电流数据，从而认识不同矿物的导电性差异。这种让观众主动参与的互动方式，充分体现了对人的关注（图 1）。

二、由静态陈列向动态展示转变

伴随着“以人为本”这一观念的转化，21 世纪的博物馆在加强观众的主动性方面迈出了成功的一步。声、光、电等科技手段的采用，使人们在参观时切身感受到展示内涵的巨大变化，实现了一定程度的展示设计与人的互动体验。

传统博物馆的展示设计一般由展墙、展柜、展台等组成，展品则静静地陈列在这些设施里，等待参观的人群观看。这种单一的静态陈列形式使博物馆的内部空间显得非常沉闷。互动性展示设计，则是一种让观众从动态的角度参与的展示设计，

它使博物馆的展示设计由以前的静态陈列转变为动态展示。观众在观看的过程中，不仅学到了知识，而且获得了参与其中的乐趣。

提到上海世博会中国馆，大家不由会想到《清明上河图》。这个中国馆的镇馆之宝之所以让观众在观看中叹为观止，久久不能忘怀，很大原因在于其独特的动态展示改变了原本的静态画面形式，借助大幅卷轴的数字化多媒体技术，将原画放大成巨幅动画，图中近 1700 个人物被特效技术激活，配合以墙壁底部的流水效果及船上的人物对白，整幅图都变得流动起来。观赏者可以清晰地看到图中 1000 余个中国古代人物形象在昼夜交替的景色中，举止各异、栩栩如生，仿佛置身于宋朝时期，深刻感受古人的生活环境，也使观众与展品之间达到了很好的互动效果（图 2）。

上海科技馆的生物万象展区主要展示了自然界各种生物的生存环境和生物自身的科学知识。在展示设计上为了避免单调的文字、图片或者是标本的简单陈列，该展厅采用了动态展示的陈列手法，整个展厅内部绿树成荫，小桥流水，还有昆虫鸣叫，仿佛回归了大自然。在自然的环境中展示了各种生物，在展厅的岩壁上，有机械仿真的巨蟒在游动，并不停张嘴吐着信子，还有巨大的仿真蝗虫、蜘蛛、蜻蜓等趴在岩壁或树枝上，不停地扇动着翅膀。观众在参观的同时真切地感受到了展示设计的魅力，在心理上达到了互动的效果（图 3）。

三 、由观赏性向兼娱乐性转变

现代城市生活节奏的加快和工作压力的增大，使得人们在工作之余都想找到一种娱乐休闲的方式来放松精神、愉悦身心，博物馆的互动性展示设计正具备了这样的功能。它顺应当代人们的生活需求，逐步把展示的中心由以往单纯的参观观赏向兼娱乐性的展示转变，使观众在参观的同时感受愉悦，享受参与其中的乐趣，满足人们休闲放松的需求，从而达到寓教于乐的目的。

现代城市生活中，交通逐渐发达和便捷，很多生活在城市的人们很少会选择自行车，有些小孩甚至从来没有骑过自行车。骑自行车不仅是一项健身运动，而且可以放松人们的身心。上海科技馆“人与健康”展厅内，设置了骑自行车的互动项目。观众通过面前的显示屏，可以在虚拟环境中看到自己走在不同的路面上，体验不同的骑车环境，掌握骑自行车的技巧，不仅学习了技能，同时也愉悦了心情，是广大青少年参观者非常喜爱的娱乐互动项目。

世博会德国馆中最大的亮点是“动力之源”展厅。在这个展厅的中央放置有一个巨大的金属球。金属球内装有感应装置，能随着现场观众的欢呼呐喊声摆动，哪边呼喊的声音大，圆球就向哪边转动。这个巨大的金属球代表了一个城市，而让城市充满活力则需要每一个人的努力和团结。现场展示与观众形成了良好的互动，观众在体验中忘却了身心的疲劳，投身到集体当中，感受设计给他们带来的乐趣，同时领悟到设计的真谛（图 4）。

四、 由直接展示向各种高科技手段的应用转变

随着科技的进步，多媒体技术、网络技术、虚拟现实技术、信息技术等高科技也走进了博物馆的展示设计中，给博物馆的展示设计带来了新的生机。博物馆的展示设计充分利用这些科技手段，顺应观众的心理需求，把展示设计与人的活动联系起来，使观众在参观的同时真正地参与到展示当中去，不仅获得了知识，而且体会到参观的乐趣。观众的主动性被大大加强，博物馆的教育职能也得了很好的发挥 [3]。

图 2 《清明上河图》的动态展示（上海世博会中国馆）
图 3 生物万象展厅（上海科技馆）

2

3a

3b

图04“动力之源”展厅（上海世博会德国馆）
图05 4D影院及影院中播放的立体电影

科学技术不仅给博物馆的互动性展示设计提供了技术上的支持，也使其摆脱了以往单调乏味的局面，为互动性展示设计注入了诸多技术因素，如信息技术、多媒体网络技术、虚拟现实技术、4D影院技术、全息影像等技术，从而使互动性展示设计呈现出多样化的面貌。

例如博物馆展示设计中运用的“虚拟现实”技术，观众通过戴一副眼镜或者一个头盔，或是一个传感手套，又或者拿一个传感控制器，就可以真正地置身其中，在虚拟空间中游走，感受立体的环境，手和脚都会感受到虚拟环境带给他们的反作用力，甚至可以闻到其中的气味，听到美妙的音乐，看到美丽的画面。年老者可以体验年轻人的飙车快感，也可以驾驶飞机过一把飞行员的瘾。这种超现实的虚拟环境带给观众真实的体验，它改变了观众的原有身份，超越了现实，飞越了时空，从听觉、视觉、触觉、嗅觉全方位与观众达成互动。虚拟现实技术不仅是一种技术，更是一种艺术，而且带给人的艺术感越来越大于其技术。在世博会中虚拟现实技术的应用也是应有尽有，例如：新加坡馆的赛车游戏让观众带上立体眼镜，在寻求赛车刺激的同时，还可以欣赏新加坡的城市风貌；法国馆中，观众可身临其境体验法国的鹅毛大雪；瑞士馆中，观众可坐上空中缆车体验瑞士风情等。

4D影院互动展示，是21世纪观众非常熟知的。它在现今很多博物馆及影院中都有广泛应用（世博会石油馆中的4D电影《石油梦想》是4D影院技术应用的典范）。它的主要特点在于观众戴上专用立体眼镜后，能感受到影片呈献给他们的呼之欲出、似乎脱离荧幕的立体图像，感受到电影故事情节中的刮风、下雨、海水溅起、跌入陷阱等现象，给观众身临其境的感受，仿佛置身影片当中，带给观众视觉、听觉、触觉等多种感官上的巨大震撼，使其从心理上产生共鸣，从而产生心灵上的互动[5]（图5）。

全息影像技术，也称幻影成像。它一般采用现代的光信息技术，将发散的激光光束聚集于全息图板前方。光束聚集在一起可以形成一个三维的、运动的实像。这个实像可以是人物、标本、历史画面等。实像通常配以与主题相符的实物环境背景，使这个全息影像更加生动、逼真。由于其具有任何事物和事件的可仿真性，且具有强烈的立体感和真实感，吸引了大量的观众观看[6]。例如世博会中的震旦馆是世博园里全息技术应用最多的展馆，在逾200平方米的展区内，借助全息影像技术，观众将目睹30余件震旦博物馆珍藏的从红山文化至清朝的各时代玉器中的经典之作。整个过程实现了观众的好奇心与展览之间的一次互动，并使其从中了解了许多历史知识。

五、结语

互动性展示设计体现了科技与时代的结合，它使观众在参观时寓学于乐，增长知识，促进了我国国民科普知识和文化素养的提高。互动性展示设计的这几种发展现状并不是孤立存在的，它们相互影响、相互渗透，以不同的方式共同反映时代发展的脉搏。

互动性展示设计的发展，推动博物馆展示设计走入一个重新构建语言、符号、范式的时代，传统展示设计那种单调、静止、直观的展示形式必将受到时代前进浪潮的冲击[7]。互动性展示设计未来的发展趋向，从中国当前具有领先水平的博物馆及上海世博会中其他国家的博物馆展示设计来看，将更加依赖于科学技术的发展，充分体现信息时代的魅力；互动性展示设计也将更加注重“人性化”及“以人为本”的设计，充分体现对“人”的关注和对人性的关怀；不管是互动性展示设计，还是展示场馆的建设，都将更加注重环保、低碳、生态设计，降低对自然的过度索取及对环境的污染，注重对互动设施的科学保护和理性设计，通过环保安全材料的应用降低有害物质的排放，提高展示空间的室内空气质量，从而实现展示设计及展示场馆建筑设计的可持续发展[8]。

图片来源

图4引自 http://image.baidu.com；

图5引自 http://shenghuo.55bbs.com/2012/0228/1804401.shtml；

其余图片由作者拍摄。

参考文献

[1] 王妮．试论博物馆陈列艺术设计的创新．文物世界，2006（3）：58-63.

[2] 赵颖．以人为本与博物馆陈列设计．东方博物，2005（3）：120-124.

[3] 孙新毅．浅谈陈列展览与观众参与意识．文博论坛，2002（8）：83-84.

[4] 陈刚．博物馆数字展示基本特征分析．东南文化，2009（3）：105-109.

[5] 何雯．展示设计中的新发展．艺术与设计，2007（6）：46-48.

[6] 黄秋野，叶萍．交互式思维与现代博物馆展示设计．南京艺术学院学报，2006（4）：113-114.

[7] 钟蕾，魏雅莉．论虚拟展示设计．包装工程，2006（1）：239-241.

[8] 褚凌云．在科技馆中展示生命科学的思考．科普研究，2008（2）：19-26.

服务设计视角下的虚拟展示设计研究

高嘉蔚 北京工商大学 《包装工程》2014 年 7 月

摘 要：目的——从服务的角度探索虚拟展示的设计实践。方法——分析了虚拟展示作为信息服务的本质，通过解读服务设计思考模式与研究方法，结合虚拟展示的实际特点，对虚拟展示的设计进行研究。结论——服务设计理论为虚拟展示设计的实践带来了新的启示，以用户为中心提升用户服务体验、完善虚拟展示的过程设计和协同创新，重新定义服务立场。

关键词：服务设计；信息服务；虚拟展示；体验

虚拟展示作为时代精神和数字化技术发展的产物，提供的是一种信息服务。目前，人们对于虚拟展示的认识多停留在以产品为导向的思维方式，更多地关注视觉、功能等展示技术和手段的应用；对于虚拟展示与人和环境的关系，人们的认识也多局限于物理层面的人机分析和使用环境，忽略了其作为信息服务的本质，因此，这里引入服务设计的设计理念重新审视虚拟展示。“服务设计”最早源起于英国，它是指通过有形或无形的手段来满足用户精神需求的一种系统设计，其核心内容是为完整的服务产品与服务提供系统的有机组合 [1]。在我国，服务设计才刚刚起步，研究逐渐由宏观理论研究与对服务设计的工具、方法的探讨转向与其他设计领域的融合。由此，笔者希望借助服务设计的相关理论能够为虚拟展示设计带来新的思路与启发。

1 作为信息服务的虚拟展示

谈及虚拟展示，人们最容易联想到炫目的高科技的展示效果，以及新奇的互动体验。虚拟展示的出现不仅是技术发展的结果，更是顺应了大数据时代公众获取信息的方式、文化价值观念以及认知诉求的改变 [2]。作为传统展示形式在数字化时代的延伸，虚拟展示将所要展示的信息集成在虚拟的产品及环境中。用户通过操作各种交互设备，对虚拟展示所传达出的信息进行主动地接受、认知和反馈。在此过程中，虚拟展示借助软硬件的交互产品，提供的是一种系统化的信息服务，它能够更好地体现人与物的关系，拓展参与社会、服务社会的功能。从此角度来看，对虚拟展示进行设计就是对信息服务进行设计，核心不仅在于外在的形式和表现手段，还在于如何通过设计，让用户获得更好的信息服务体验。

虚拟展示从展示空间和载体来看主要分为两种：一种是以博物馆、展览馆、城市公共空间等具体场所为载体的展示；另一种是以数字网络为载体，观众以互联网、电视、手机等终端为平台的展示。这里主要讨论第一种虚拟展示 [3]。

2 服务设计的思考模式与研究方法

将服务和设计结合起来是设计学中比较新颖的课题，也是服务学和设计学中的一个交叉领域 [4]，但毫无疑问的是服务设计有其自身的思考模式与研究方法贯穿其中。

2.1 以用户为中心

服务设计的根本目的就是要满足用户的需求。在设计过程中，由于团队是由跨领域成员组成，大家有着不同的背景与经历，因此“以用户为中心”的思考模式也是找出共通语言的方法。“影子计划”是常用的理解用户的方法，在“影子计划”中，研究人员必须融入消费者、第一线员工或者幕后工作人员的生活中，借以观察他们的行为，并通过观察，把发现的问题记录下来，有时候甚至能发现消费者与员工都没有认知到的问题 [5]。

2.2 共同创造

设计是为人服务的，然而，在服务设计中仅仅讨论用户是不够的，用户只是“人”中一个很小的部分。服务设计研究服务生成的全过程，需要将服务提供者以及其他相关人群的需求引入进来，进行“共同创造”[6]。对于虚拟展示来说，有参展商、展示设计者、会展服务人员、后台支持人员等的需求需要考虑。在服务设计过程中，设计师要尽可能地融入所有角色，让不同角色都参与到设计中来。在这种多样化的设计氛围下，设计师往往更容易产生创造力，同时发现已有的问题，予以改进。“利害关系人地图”是常用的研究工具，它将与服务相关的不同参与人，以视觉或有形的方式呈现出来，通过厘清相关利害人之间的关联性以及彼此之间的互动性，找出服务中存在的问题以及潜在的机会 [7]。

2.3 服务的顺序性

这里所提到的“顺序”不仅是时间上的前后关系，更要考虑不同部分的特点，把握每一个环节的节奏。如服务可能包含几个阶段，不同阶段持续多长时间，如何连接到下一阶段等。就像一场好的话剧或是一部好的电影，完美的服务应该要了解用户的期待，不能给用户过大压力，力求通过令人愉悦的节奏，通过每一个服务的接触点，确保用户拥有愉快的情绪，从而传递服务真正的内涵给用户。用户旅程图作为服务设计特色的研究方法，发挥着重要作用。用户旅程图的根本功能在于为服务构建生动逼真、结构化的使用者经验资料，其通常会运用用户与服务互动的接触点，作为构建“旅程”的架构，以结构化地图的方式呈现出来，获得以使用者为中心的体验感受 [5]。

2.4 服务的实体化

实体化是指借助服务过程中的各种有形要素，如实物、数字、文字、音像、实景等可视方式，使无形的服务实体化，从而增强观众对服务的体验感。很多服务通常是在幕后发生的，实体化有助于彰显那些容易被忽视的幕后服务工作。同时，通过纪念品、服务手册、邮件等实体证据或物品也可以唤起观众对服务的记忆，构建情感的联结，从而强化用户对于所经历服务的正面印象。服务的实体化物品与证据也因而可以在实际经

图 1 巴斯克馆大厅虚拟展示
图 2 足球虚拟展示影像

历服务的时间外，将服务延长到服务后阶段。

2.5 整体性

服务是一个完整的过程，它发生在一个大的环境下，用户可以通过视觉、听觉、嗅觉、触觉等多种形式体验所有服务的表现形式。在设计时，必须尽量看到服务流程的全貌。在服务设计的过程中要充分考虑各个接触点、环境、用户与整个服务之间的关系，分别起什么样的作用，只有这样才能充分把握服务的目标，增强整体的服务体验。这里同样会用到用户旅程图方法进行整体性研究。从用户旅程图中可以从使用者的角度，概括影响使用者服务经验的所有因素，找出所有正式与非正式的接触点，获得更多以使用者为中心的体验感受。厘清关于创新的问题点与机会点，并针对特定的接触作进一步分析。

3 服务设计理论对虚拟展示设计的启示

通过对服务设计思考模式与研究方法的解读，发现作为信息服务的虚拟展示有着更深层次、更为系统的设计内容，也为虚拟展示设计实践带来新的启示与发展思路。

3.1 以用户为中心提升用户服务体验

从虚拟展示作为信息服务的角度来看，它不仅要为用户传递多感官的信息，更强调服务的体验性和自我认知过程。为满足这些更高的需求，在设计的过程中，应该强调“以用户为中心”的思考模式与设计方法，采用情境访谈、影子计划此类非侵入式的实地调研方法来发现用户的真正需求，按照用户的认知与行为方式进行设计，而不是以希望他们应该有的行为来设计，降低用户的学习成本，激发用户参与的主动性，使信息的获取过程更加愉悦、高效和简单。2008 年萨拉戈萨世博会的巴斯克馆意在用虚拟的形式表现从天而降的水，在大厅内悬挂着 10 余把伞，借用人们最熟悉、自然的打伞的行为方式，当人握住伞柄之后，就会有投影图像落在伞面上，形成写意的水，这就是一个典型的自然式交互设计。巴斯克馆大厅虚拟展示见图 1。还可以将交互操作与现实生活相结合，唤起使用者对其文化及自然环境的记忆 [8]。比如人们看到球场，自然就会做出踢球的反应。足球虚拟展示见图 2（图片摘自百度）。

3.2 完善虚拟展示的过程设计

虚拟展示是一个相互关联、完整的过程。在设计过程中，设计师运用用户旅程图方法，可以明确虚拟展示完整的环节链与其中各个接触点。笔者设计的虚拟展示的用户旅程图见图 3。完整的虚拟展示环节包括：了解与选择环节、前往到达环节、展前引导环节、展示互动环节和展后反馈环节。这些环节与其中的接触点构成虚拟展示的整个过程。设计过程中要对每个环节中的接触点加以考虑，个别环节或者接触点设计的优劣会直接影响用户的体验及展示效果 [9]。例如，展前引导环节的缺失可能导致观众不知道去体验什么，怎么体验；长时间的排队，会造成观众没有时间或耐心完成体验。这就需要在展前引导环节充分考虑如何组织用户等待、如何让用户获得必要的展示信息等。比如通过语言讲解、热身表演等活动有效地引导观众。在上海世博会期间，澳大利亚国家馆就在展示引导环节进行了设计和安排。由于参观者排队等候的时间比较长，澳大利亚国家馆在排队等候区推出了有特色的斯纳福人偶剧团的表演，使得参观者在排队时就可以提早进入展示情境，又能够缓解排队造成的疲劳感，为后续的展示互动环节提供有效的服务准备，见图 4。在展示反馈环节，可以通过赠送贴纸、铭牌或者线上的微博、微信等活动使虚拟服务的体验实体化，加深用户的观展印象，并能够在展示后进一步引起用户的回忆与联想，进而增强观展感受。

3.3 协同创新重新定义服务立场

虚拟展示作为一种信息服务，是将服务的多元价值或目标，通过独特的艺术创作手段及形式将设计有效传达给用户，服务过程中需要许多不同立场的角色参与。这就需要在设计过程中引入协同创新机制，将展示服务各方的利益与兴趣点结合起来，充分考虑服务价值与用户需求的最佳立场，通过虚拟展示的资源特点来实现目标。利害关系人地图是解决利害关系人角色相关问题的好方法，可以用共同利益点将所有角色分类出来，让服务提供者在遇到问题以及拓展服务时，可以更有效地运用自身拥有的资源；也能以各个角色的重要性与影响力来作

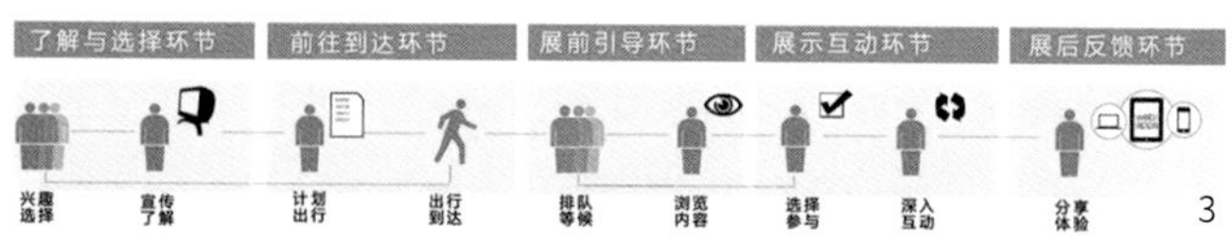

图 3 虚拟展示的用户旅程图
图 4 澳大利亚国家馆人偶表演
图 5 麦当劳桌面虚拟展示

分类，很可能会发现之前不被重视的角色其实对其他角色有很大的影响力，进而重新思考这个角色的定位。在芝加哥的麦当劳，就曾以麦当劳的产品和人物设计了有趣的虚拟展示，考虑到在麦当劳就餐的用户通常都以家庭为单位，虚拟展示借助虚拟技术以及麦当劳原有的就餐环境，让每一张桌子都可以与周围的顾客进行互动，以此营造欢乐用餐的气氛。麦当劳执行长 Mike Ribreo 说："这样的互动给了麦当劳的顾客与他的朋友再次造访麦当劳用餐的理由[10]"。麦当劳桌面虚拟展示见图 5。

4 结语

虚拟展示设计因其丰富的表现手段，人性化的互动体验方式，越来越多地引起人们的关注和兴趣。将服务设计的理念引入虚拟展示设计，旨在突破只关注虚拟展示产品的传统思维方式，进而考虑更多的内容：环境、流程及其整个系统。通过全局化的设计方法，实现各个部分间的沟通，并综合各方面的资源更好地提高用户体验和服务质量，为虚拟展示的长远发展提供理论支持与参考。

参考文献

[1] 王同旭，曲志丽 . 非物质主义设计概念下的公共服务设计 [J]. 理论观察，2012（2）：56—57.WANG Tong-xu，QU Zhi-li.Non-materialistic Design Concept of Public Service Design[J].Theoretic Observation，2012（2）：56—57.

[2] 于壮 . 谈博物馆文化展示数字应用与设计中的一些问题 [C]. 北京：2010 科学与艺术国际研讨会论文集 .2011. YU Zhuang.Several Issues Concerning Applying Digital Technologies to Cultural Representation in Museums and Design of Related Programs[C].Beijing：Science & Art Meeting Collection in 2010.2011.

[3] 夏旭，黄海燕 . 数字展示设计中的交互形式和语言转换研究 [J]. 包装工程，2013，34（4）：24—27. XIA Xu，HUANG Hai-yan.Study on Interactions and Language Conversion in Digital Display Design[J].Packaging Engineering，2013，34（4）：24—27.

[4] 倪鸣，张凌浩 . 从 IDEO 的成功来看服务设计的发展 [J]. 商场现代化，2009，36（12）：72—74. NI Ming，ZHANG Ling-hao.The Success of View from IDEO Design Development Services[J].Market Modernization，2009，36（12）：72—74.

[5] MARC S，JAKOB S.This is Service Design Thinking[M].USA：John Wiley & Sons，Inc，2011.

[6] 吴琼 . 信息时代的设计伦理 [J]. 装饰，2012（10）：32—36.WU Qiong.Design Ethics in Information Age[J].Decoration，2012（10）：32—36.

[7] 饶永刚，王国胜 . 物联网与服务设计机会 [C]. 北京：2011 清华——DMI 国际设计管理大会论文集，2011. RAO Yong-gang，WANG Guo-sheng.Internet of Things and Service Design Opportunities[C].Beijing：2011 Tsinghua-DMI International Design Management Symposium，2011.

[8] 常海，蒋晓 . 交互设计中的用户控制感研究 [J]. 包装工程，2010，31（2）：29—31. CHANG Hai，JIANG Xiao.Research on the Control Sense of User in the Interaction Design[J].Packaging Engineering，2010，31（2）：29—31.

[9] 余乐，李彬彬 . 可持续视角下的产品服务设计研究 [J]. 包装工程，2011，32（20）：29—31. YU Le，

LI Bin-bin.Research on Product Service Design from the Perspective of Sustainability[J].Packaging Engineering，2011，32（20）：29—31.

[10] 颜映如 . 互动式广告运用在公共场域中信息沟通模式之研究 [D]. 新竹：台湾交通大学，2006. YAN Ying-ru. A Study of the Advertising Messages Communication Mode by Using Interactive Media in Public Spheres[D]. Xinzhu：Taiwan Chiao Tung University，2006.

3D 打印技术在室内设计中的应用

王芳君[1] 夏溢涵[2] 邓德儒[3]
1、2. 南京林业大学艺术设计学院；3. 中建三局总承包公司
《家具与室内装饰》2014 年 08 期

摘　要：3D 打印技术是数字化时代的产物，它体现了当今信息和产品分享的新趋势。此技术目前已应用于家具、家居用品以及室内界面的设计与制造当中。在 3D 打印技术日益成熟的趋势之下，室内设计过程中的分享方式和实践方式将发生改变，实现设计的共享和大众参与，解除设计上的思想禁锢和技术限制，以更高的效率创造出更加生动和个性化的室内空间。

关键词：3D 打印；数字化；共享

1851 年，英国伦敦举行了第一届世界博览会，然而这次制造业转型的产物并没有给当时的设计先锋们带来欣喜。英国艺术与工艺美术运动领导人之一的威廉·莫里斯对大机器代替手工业作出了自己的思考与判断，他认为博览会展出的工业品制造过于粗糙、形式毫无美感可言。于是他和 John Ruskin、Pugin 等人发起了工艺美术运动，旨在抵制工业制造品以及媚俗的矫饰艺术，倡导手工艺的回归。然而时代发展的脚步并没有因为个别群体的坚持而停滞不前，每一次的工业革命都实实在在地改变着整个世界、改变人类的生活方式 [1]。但不论科技如何改变我们的制造方式和我们的设计思路，有一点始终不变，即“我们所设计和制造的产物如果不能与众人分享，那么它们便失去其价值”，这也是威廉·莫里斯的座右铭。

1 数字化时代的产物——3D 打印技术

1.1 数字化时代的发展与变革

如果第二次工业革命是一场工业化产品普及的变革，那么第三次工业革命就是一场数字化思想共享的变革。21 世纪的今天，走在第三次工业革命之路上的我们，需要分享的已远远不仅限于具体的实物形式，一种思路、一个创新点，甚至是一次身体力行的实践都是数字化时代的分享内容 [2]。大机器生产时代所造成的产品个性化缺失有望通过数字化时代的全民参与设计来重新唤回。电子计算机、信息技术、新能源技术、生物技术和空间技术等诸多领域的信息技术是保证分享方式推陈出新的基础。3D 打印技术便是这场变革中的产物。

1.2 3D 打印技术及其在艺术设计领域的应用

3D（3D Dimensions）打印技术，又称“添加制造”（Additive Manufacturing）技术。与传统的材料去除加工方法相反，3D 打印是基于三维数字模型，通常采用逐层添加制造方式将材料结合起来的工艺，又称分层制造或无模成型，它将信息、材料、生物、控制等技术融合渗透在一起 [3]。1988 年 Charles Hull 在他自己成立的 3D Systems 公司推出了第一台 3D 打印机，机器操作原理为立体光刻技术，它能把电脑上看到的图像迅速转化成实物，打印适用的材料为丙烯酸树脂。发展到今天添加制造技术及工艺越发成熟，定向粉末沉积、粉末床融合、材料超充、光聚合技术等技术的应用使得 3D 打印产品的成型更加精确，结构和性能更加强韧稳定。同时更多的材料可以运用其中，根据应用目标的不同有树脂、尼龙、石膏、ABS、聚碳酸酯（PC）、金属、铸造用砂等。目前 3D 打印技术广泛应用于工业设计、建筑、军事、航天、医疗等不同领域。

近些年艺术设计领域在 3D 打印方面也作出了各种跨界性的尝试。3D 打印的衣服和鞋子已经多次出现在全球各大时装展上，例如，荷兰时装设计师 Iris van Herpen 与 Materialise 在 2013 年初的巴黎时装展上一起合作的 3D 打印时装。此外她与英国著名鞋履品牌 United Nude 合作的长满“獠牙”的 3D 打印及踝靴系列，也风靡一时。Daniel Widrig Studio 也做过 3D 打印服装方面的设计，其结构复杂并且造型精美（图 1）。此外 2011 年 Materialise 公司提供以 14K 金和纯银为原材料的 3D 打印服务，这一举措也是珠宝制造业的一大革新。Materialise 致力于快速成型技术的开发与研究，为了推广 3D 打印技术，与很多设计师进行过跨界合作。

2 3D 打印在室内设计中的应用

近十年，3D 打印类产品不时地出现在室内设计领域，不再是司空见惯的规整几何形态，它们以其类似于自然形态的精美造型惊艳着人们的视觉。这些产品都无法或者很难通过传统的加工方法进行制造。传统制造方式成为禁锢设计思路的一部分，创意的缺失和制造方式的雷同使得我们的生活空间变得千篇一律、缺乏个性。3D 打印将以其独特的制造方式和时代意义赋予我们的生活空间新的活力。

2.1 在室内装饰实体制造方面的应用

（1）家具及家居用品设计

2004 年法国设计师 Patrick Jouin 与 Materialise 公司合作，设计制造了 Solid 家具系列。利用 3D 打印技术中的立体光刻和激光烧结技术制造出 Solid C2 椅（图 2）和 Solid T1 边桌（图 3）[4]。Solid 系列（图 4、图 5）让设计界认识到 3D 打印技术在复杂实体制造方面的能力。2007 年 Patrick 又利用 3D 打印设计出名为 OneShot 的折叠凳子（图 6）。OneShot 不仅仅局限于复杂的外部形态，设计师在艺术与技术的结合上作了进一步的深入，整个椅子的成型没有使用任何零件连接，全部通过 3D 打印机编织而成。3D 打印技术让产品的造型有了更广阔的发展空间，同时也让产品的个性化特色更加突出。设计师宋波纹携格物工作室，推出 3D 打印作品“十二水灯”（图 7）。设计师将中国传统绘画的意境与“格物致知”的思想相结合，用现代制造技术将文化的传承以全新的方式呈现出来。与机器生产和手工制造相比，3D 打印技术少了诸多的限制，例如复杂的造型，材料和设计的匹配等，并

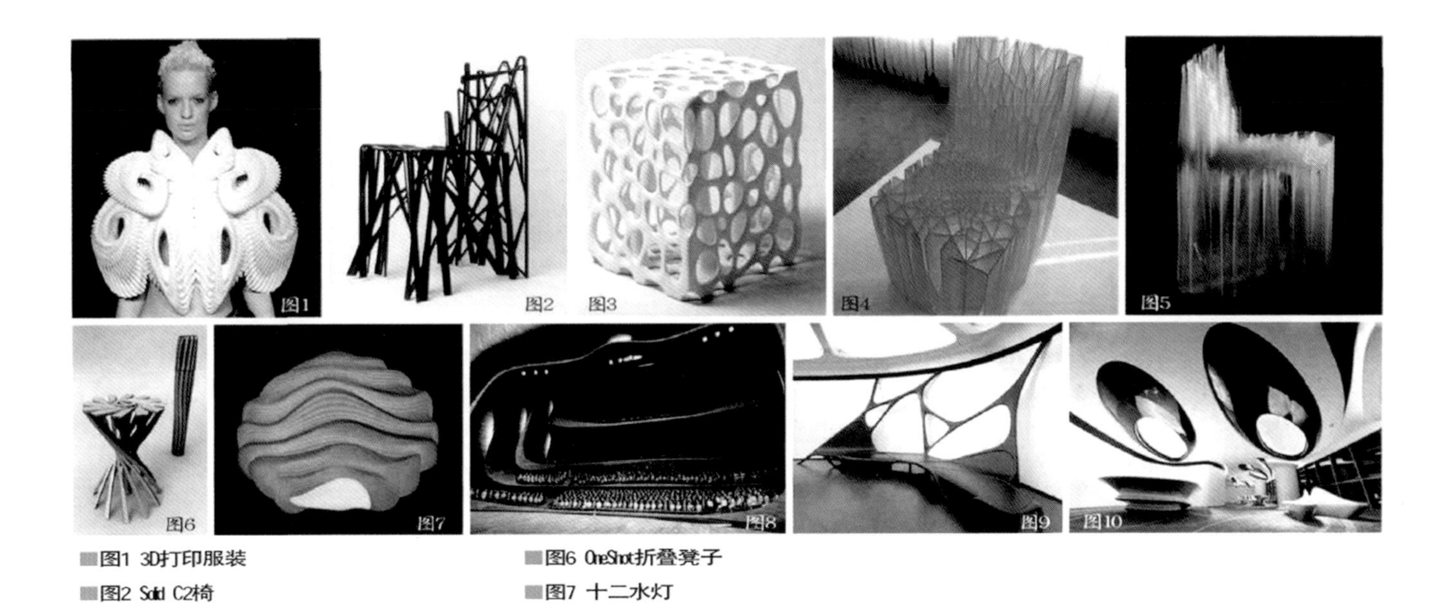

图1 3D打印服装
图2 Solid C2椅
图3 Solid T1边桌
图4 Solid系列
图5 Solid系列
图6 OneShot折叠凳子
图7 十二水灯
图8 Heydar Aliyev Centre
图9 Mobile Art Chanel
图10 上海凌空SOHO

且它对于产品的制造更加接近设计本来的要求。

（2）室内空间及界面造型设计

谈到3D打印在空间设计中的应用，不得不提一个人，建筑女王Zaha Hadid，她的成功并非偶然，除了她的坚持，还有勇于挑战传统和积极创新的精神。扎哈抓住了时代的脉络，她尝试跨界合作，用新技术来实现自己的作品。灵动、自由、纯粹，这些特点只要见过她设计的人应该都会有很深的体会[5]。从室内设计的角度来看，扎哈作品的室内空间如果要和建筑整体有一个完美的匹配，从界面、家具、陈设等空间元素上都有较高的要求，制造难度大，且成本高。并且，室内部分的设计思路也要匹配建筑的设计思路和制造方式。Daniel Widrig Studio[6]是运用3D打印技术解决复杂建筑形态与室内空间协调问题的杰出典范。现今我们所看到的很多扎哈的作品都有Daniel Widrig参与其中。扎哈的Heydar Aliyev Centre（图8）的室内部分就由他的工作室完成，另外为人所熟知的还有香奈儿移动艺术之旅（Mobile Art Chanel）（图9）的室内部分。从图中可以看出，空间内部为了配合建筑整体造型，从界面到家具都为曲线型结构。当然这些造型和产品并非都是通过3D打印来实现，但未来3D打印必将是此类建筑实现的主流技术。在国内，也有许多扎哈的作品，2014年全面竣工的上海凌空SOHO就是其一（图10）。其租赁样板间借由最新的3D打印技术进行设计和加工。空间各界面的曲线相互辉映，形成风格上的统一，家具造型新颖且满足功能需求，地毯的图案和颜色通过数字模型直接编织制作。整个样板间风格统一，环境和谐。

2.2 在室内设计过程和施工中的应用

试想象一下，在若干年后的某一天，作为室内设计师的我们在云网络上收到某客户的私人定制设计制造服务。出于对高迪建筑的狂爱，客户要求将自己的住所打造成迷幻浪漫的后现代主义风格，并且希望将自己设计的图案运用到空间界面上。工程预计在一星期内完成，3D打印机和电脑将陆续进驻施工现场，随时准备开工。计算机根据设计师的设计稿进行相应的模型下载，并负责控制机器。喷嘴进行扫描，根据设计蓝图，挤出混凝土和一些建筑合成材料。随着室内界面的慢慢成形，墙壁呈生动的曲线形，装饰着自然界中才有的图案，精美复杂的镂空贯穿其中。在这之后是配套家具的打印。客户也许会感叹，如果在一百多年前，高迪的那个年代有3D打印机这样的设备，圣家族大教堂应该不会今天仍未竣工。

随着3D打印机在物质结构、材料和活性上的智能控制水平的提升，以上的一切在不久的将来都将切实地发生在我们的生活中，改变室内设计的过程和最终的方案实施手段。目前传统的室内方案设计阶段主要由设计方和客户方两方介入，过程中要经过多方沟通和方案的多次修改。进入方案实施阶段，施工方为主要负责部门，前两方进行监督。这一过程中会涉及建材采购、预算支出、软装配置和后期验收保洁等步骤，耗费大量人力、物力，并且必会造成一定的材料浪费。3D打印技术的应用会对室内设计过程进行很大限度上的优化。目前已有很多3D打印模型共享网站，设计师们可以将自己的方案、模型上传进云网络，进行共享。客户不必再苦恼昂贵的设计费或者千篇一律的设计，所有模型都可以进行私人定制，根据空间的特点、客户的要求以及最适合的人机工学方案。在方案实施过程中，可以先打印小型模型观察效果，检测其结构性能和可实施性，然后预算出制造成本。从经济环保的角度讲，制造过程中3D打印机会自动控制材料的使用量，避免不必要的浪费。

美国纽约康奈尔大学胡迪·利普森实验室已研发出桌面3D打印机Fab@Home。从家用3D打印机的发展趋势来分析，只要下载或购买相应的模型，我们就可以在家中自己打印我们想要的家具或陈设品。3D打印技术不再为设计师专属，它们从设计公司和工厂走出来，走进我们的家庭和生活，让每个人都可以参与到室内设计的过程中来。这一点与3D打印机的时代意义完美切合，即全民参与设计——分享与共享[7]。

3 3D打印技术在室内设计应用中的问题及展望

就目前3D打印技术在室内设计中的应用情况分析，其在本行业内的普及仍受到3D打印机自身性能、打印材料、成本、精度等诸多因素的限制。现阶段的应用主要在家具以及家居用品等较小形态的设计当中。空间界面的打印对3D打印机和建筑材料的要求较高，在满足工程使用要求方面仍需要进一步的提高。今后3D打印技术与互联网技术、云技术的结合会更为紧密，实现设计成果的开源共享。与此同时，设计师的设计产权保护、消费者权益责任保障、资源利用和环境保护等问题都应该一并考虑。在未来，3D打印势必会影响我们的设计思路，并且改变我们的制造方式。

参考文献

[1] 张乘风．室内设计批评的理论与应用研究[J]. 家具与室内装饰，2009.8.

[2] 胡迪·利普森.3D打印从想象到现实[M]. 北京：中信出版社，2013.4.

[3] 王雪莹.3D打印技术与产业的发展及前景分析[J]. 中国高新技术企业,2012(26).

[4] 张莹．打印出一个三维世界——谈3D打印的发展和工业设计的关系[J]. 天津美术学院学报,2013.2.

[5] 王康，方舟．札哈·哈迪师法自然的设计大师[J]. 家具与室内装饰，2008.9.

[6] 陈学霞.3D打印，物化的艺术[J]. 缤纷Space,2013.8.

[7] 克里斯·安德森．创客新工业革命[M]. 北京：中信出版社,2012.11.

艺术设计促进家庭和谐的可行性研究

张睿智[1]　杨先艺[2]　1. 三峡大学艺术学院 ；　2. 武汉理工大学
《湖北社会科学》2014 年第 2 期

摘　要：良好的家庭关系能够有效地促进家庭成员间的相互认识和理解。室内环境是促进家庭关系的重要场所，结合中国古代设计哲学思想以及当代国内外的设计理念对室内设计进行探究后发现，能促进家庭和谐的室内环境必定是符合使用者的行为模式和心理特征的，同时它还照顾到了父亲、母亲和子（女）三者的需求。而这需要依靠空间布局、色彩、尺度、陈设、材料、照明等多种手段的综合运用。

关键词：设计哲学思想；家庭和谐；室内设计；设计伦理

一、中国古代设计哲学思想与家庭和谐环境

在中国古代，设计艺术哲学思想非常丰富，不仅“文以载道”、“诗以言志”、“乐以象德”，而且设计之物也能载道、言志。在《易传·系辞上传》就有：“形而上者谓之道；形而下者谓之器”。“器物”不仅以形式语言的方式体现了古人对形式美的认识，更通过有形之“器”传达无形之“道”，从而突破了“器物”的普遍物质意义，达到了追求人生价值的精神意境。这使得一切事物仿佛都可以通融，都可以导向符合于社会伦理的道德，都可以通政、通神。对于中国造物文化来说，中国传统造物原则源于自然，即“外师造化”。

中国传统造物的第一个层次是从自然界寻找创意的源泉，将宇宙自然万物的形态法则通过模拟的方法运用到器物设计中，既可以作为形态的直接模拟，也可以作为装饰母题，模拟自然造化的神奇，如“观象制器”；第二个层次是模仿自然万物的运行规律，将这种规律运用到器物设计中，不仅要顺应“天时、地气”，还要“审曲面势”，顺应材质的加工特性；第三个层次是模仿宇宙的生命气息，将宇宙的生命韵律体现在器物设计中。

同时，中国传统造物的审美功能是通过产品的外在形态特征给人以赏心悦目的感受，使人获得审美愉悦。中国传统造物艺术是通过形态语言传达出一定的趣味和境界，体现出一种审美愉悦和审美功能。它体现在人与人的社会关系中，是社会的和谐有序；体现在人与自然的关系中，是天人合一；体现在人与物的关系中，是心与物、文与质、形与神、材与艺、用与美的统一。因此，“和谐”成为设计艺术中最为重要的一个方面。

古人认为人在自然中生卒，人的活动、情感都属于自然的一部分，应与自然社会保持一种稳定的联系，即和谐。“和”，本意指歌唱的相互应和，后引申为和谐。“一阴一阳谓之道”，在人思维意识的抽象化过程中，“和”具有辩证统一的属性，充满了生命运动之美。“大乐与天地同和”，显示了生生不息的生命力量。《中庸》曰：“致中和，天地位焉，万物育焉。”中国人崇尚“和谐”的世界观，能够以宽厚包容的眼光看待身边的万物，以兼容并蓄的精神将人与天地万物看作合而统一的有机整体，求得自然与人类的和谐共生。从美学角度看，这“天人”统一系统具有重要意义，它强调了自然感官的享受愉悦与社会文化功能作用的交融统一，形成了中华民族对自然性的塑造陶冶以及它对人性的生成倾向。孔子强调“乐同和”，乐的目的是社会的和谐，只有上升到伦理道德的境界，才能达到人性的自觉，实现真正的和谐。礼是社会等级秩序，更是一种直接的社会道德规范，“礼乐”中包含了深刻的伦理意识。以至于商周时期出现“物无礼不乐”、“钟鸣鼎食”的景象，而“编钟”代表了不可动摇的威严崇高的伦理精神，这种伦理的道德观深深影响到中国传统造物活动，使造物不仅强调功能的满足、形态的审美愉悦，还强调以明喻或暗喻的方式感化人，提高人的伦理道德情操。

在古人看来，宇宙运行、阴阳变化、四时交替等都有内在的自然规律，认为人们的各种实践活动，从修身到治国平天下，都要顺应自然的规律。《老子》中“人法地，地法天，天法道，道法自然。”指的是人效法于地，地效法于天，天效法于道，道效法自然。“道法自然”中的“自然”不仅是自然界的意思，还表示世界万物的自然本性和规律性。而“天人合一”是中国人和谐自然观的最高境界。“天人合一”，即人们的生产活动和社会生活应当顺应宇宙的自然规律，从而达到人与宇宙自然万物和谐相处、共同发展的目的，包含着对主体心理情感与外界事物同形同构关系的理念，它是几千年来历代艺术家、工匠所遵循的美学原则。在中华民族几千年的文明当中，与自然和谐相处的观念源远流长。我国传统的木结构建筑就与西方社会的石建筑完全不同，木材象征万物的生生不息与自然轮回，这与道家宇宙观的渗透密不可分。此外，古代农业社会中大量的生活用品和生产工具也都是在自然材料的基础上进一步加工与制作的。如制陶用的天然陶土、制作酒壶的葫芦、各种竹制容器和木制家具等。老子所崇尚的“美”必须符合“道”的原则，后来庄子将其归纳为“天地有大美而不言”，而这一思想在古代园林设计、建筑设计、室内设计中都发挥了重要作用。

在造物艺术中的色彩研究方面，众多的文艺作品都有所反映。例如，南朝刘勰的《文心雕龙·物色》篇章中就有“春秋代序，阴阳惨舒，物色之动，心亦摇焉”的词句。其中的“物色”指的就是万物的色彩，整句的大意是说，一年四季景物（环境）的色彩变化，表现出不同的景致，而客观事物色彩的改变与人的心灵之间也会产生关系，使观景之人的心境随着景色的改变而改变。应该注意到的是，观景之人心境之变，并非是机械地对景物的反应，而是他主观的心灵以及生活情感对客观之景作出的能动反应，这指明了色彩与人情感之间的微妙关系。现如今，在日益繁华、喧嚣的都市中，人们在经历了一天的忙碌之后，希望回到家后能够感受到宁静与安详，能够回归一种质朴的生活氛围，以此来平衡内心的情绪。逐渐地，简约、质朴的室内设计风格变得流行起来。而这种风格的配色设计与《周易·贲卦》中“白贲”美学思想一致，宗白华在《美学散步》

中说："贲本来是斑纹华采，绚烂的美。白贲，则是绚烂又复归于平淡……中国人作诗作文，要讲究'绚烂之极，归于平淡'。所有这些，都是追求一种较高的艺术境界，即白贲的境界"。[1](p45)"白贲"这种室内设计风格体现的是中国传统的朴素的审美观念和审美意识。将"白贲"美学融入室内设计中能够营造出对空间内涵以及空间体验等深层次的需求，促进人们对自然之美的认识，有利于人类社会的和谐可持续发展，以及人与自然的和谐相处。

除了色彩，中国古代对于装饰也是非常地重视，从顶部的藻井桁椽、梁架柱枋，到壁面的墙板门窗及底部的门槛、地面等等，都很有讲究。文震亨在《室庐》一文中写到"古人最重题壁，今即使顾、陆点染，钟、王濡笔，俱不如素壁为佳"[2](p26)，其意思是：古代的人非常重视对墙壁的装饰，而到了今天（明代），即便是拿顾恺之、陆探微的绘画作品或是钟繇、王羲之的书法作品作为墙壁的装饰，都不如简洁、朴素的墙壁好。这说明，室内装饰是具有时代特色的，古代人普遍用书画、诗词题字来对室内墙面进行装饰，到了明代末期，人们发现之前的装饰形式有碍于室内空间的整洁，因而提出"素壁为佳"。由此可以看出，室内的装饰、陈设对于室内空间效果的影响，以及人们的心理与情感在其中的作用。

具体来讲，古代的室内装饰有着以下几方面的特征。首先是变化与统一的关系。室内装饰及家具陈设，不但内容丰富，而且形态烦琐，如柱头、马腿、雀替等部件，雕刻得十分细腻，有的还加上彩绘。可是这些装饰却十分统一，有统一的线形、统一的收头处理、统一的肌理关系。其次，家具陈设与室内装饰之间的统一。有什么样的装饰风格，就有什么样的家具陈设。例如苏州园林网师园的看松读画轩内，梁柱顶面以及隔扇挂落、花格窗棂、金砖地坪，看起来甚具文士气质。其中家具陈设，也是同样的风格，明式家具、梁上宫灯、长几上置盆花看上去十分简约文秀。再次，具有宜人的尺度。壁面陈设之物，其大小高低，既符合装饰空间的大小，而且也符合人的观赏尺度。最后，符合社会文化的需求。这里指的是社会伦理、宗教和民俗诸方面。例如堂屋中堂的前部多设挂落，这不仅起美观作用，而且具有社会伦理或礼仪功能：若主人在堂，有外人来求见，须先站于挂落之外，"有请"后才能进入。

另外，中国传统造物思想看重器物材料的自然美感，造型尊重材料自身的规定性，主张"理材"、"因材施艺"，要求"相物而赋形，范质而施采"，要求"审曲面势"，工艺要"刀法圆熟，藏锋不露"，返璞归真，保存材质的"真"和"美"，这使得中国器物展现出自然天真、恬淡优雅的趣味和情致。同样是在《长物志》的《室庐》篇章中，对于室内设计中材料的选择也有相应的论述。"室高，上可用窗一扇，下用低槛承之。俱钉明瓦，或以纸糊，不可用绛素纱及梅花簟。冬月欲承日，制大眼风窗；眼径尺许，中以线经其上，庶纸不为风雪所破，其制亦雅，然仅可用之小斋丈室。"[2](p36)在中国古代，对窗户的设计非常讲究，窗户不仅要有各种形状的装饰，还需要具有审美功能。尤其值得关注的是，在文震亨的这段文字描述中，他非常重视纸和蛎壳在窗户中的功用，它们不仅价格低廉，是家常物品，而且还能够起到透光的效果，而在纸上进行装饰绘画，还能将功能与审美结合起来。为应对季节的变化，纸这种材料又具有其他材质不一样的灵活性，让室内的环境能够随时变化。

因此，我们能够这样理解：设计与材料，一种是观念，一种是物质，但它们之间却相互关联。材料是室内设计得以实现的基础物质，也是室内设计风格中最具视觉效果的体现，各种不同色泽、质感的材料构成了室内设计文化中最生动的一笔。这与西方学者所言的"所有不同种类的材料都服从于某种定数，或者说都要履行某种形式的天职。它们都具有统一的色彩和肌理。它们唤起、限定或发展着艺术形式的生命。"有着相通之处。[3](p22)因此，在构成室内空间环境的众多因素中，各装饰材料的色彩、质感展现出的形式对人的心理起到重要的作用，亲切、温馨的材料会让人更有家庭归属感。在材料的使用方面，要遵循材质的规律、顺应材料的特点，《考工记》中"审曲面势"，就是此意。最后，设计中除了需要"材美"，即选择合适、自然的材料，还要做到"工巧"即是对器物形态进行加工制作，它代表了人的主观能动性，使器物制作得精致，式样新颖、高雅，不落俗套。在工艺上，材料的不同性质和特征，往往会决定不同的造物品类和与之相适应的技术构成。中国古人的"工巧"是与"天时"、"地利"、"材美"结合起来的，体现了"天人合一"的设计理念。在这种思想的主导下，中国传统造物观是人与物的合一，物与自然的合一，从而达到人、物、自然的合一，使人们在器物合目的性、合规律性中得到审美感受，创造出和谐的生活环境。

二、外国近现代设计思想与家庭和谐环境

英国著名建筑理论家约翰·罗斯金在《艺术演讲》中明确提出了艺术的三项功能"：①强化人的宗教意识；②完善人的伦理形态；③给予人以切实的帮助。"[4](p46)而"设计是将视觉艺术与其他理性活动相互联系的路径。可以说，它是人类心智的基本能力：它'发端于智力'，并'从众多事物中得出一种普遍的判断力'……设计是'理解整体对于各个部分，各个部分互相之间以及相对于整体的比例'，让我们在表面随意的事物中看到内在的秩序。"[5](p71)从中可见设计、艺术、人三者之间的潜在关联。促进家庭和谐关系的室内设计就是要将设计的艺术风格，使用者的个人特征、需要及所具有的社会属性，空间的色彩、造型、肌理等三者之间的关系按照促进和谐人际环境关系的目标，重新加以组合以同时满足父母和子女"舒适、美观、实用"和伦理性的需求，最后实践在空间环境中。

在现代主义设计运动中，对和谐居住环境的创造有着更具体的实践，不少设计理念沿用至今。现代主义设计运动思想传到美国后，美国人对欧洲设计理念的崇拜发展到极致。但美国设计在吸收先进的设计思想之时，并没有放弃本国的特征。其中，被誉为美国本土建筑开创者的弗兰克·赖特就提出了"有机建筑"的理念和草原风格住宅。在进行室内设计时，赖特注

意环境与建筑的关系，注意室内空间的自由、舒展，以形成和谐的整体空间。同时，在选材方面，合理地保留自然材料，以协调室内外环境，另外，略带倾斜的较低顶棚设计能够带给人以安全感。他的这种和谐建筑室内外设计的思想与黑格尔的美学思想不谋而合。黑格尔认为："和谐所牵涉的不是单纯的量的差异，而基本上是质的差异。这种质的差异不再保持彼此之间单纯的对立，而是转化到协调一致，才有和谐……说得更精确一点，和谐须假定一种包含各种差异面的整体，这些差异面按其自然性质是属于某同一范围的。"[6](p319) 赖特正是结合了美国中西部自然环境的特点，在尊重自然、突出建筑新颖性的基础上，使建筑室内外和谐地融为一体，成为自然的一部分，进而带给居住者优良的居住空间。

设计中，一切功能的开发都是以基本需求为目标的，然而在诸多的设计作品中，尺度往往是容易被忽视的要素，但这恰恰是家庭环境意义的保证。尺度是指人们在一个空间中所体验到的心理上和生理上的综合感觉，是人们对空间环境及其环境要素在大小方面进行评价和控制的度量。不同的行为定义了不同的空间，在符合基本比例尺度的前提下，室内空间可以有无数灵活运用的分配方式，但应考虑在不同使用空间中，空间尺度需适宜大多数人，并保证人们家庭活动的安全性。现代主义著名建筑师勒·柯布西耶就对建筑以及城市规划有着深刻的研究，在他的名作《走向新建筑》中提出了住宅是"居住的机器"观点。他的首次城市规划实践是在印度的昌迪加尔进行的，城市中的建筑设计都采用了粗糙的混凝土预制件修建，带有粗野主义风格，而整座城市规划得非常严谨，突出立法、行政、司法三座建筑，他将自己的知识分子理想主义的设计理念完全展现出来。但是，在他设计的城市规划中，没有将当地人的生活习惯、情感以及文化背景等因素考虑其中，无视了当地人的"心理尺度"，使得昌迪加尔人感到不适应，最终导致整个设计的失败。从柯布西耶的设计实践中，我们不难发现，空间的尺度对于人心理、情感的重要性。

具体说来，人在室内环境中，不同的空间会给人以不同的心理暗示。例如，狭小方正的空间布局紧凑精致，会让人产生归属感，但如果房间结构的布局形式设计得不合理，反而会因为狭小而使人感到压抑。相反，宽敞通透的空间明亮开阔，会给人以舒适感，但过大的室内空间会让人感觉渺小、空旷、孤独，容易让婴幼儿没有安全感和亲切感。同时，室内家具的造型和体量也需要满足人的合理尺寸，并同整个室内空间之间的视觉产生协调的比例关系、主次关系。产品首先要基于尺度，其次才是一些造型法则的运用和融合，如亲子产品在尺度上设计上应尽量灵动、小巧，以迎合儿童内心的童真、可爱与活力，并加强可操作性，使父母尤其是儿童能够驾驭，使其在心理上有满足感。

罗斯金在《建筑的七盏明灯》的开篇就说道："建筑是一种艺术，它为了某种用途而对人类建筑的屋宇进行布置或装饰，使得人们看见时，在精神健康、力量和愉悦方面有所收益。"[7](p1) 人们在感受空间环境的时候，色彩是最先闯入视觉的要素，当色彩环境与人的生活方式和审美情趣产生共鸣时，就能够使人产生舒适感和愉悦感。

现代研究表明，色彩的纯度、明度以及色相的变化能够对人产生相应的生理和心理影响，而恰到好处的色彩设计，则会给人以积极的感受以及美的享受。有学者就曾指出"视知觉并不是对刺激物的被动复制，而是一种积极的理性活动，视觉感官总是有选择地使用自己。"[8](p47) 所以在室内设计中，设计师能够通过不同的色彩来区分不同的区域，同时体现出室内空间的整体感和秩序感。一般来讲，色彩的配色对室内设计来说至关重要。设计师可以按照性别、年龄以及周围环境来进行配色。如，以女性生活为主的室内环境设计常使用以红色为中心的暖色系色彩，以男性生活为主的设计常用以蓝色为中心的冷色系色彩，而以婴儿或是儿童生活为主的设计常用高明度、高纯度的色彩进行搭配使用。从周围环境对室内设计的影响来看，地处寒冷地区的人更倾向于使用暖色系色彩给人以柔和、温暖、明朗的心理感受，而地处温带和热带地区的人更倾向于使用冷色系色彩搭配来给人以清爽、凉快的心理感受。

除了尺度、色彩外，对于装饰的研究也有所变化。如何欣赏、理解和创造陈设的美，有许多只可意会、不可言传的因素。总的来说，如果能够准确认识到陈设的作用并使其在空间设计中发挥它的作用，必将会创造出丰富多彩的家庭空间。

在现代家庭中，室内陈设设计是室内装饰设计的延伸产品，是室内设计的关键环节。一个有生命力的设计，既离不开深厚的内在文化底蕴，也离不开对使用者无微不至的关怀。室内的陈设包括家具、窗帘、地毯、家电等，大多数兼具陈设和装饰的功能。

室内的陈设和装饰均以视觉的形式展现出来，它们的线条和色彩都能成为影响人心理和家庭氛围的因素。美国学者布洛克在其著作中说"线条、色彩以某种特殊的方式组合成某种形式或形式之间的关系，激起我们的审美情感。这种线、色的关系和组合，这些审美的感人的形式，我称之为'有意味的形式'，此乃是一切视觉艺术的共同性质。"[9](p147) 在室内设计的装饰和陈设设计时，首先需要满足人们的使用功能需求，需要以创造出优良的室内生活环境为目标，根据居住者的生活习惯进行科学化、合理化、人性化、舒适化的布局。其次，在满足精神功能方面，室内设计师需要依据人的视觉意识、心理感受等来创造符合居住者的审美"形式"。通过对审美"形式"的创造，室内陈设、装饰具备了影响人情感的功能，使室内设计能够具有表现设计师思想、文化内涵以及改变家庭人际环境的功效。最后，室内陈设和装饰的设计需要结合现代的技术与方式。室内空间的创新和其感染力的产生与技术之间是不可分割的，它们之间相辅相成。新技术的使用能够把传统而朴素的材料变得富有时代感，符合当代人的心理需求。在我们生活中，不难发现样式新颖、功能各异的各种装饰性陈设总是父母和孩子注目的焦点，这归结于人们渴望通过陈设创造出温馨、舒适和人性化、情趣化的生活环境。越来越多的设计都在尽力鼓励亲子间的情感交流。这些有趣的陈设像一个大版的亲子玩具，既是家庭中的装饰，同时也有力地拉近了家庭成员之间的关系，促进孩子与家长共同成长，和谐相处。

三、室内设计与家庭和谐的关系

建筑师埃莫斯·拉波波特指出，即使对原始人来说，住宅也不仅仅是栖身之地。它是理想生活的象征，受文化控制的观念，它的形成主要是因为人们拥有的共同的目标和价值观念，而气候、材料和技术的影响则小一些。[10](p7) 在室内设计界，有关设计伦理的理论和实践越来越引人关注，设计被要求增加更多的人文关怀，赋予更深的人文内涵和情感内涵。日本室内设计师内田繁认为 20 世纪产生的物质主义的时代观将向柔性的创造性时代转换，也就是从物与物之间的相互联系转向“心和关系”的发展，是从“物”向“事”的变化，是从“物质”的时代向“关系（心）”的时代转变。同时他认为今后的设计将更加重视看不见的东西，重视关系的再发现，方法的追忆和内心的反响，将趋向综合性的设计方法。从中我们可以看到，未来阶段的室内设计的发展应注重实现人与人之间的交流，特别是情感的交流。

英国设计师赫伯特·施本色在《设计职业的职责》中指出：“设计师不应仅对经济作出贡献，而是要直接地对我们社会的健康与幸福作出贡献。”我国的艺术理论家更进一步地指出“艺术设计师直接设计的是产品，间接设计的是人与社会。人、人的外貌、生活方式的设计，是艺术设计师的真正目的。艺术设计受到文化的制约，同时它又在设计某种文化类型。艺术设计师通过设计新器物以改变文化价值。”[11](p16) 由此可以看出，室内设计师不仅需要使室内空间满足传统的实用、经济、美观三条基本原则，满足家庭需求的基本功能，更需要利用伦理因素和情感因素以促进家庭的幸福。亲子关系是家庭关系的重要一环，关注室内设计与亲子关系也是设计伦理功能和实践途径的重要体现。室内设计应该要更加注重情感的表达，适应人们追求生态、健康的情感需要，使人们在空间里进行活动时更舒适、更有效率。

四、艺术设计促进家庭和谐

在中国，有 3 亿多个家庭，每年又有 2000 万对青年组建新的家庭。家庭是社会的细胞，长期以来，中国政府高度重视家庭的全面、健康、和谐发展。十八大报告为和谐家庭建设指明了方向——“加强社会公德、职业道德、家庭美德、个人品德教育”、“引导人们自觉履行法定义务、社会责任、家庭责任”。

家庭是以婚姻、血缘或收养关系为基础的一种社会生活组织形式。它是社会的细胞，是社会生活的基础，通过家庭形成的各种关系是最基本的社会关系。家庭关系可以简单地概括为两种基本类型的关系：一种是纵向关系，包含代际之间的各种联系，如父母子女之间、婆媳翁婿之间以及祖孙之间的关系；另一种是横向关系，包含同辈之间的各种联系，如夫妻关系、兄弟姐妹关系、姑嫂妯娌关系等等。[12](p99) 在纵向的家庭关系中，亲子关系是最基本、最重要的一种关系。家庭关系的和谐与否不仅影响着整个家庭的气氛，而且直接影响着孩子的成长和发展，不良的亲子关系往往是子女出现心理问题的一个重要因素。在这样的家庭中生活的孩子会出现不健康的心理，他们容易抑郁寡欢，严重的甚至导致孤独症。而在家庭关系较好的家庭中成长起来的子女往往积极的情绪较多，更加自信和自尊。这在斯汀奈特和迪凡教授的调查报告中得到了充分的印证。他们对包括中国在内的 27 个国家的 2.1 万多个家庭进行调查，总结出了家庭幸福和谐的六大要素，即共享美好时光、彼此欣赏与关爱、积极沟通、共同承担家庭义务、培养共同的爱好和成功处理家庭危机。综观这六大要素，可以看出现代家庭对情感和谐的强势关注。[13](p103)

当今社会，设计作为提高商业竞争的强力手段之一，受到前所未有的重视。然而，人们对设计经济作用的重视，远胜于对其社会学方面的功能意义及影响的重视。人们也已逐渐认识到这种情况的严峻性，在设计领域不断地寻求出路。在这样的情况下，设计的伦理性要求变得重要起来，它重新建构了整个社会的价值体系。家庭关系作为伦理学的重要一支被设计人员所关注，却无从解决，他们迫切需要确切的理论指导。

通过全文的分析，我们认为在设计能促进家庭和谐的室内环境时不仅要考虑使用者的行为模式和心理特征，还要照顾到父亲、母亲和子（女）三者的需求。这需要依靠空间布局、色彩、尺度、陈设、材料、照明等多种手段的综合运用——空间布局要规划合理、家居色彩要搭配适宜、空间尺度要安排适中、装饰材料要运用准确、照明要温馨怡人。

综上，艺术设计促进家庭和谐的研究具备较高的可行性。加强家庭关系与艺术设计方面的研究会对现代设计的发展提供更多有益的启示。正如亚里士多德在《尼各马科伦理学》中所说：“一切技术、一切规划以及一切实践和选择，都以某种善为目标。”[14](p1) 我们期待未来的艺术设计能够更加注重伦理性，关注社会、关注家庭、关注交流。

参考文献

[1] 宗白华 . 美学散步 [M]. 上海：上海人民出版社 ,2012.

[2][明] 文震亨 . 长物志 [M]. 南京： 江苏科学技术出版社 ,1984.

[3]（法）福永 . 形式的生命 [M]. 陈平译 . 北京：北京大学出版社，2011.

[4]Fredrick Wiiliam Roe.Selections and Essays by John Ruskin [M].Charles Scribner's Sons, New York,1918.

[5][美] 罗伯特·威廉姆斯 . 艺术理论 [M]. 许春阳，汪瑞等译 . 北京：北京大学出版社，2009.

[6][德]黑格尔.美学:(第一卷)[M].朱光潜译.北京:商务印书馆,2012.

[7][英]约翰·罗斯金.建筑的七盏明灯[M].刘荣跃译.济南:山东画报出版社,2006.

[8][美]鲁道夫·阿恩海姆.视觉思维[M].滕守尧译.成都:四川人民出版社,2001.

[9][美]H·G·布洛克.现代艺术哲学[M].滕守尧译.成都:四川人民出版社,2001.

[10]丁英峰.浅谈现代室内陈设设计中的人文因素[J].东北师范大学,2006(5).

[11]凌继尧,徐恒醇.艺术设计学[M].上海:上海人民出版社,2000.

[12]叶文振,林擎国.我国家庭关系模式演变及其现代化的研究[J].厦门大学学报(哲社版),1995(3).

[13]杨雄,刘程.当前和谐家庭建设若干理论与实现路径[J].南京社会科学,2008(9).

[14]李砚祖.设计之仁——对设计伦理观的思考[J].装饰,2008(S1).

符号语境下的家具意象解读

张 华 湖南工业大学包装设计艺术学院

摘 要：从家具的符号特性入手，以符号理论为基础，结合语境关系理解家具意象的形成和表达。通过家具意象与符号之间的关系分析，明确家具意象的语境关系及其维度，探讨外部语境对家具符号的影响。符号角度的家具意象研究，能为现代家具感性设计提供新的研究思路和实现途径。

关键词：符号；语境；家具意象；意象解读

感性意象是产品设计中的一种重要研究方法，相关研究主要集中在怎样使产品愉悦人的感官，怎样使产品更适应人的感性特质，以及设计行为中的感性等议题。意象与符号系统同构的特点，是将意象运用于家具感性设计的前提，同时也为家具意象构成和表达规律的系统阐释提供了有效的途径。符号语境下的家具意象解读，将消解现代家具设计领域感性与理性的冲突，把相关感性要素更为理性规律地转换为设计中的可用信息。

1 家具的符号特性

符号是意义传达的起点，是一种具有表意功能的媒介物和表达手段，人们日常生活中的交互关系都是建立在符号的基础之上。

1.1 家具是一种有意义的符号

人们感知家具，首先感知到的是其物质存在形态，然后是家具所提供的物理功能，进一步则是家具所提供的精神上的审美享受和象征意义等。一块木头一旦被制作成椅子，它便同时拥有了材料物质之外的内容，即包含了使用功能与象征功能的意义。由此可见家具的存在形式符合了符号的双面体结构特性，即具有能指与所指的双重含义。家具符号包括了由家具的外形、材质、色彩等造型要素组合而成的形式结构，以及家具形式所传达的信息，如功能、使用方式、观念、意义等。前者属于能指内容，后者则属于所指内容，二者基于家具所处的历史背景和环境特征，在社会约定俗成的基础上来表达意义和体现特定思想。

家具符号是由简单符号发展而来的更为复杂和高级的符号系统。造型要素在不同的规则或模式下生成的不同符号组合，造成了家具意义的无限多样性。社会的发展、生活的变化、信息的复杂化、知识和想象力的丰富以及新的组合可能性的不断出现等，都不断丰富着家具符号的意义及其表现形式。

1.2 家具符号的三合一结构

家具符号意义的解读是具有动态实践性质的文化事件，是家具意象产生的基础和重要素材。参考皮尔士的符号“三合一”构造关系，可对家具符号内容作三个层面的划分：家具符号形式层、家具符号意义层和家具符号解释层，如图 1。

家具符号形式层的主要内容是家具产品的物质形式或外在特征，这些形式要素能对人的感官系统产生刺激，是家具存在的特征和认知的表达面；家具符号意义层主要包含了人们在感受符号刺激后形成的概念和印象，是符号表现出来的内容及其在符号系统中的作用；家具符号解释层是对符号的解读，来自设计者和使用者两个方面，解释的过程表现为符号的编码和解码的过程。设计者和使用者对家具符号大致相同的认知，是建立二者良好沟通关系的基础。

2 家具意象的符号解读

家具意象由家具符号和人类心理意象映射而成，由于产生意象的素材本身便具有符号性，意象应用和传递的过程也符合符号传递的规律。从形成来看，消费者与家具产品达成内心共鸣形成相应意象的过程，本质上是设计师运用具有符号特性的设计形式向使用者传递功能和情感信息，并被消费者成功解读的过程。因此，家具意象是一种具有符号性特点的心理元素。

人们通过头脑中的模糊意象可以联想到各种各样的其他关系，而这些关系在具体意象中通常是以符号的形式排列的，这些符号构成了带有理性组织规律的意象。或者说，一旦家具的形象传达或引发了其他的内涵，它就成了一种符号、一种被用户接受了的审美意象。以图 2（左图）中的鹿椅为例，当椅背上的鹿角造型、座板上的皮毛图样以及纤细的椅腿造型进入人们的视线，无需任何说明与思考，脑海中关于鹿的各种特征的模糊意象立刻被唤醒，进而人们会依据其关联对产品做出解读并生成相应的意象，与此同时产品创意带来的情趣感和精神愉悦油然而生。

家具符号是家具意象的基础，家具意象是家具符号的升华。家具意象是形式符号在人脑中的感性反应，是现实生活的形式表征和意义象征的融合。家具意象具有艺术符号象征性、多义性和隐含性的特点，在表征现实物象的同时更深层次地蕴含着一种流动的、与客观世界相呼应的内层含义。如图 2（中图、右图），天然木材的材色及其纹理特征是符号，观者意识中对自然生态和生命韵律的心理图景是意象；座椅荷叶状的造型是符号，人们脑海中挺立水面的秋日荷叶所展现的纯净、优雅和生命力是其意象。对于具体的家具而言，脱离了符号的意象会给人虚幻的感觉，让消费者无法理解其意义，而离开了意象的符号仅仅是纯粹理性的认知画面，与人们的家具审美和情感体验没有任何联系。

3 家具意象的语境关系

从家具的符号性可以看出，家具的意义并不局限于其形式与功能之间的简单关联，其内容更多是来源于其所处的现实环境，如人与家具的关系、文化背景和社会观念等。家具意象的研究离不开其存在环境中复杂的外在关系，语境关系的概念由此而提出。

图 1 家具符号的三合一结构
图 2 家具意象与符号
图 3 “徽州”大班台
图 4 中式、欧式与美式家具

3.1 语境关系的提出

家具存在的意义来自家具产品自身以及家具与其他物品、人、环境、社会、文化之间的互动，脱离了家具所处的环境，其意义无从谈起。也就是说，家具的意义已经超越了感知主体与产品的关系限制，存在于更为广泛而真实的外在关系之中，语境便是这些外在关系构成的环境。

语境源自语言学范畴，原意是指意义的承接。家具意象存在的语境主要是指非语言性语境，它涵盖了家具表达其意义时所依赖的各种主客观因素，包括时间，空间，主题，使用者的身份地位、需求目的、心理背景、文化背景等与家具使用和体验相关的内容。简言之，家具意象的语境是指与家具相关的外部条件的总和。

语境的介入对家具意象的形成和表达具有重要意义：一方面语境是家具意象产生的基础，是设计符号形式赖以生存的社会文化形态；另一方面又是家具意象认知的背景，体现了设计符号构成的家具意象与现实世界之间的联系。

3.2 家具意象的语境关系维度

对语境关系的狭义理解侧重考察其由于历史原因产生的传统观念、生活习俗和风土人情等地域特征，如建筑的语境理解就经常从历史文化的角度来展开。相比之下家具意象的语境具有更为广泛的意义，它不再局限于传统或记忆的继承，而是被引申为家具产品在时间与空间上与其他事物的联系，具有错综复杂、能动变化的特性。对家具意象解读影响较大的语境关系主要包含以下两个维度。

首先是历史维度的语境关系，具体表现为不同历史时期的具体文化、观念对设计者及其作品的影响，通过对纵向“前文本”影响的研究，获得对产品及相关文化传统的系统认知。在历史维度语境关系的影响下的家具，势必要体现当下文化与前代文化之间的对立统一关系。也就是说，现代家具产品中会不可避免地蕴含前文化的影子，体现出文化发展特有的延续性，而由于不同历史时期的文化差异导致的时间层面的对立与冲突，也会自然而然地出现在现代家具产品之中。

其次，语境关系及其影响更体现在现实维度，其内容小至产品群族内部的共性与个性关系，大至地域性文化差异对产品的影响。从现代家具来看，全球化与地域化的场景转换和对话性问题关系更成为当代关注的焦点。全球性的消费社会发展背景下，随之而来的是跨国、跨地域性的观念流通，不同的文化价值观念直接导致了日常生活的世界主义化，与此同时文化差异性成为受欢迎的商品形式，家具领域内众多以本土文化（Local Culture）为内涵、以全球市场为愿景的设计就是极好的例证，如图 3。

4 外部语境对家具符号的影响

从意象与符号的同构关系来看，家具意象可以理解成家具符号的表层面貌。家具意象的呈现除了与家具符号内部的组织结构有关外，还受到符号内在文化构造和外在语境的影响。家具符号的意象呈现是社会观念、流行文化和地域民族文化等深层次因素以及不同符号构建者、认知者群体共同作用的结果。研究外部语境对家具符号的影响，有助于理解家具意象的构成关系及其多元化表达。

4.1 社会观念对家具符号的影响

人们的意识及行为都是在社会观念限定的范围内发生，人与家具的存在和接触同样是发生在社会环境范围内，所以家具符号的意义表达和理解也很大程度地受社会观念的影响。

从现代家具的发展来看，各种家具符号在意义表现上的区别，正是不同时期的社会观念影响的结果。20 世纪上半叶充满挑战与革命的社会观念，对技术与科学的社会热情导致了众多经典现代主义设计的诞生，这一时期的家具符号表现为重功能、反装饰的纯理性表达；五六十年代，形式异化、大众化及娱乐化的观念兴起，出现了强调新奇与奇特、反主流文化的波普风格家具；70 年代开始，经济的发展、生活的改善使得社会观念日趋多元，激进设计、后现代主义、新现代主义等形形色色的设计风格此起彼伏，家具开始呈现出个性多样化的意义表达。

从现代社会来看，人们的思想意识和生活质量的要求都在发生巨变，各种新的思想逐一涌现并最终转换为新的社会观念，新的观念将对家具符号的意义表达和解读产生极大的影响。

4.2 消费文化对家具符号的影响

消费文化是社会文化的重要组成部分，它表达、体现或隐含了某种意义、价值或规范。对家具而言，消费文化的内容包含了家具产品本身以及对家具的选择和使用，直接体现了人们的生活方式和审美观念。家具符号的产生和意义解读很大程度上会受到消费文化的影响和制约。

在消费文化中，消费不再是被动的吸收和占有，而是一种建立关系的主动模式，更是人们表达自我和获得认同的重要途径。在这种情况之下，消费成了人与物之间的关系，而符号则成了物品中人际关系及其差异性的绝好体现。所以鲍德里亚认为在符号消费的世界中，要成为消费的对象，物品必须成为符号。现实来看也的确如此，无论是一把仿明式圈椅、一个Zippo打火机，甚至是一辆法拉利跑车，在人眼中都已不再是单纯的物品，而成了具有特定象征意义和价值的符号存在。在消费文化的语境中，人们对物品的符号性追求已经远远超过了对物品本身的功能性需求，家具产品的实用价值正逐渐被其象征价值所超越。

4.3 传统文化与地域文化的影响

家具符号受观念影响，所以不同的地域、文化背景使得家具符号创造过程会融入不同的文化观念，而观念的差异性势必导致家具符号从视觉形式到意义内涵的差异。

传统文化、地域文化与民族存在密切的关联，往往体现出民族在自身文化形态上表现出有别于其他共同体的特征，这种内在差异在家具符号上的体现较为明显。如图4所示，传统中式家具格调高雅、造型简朴、用材考究、色彩浓重而成熟，表达的是对清雅、含蓄、端庄的东方精神境界的追求；欧式古典家具则线条流畅、色彩富丽、艺术感强，讲究手工精细的裁切雕刻，追求一种华贵优雅的古典；美式家具源于欧洲文化并结合本国生活方式和特点，强调简洁、明晰的线条和优雅、得体的装饰，体现的是多元文化融合的精神，其风格多样、兼容并蓄。

传统文化和地域文化对家具符号的影响分别是共时性和历时性的文化语境影响，是人们的生活方式和思维方式中相对稳定的观念部分，即使是受到全球化趋势的影响，家具符号的意义编码和解码中的文化归属感都不会被彻底改变，现实中人们对本地区家具符号及视觉形式的偏好是一个极好的体现。

5 小结

从符号角度结合语境关系来理解家具意象的形成和表达，可以拓展家具意象的研究视野。通过充分把握家具与相关人、事、物之间的多元联系，可以开拓家具审美意象空间，细化家具感性要素构成及其相互关系，为现代家具产品的设计创新提供新的实现途径。

参考文献

[1] 余继宏，吴智慧．家具形态的符号学特性分析[J]. 艺术百家，2008(6):231-233.

[2] 刘文金，张华．家具造型特征定量模型的构建研究[J]. 中南林业科技大学学报，2011,31(2):1-6.

[3] 张凌浩．符号学产品设计方法[M]. 北京：中国建筑工业出版社，2011.

[4] 刘文金．丰富多彩——家具形态设计（二）[J]. 家具与室内装饰，2004(2):27-29.

[5] 刘雯雯．中国传统家具设计的符号化初探[J]. 家具与室内装饰，2010(12):22-23.

[6] 余继宏．基于符号学理论的家具形态研究[D]. 南京：南京林业大学，2009.

[7] 刘云，方学兵．从符号学角度解析徽派民间家具的陈设意义[J]. 家具与室内装饰，2011(8):46-47.

符号语境下的家具意象解读

李雪莲[1,2] 秦菊英[1] 王士超[1,3]
1．浙江理工大学艺术与设计学院；
2．南京林业大学家具与工业设计学院；
3．浙江领尚美居有限公司
《浙江理工大学学报》2014 年 6 月

摘　要：古代游具功能完善、形制优美且具有极高的文化价值。家具类游具是其中的重要组成部分，专供出游时使用。现代户外家具设计的发展较晚，由于户外家具区别于室内家具也区别于其他工业产品，缺少系统的设计理论和方法。通过对古代家具类游具的种类、用途、技术、蕴含的传统文化和民俗各方面进行研究，由古推今对现代户外旅游家具设计提出继承与发展的观点。为户外家具设计方法开拓思路，提高快节奏生活的现代人旅游中的舒适度和旅行品质，促进现代旅游业发展。

关键词：旅游家具；户外家具；游具；设计；继承；创新

旅游业是经济性的文化事业，也是文化性的经济产业，而现代旅游却过于看重经济效益，文化成为经济的附庸和工具。旅游用品设计多以商业性为主，缺少文化价值。若要形成健康的体验式、修学性旅游，必须关注内心感受、注重精神文化需求。古人在这方面显然比我们做得更完善。古人好旅游，尤其那些能歌擅画、品位非凡的文人墨客对出游甚是重视，他们为令出游更有兴致，常亲自参与游具设计，使古代游具不仅品种齐备、功能完善，且形制优美并具有极高的文化价值。

家具类游具对实用功能、艺术性和文化性均有较高要求，是展现物质和精神文化的重要载体，却尚未有学者专门对其进行研究。为了更好地继承和发展古代家具类游具，通过对其各个品种详尽分析，从实用性、文化性、艺术性、生活性和民俗性五方面研究如何继承其精华；并从功能性、物质技术性、科技设计方法和社会性四方面阐述现代旅游家具的发展方向。

一、古代家具类游具分析

古代游具泛指古人旅游时使用的工具。明代高濂总结明代游具有 27种之多，另两位文人屠隆和文震亨也分别著有《游具雅编》和《长物志》，对“游具”详细品评和解读。这些器物朴素、清雅，乃古代山人出行常用之物。其中一类为家具类游具，兼顾家具与游具双重身份。根据古代对家具种类的区分，文章将家具类游具分为坐卧类、凭依类和存储类三种，包括胡床、席、床、叠桌、叠几、叠椅、交椅，甚至延伸至衣匣、提盒等物。

（一）坐卧类

1．胡床

胡床（图 1）是一种便携坐具，可放可收，易于携带，易置于车、船内，是马扎的始祖。它由八根板条构成，两根横撑在上，用绳穿成座面；两根下撑为足，中间各两根相交叉支撑，相交处以卯钉穿心为轴。最早记载“胡床”是汉代应劭的《风俗通》，《风俗通义佚文·服妖》：“灵帝好胡服、胡帐、胡床，京师竞为之。”[1] 因其舒适性强，唐代称为“逍遥座”。随后人们加了靠背甚至扶手，可“倚”靠，“倚”谐“椅”，便称交椅，依然保留折叠功能。而宋官为秦桧设计的带托首交椅又称“太师椅”。明代皇帝喜出游，常用之“从臣或待诏野顿，扈驾登山，不能跋立，欲息则无以寄身遂创意如此……”，这些都说明胡床是古代常见的游具。胡床结构和功能甚精湛，宋人陶谷在《清异录》中称胡床“转缩须臾，重不数斤”。而它基于八根直材的造型与结构至今也未改变，直至今日仍是不可或缺之家具类游具[2]，令人无不敬佩其生命力。

图 1　胡床（北齐校书图局部）

2．椅凳

古代可携带的椅凳多为出游设计。明代文人身体力行参与家具设计，其中清人李渔设计了凉杌和暖椅两件多功能家具。暖椅（图 2）“如太师椅而稍宽……如睡翁椅而稍直……此椅之妙……凭几可以加餐……游山访友……”。暖椅是椅，可御奇寒；是床，可倚枕暂息；是几案，可凭几就餐；是轿，可游山访友。出游时，只要加几根横杠，还可以当作肩舆抬了走。构思新巧而缜密，功能多而不烦琐，令现代人也不免折服。而凉杌的杌面为空，内设一个空匣，四面嵌油灰，“先汲凉水贮杌内，……其冷如冰，热复换水……”，“约同志数人，敛出其资，倩人携带，为费亦无多也”[3]。这是调节温度的可携带坐具。

3．席

席是中国最古老的坐具之一，也作出游坐卧用具。《礼记·礼运》记载：“昔者先王，未有宫室，冬则居营窟，夏则

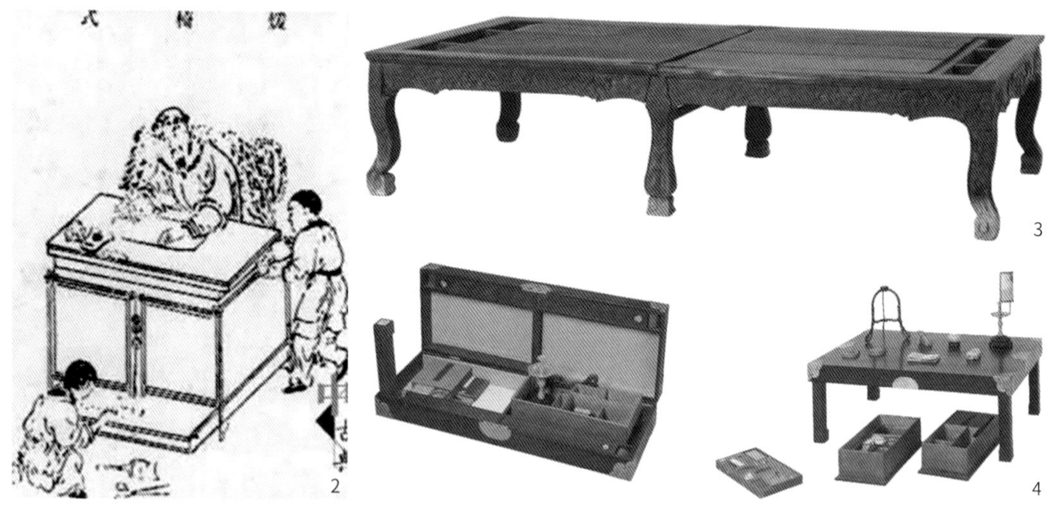

图2　暖椅
图3　故宫博物院收藏的明黄花梨折叠床
图4　故宫博物院收藏的清乾帝隆御用活腿文具桌

居木曾巢”，起初为日夜坐卧用具，周朝时，祭天地及婚丧、讲学、日常起居等在席上进行，后亦可为出行使用。古人对席的使用有严格规定，国君用簟席，大夫用蒲席，士则用苇席。历史流传曾子换席的故事，颇具典型意义。曾子认为自己不是大夫，临去世前坚持要求换掉不符合他身份地位的华美竹席[4]。可见席被赋予强烈的政治色彩，是代表等级地位、具有象征意义的家具。

4．床

“眠床”为出游时睡觉用，平时折叠收起成箱，是为折叠床。明代晚期文震亨《长物志》中提到的“永嘉、粤东有折叠者，舟中携置亦便”是关于折叠床的记载。故宫博物院收藏的明代黄花梨折叠床（图3），可折叠相合，腿装有金属转轴，能随时支起或放倒，于出游时使用，非常具有实用功能。[5]

（二）凭依类

1．叠桌

明代文学家屠隆在《考磐余事》中示人许多远足轻便器具设计，如：“叠桌二张，一张高一尺六寸，长三尺二寸，……作二面拆脚活法，展则成桌，叠则成匣，以便携带，……其小几一张，……列炉焚香，……以供清赏。”指出明代文人出游带两架叠桌，一用于饮食，另一稍小的用于专设香炉和花瓶。小桌收成匣后，香炉、花瓶等可收纳其中。即使野餐也要求相当高的品位，格调十分讲究。故宫收藏的清代乾隆皇帝御用活腿文具桌（图4）是叠桌与备具匣结合的家具类游具。用备具匣“关锁以启闭”的设计思路，通过合页打开放平或相对扣合；打开是桌，折起为匣，成匣后有多个套盒，放置文具、生活用具、书画、冠架、香炉等，还有拆装配件[5]。这些是实用功能与文化品位兼具的集大成设计。现代人对古代家具金属件的使用研究不多，实际当时金属构件已较发达，进一步为“溪山逸游”生活的风雅和舒适提供条件。

2．交足桌

交足桌与胡床形式相近，桌腿采用交足形式，两支脚下有横向足座、轻便稳定，可用作游具。明清时期在这种桌上支帆布遮光挡雨，是为现代户外带遮阳伞的折叠桌之前身。

3．叠几

宋代燕几、明代蝶几、清代七巧桌三者一脉相承，其“随意增损、聚散咸宜”，可置于室内或携带。宋代黄伯思《燕几图》以方形为基础，按比例制成大、中、小三种可组合的桌具，变化为25种体、76种格局。明代严澂又因《燕几图》而变通之，以句股之形，作三角相错，形如蝶翅，名曰蝶几。另有“匡几”为立体家具，层层叠叠（图5），堪称中国最早的模块化设计百变家具。

（三）存储类

1．衣匣、备具匣

明代屠隆还设计了可携带的“衣匣”，类似现代旅游所用的手提箱，以及“备具匣”，上浅下深，内装香炉、茶盒、骰盆、文房四宝、文具匣、茶盏等。

2．提盒

屠隆《游具雅编》中为郊游设计了轻便饮食用具“山游提盒”，提盒分层立格，可装各种食物、酒具、杯盘。外形小巧而多容善纳，不仅有格子和屉，而且格子有夹层、屉内有小盒，转轴结合、轻便巧妙。清乾隆年间扬州江增所制作的“游山具”与此相近，有一个扁担，绳子系在两端用来挑游山具。扁担两头的山具盒都分为上、中、下三层。游山具和山游提盒因费用昂贵，并未大众化，而与山游提盒同时兴起的攒盒却因适合普通人使用而快速流行。攒盒内分成不同形状的格子将各种食物集中，既可携带出游，也可在家招待宾客[6]。

二、现代旅游家具对古代游具的设计继承与发展

（一）古代游具的设计继承

现代户外旅游家具既无准确定义，也无人对其种类进行细分。作者将其总结为可以携带的专用于户外出行、游玩和垂钓的户外家具，如餐台、折叠桌椅、储存柜、野餐垫，甚至延伸至帐篷、户外厨具等。本研究通过以下几方面阐述现代旅游家具如何借鉴、继承和发展古代游具的优秀特质，为今所用。

1．实用性

古代墨子、管子都十分推崇造物中的实用之道。韩非子更

是把实用功能当成辨析物品价值的衡量标准，确定了设计以实用为主的观点。晚明文人也注重“经世致用”，将传统思想与生活实际结合，将审美与功能统一。明代晚期黄成的《髹漆录》、宋应星的《天工开物》、文震亨的《长物志》和李渔的《闲情偶寄》都是将工艺技术和艺术结合的书籍[7]。李渔在《闲情偶寄》的《一家言居室器玩部》中强调，“凡人制物，务使人人可备，家家可用”及“造厨立柜，无它智巧，总以多容善纳为贵”。这些都证明古代游具设计以实用为首要素，对确定现代游具的设计核心起决定性作用。

2．文化性

禅宗讲“悟道”成佛，在这种思想指导下，宋元两朝对日常生活很重视，并着意于创造形而上学、可与内心沟通的环境与生活方式。故为适应户外活动而设计的可折叠、轻便家具得到了发展。唐、五代时期由于受外来文化的影响，游具表现出很强的异域特征：或生动，或粗放，或稚拙[8]。宋代以后，审美又受禅宗影响发生了变化，游具以空淡、静雅的意韵取胜。明末旅游活动普及至大众，高雅的“仙游”和“士游”受到冲击。此时游具之品位成了文人最关注的。为了设计具有独特审美内涵和文化品位的游具，文人改变过去重道轻器的传统，亲身参与设计，乐此不疲，从而出现大量代表中国文化精髓之游具[9]。剖析这些中国文化精髓，对发展现代旅游家具有至关重要的作用。传统文化中“士气、风度、平素、节度、雅逸”等在现代家具中几近消失。因为在跟随国际潮流、迎合西方社会文化的同时，对中国传统文化精髓缺乏理解，对传统文人精神、民族文化缺乏传承，导致找不到自己民族的家具文化灵魂。现代旅游家具风格必须以中国本土文化背景为基础，风格不能主观臆造，民族的传统文化正是设计者创作的思想源泉。

3．艺术性

《游具雅编》、《遵生八笺》等著作，初评游具多看重实用性，用“佳”或“不佳”来形容，而后则变为以雅俗评之，目的是通过雅俗之辨，使文人与商人或平民的身份区别开来，同时也说明古代游具在文人参与设计的背景下越来越注重从物质中寻觅精神，不止要求实用，还要求获得美的享受，生活经由设计走向艺术化。古人对美的诠释有别于当今以西方美学为标准的设计原则，更多关注神韵、气质，体现内敛之美，创造出大量游具佳作。这对现代旅游家具设计起着重要指导作用。现代游具的艺术性较古时差，追逐快速、效率的目标，而忽视了艺术在旅游家具中的重要性；重视旅游的效率和旅游产业的利润，而对旅游者身心愉悦的深度需求考虑过少。设计现代旅游家具应从古人身上学习和借鉴，同时又要融合时代感、国际性和科技性，体现这个时代独有的艺术性。

4．生活性

陈继儒曾说，夸张的礼节和庸俗的游具与游历自然的目的背道而驰，游览之情趣只有文人才可领略，可见文人对出游十分看重。庄子曰“大巧无拙”、“大匠无雕”、“大象无形”、“大音希声”，讲究自然朴素之美才是理想之美，故古代游具设计重在体现轻便、整一、朴素的设计理念。不加涂饰绘染，

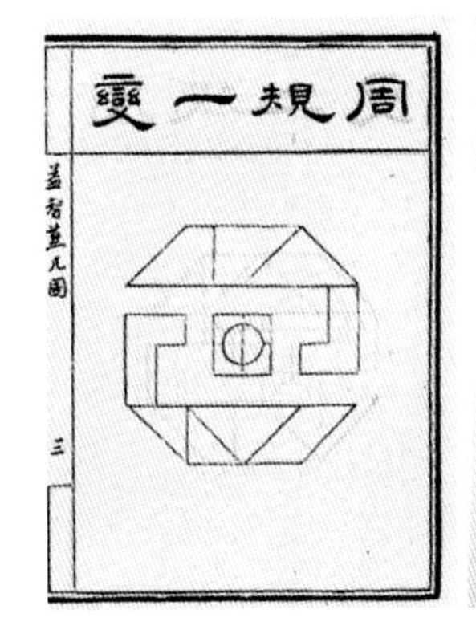

图5　燕几、蝶几

不事雕琢刻镂，才能保持家具的真实面目。文震亨认为设计必须按照本性进行“随方制象，各有所宜，宁古无时，宁朴无巧，宁俭无俗”。陶谷《清异录》记载了几种游具设计思想和制法：“出行如居家，一物不可缺，缺则不便”，文人设计游具多为融审美于实用，化人工于自然，逍遥自由。设计的游具看似随意，其实每一件都倾心缔造，这与文人对游赏这一生命形式的精神期待有关。从本质来说，旅游文化的核心是道家的超物象、任性灵，是庄子看重的逍遥自在[10]。而现代设计常因技术和生产力的发展模糊了设计的本质，丢失了自然、朴素、大方，也就是丢失了庄子所言的“真”[7]。现代游具设计师需要更关注旅行者内心世界的真正渴求，关注生命的本质和出行的本质。

5．民俗性

管子曰：“不暮古，不留今，与时变，与俗化。”家具与民族习俗息息相关。古代游具在这些习俗活动中，始终承载着民俗的内容、民族的感情。无论在情感或文化方面，民俗都承载着不同地区人们多年的生活习惯和美好愿望。如十里红妆家具代表一方水土的婚嫁习俗。而现代旅游家具则在民俗性上的体现极少，对于我们如此注重民俗的民族来说无疑是个巨大缺憾。

（二）现代旅游家具的设计发展

现代旅游家具设计除了要继承古代游具的精髓，还要根据现代社会特点进行创新与发展。现代游具主要设计要素包括：功能性、物质技术性、科学设计方法、社会性、美学性、经济性和精神文化性。与古代相比，现代旅游家具设计的独特性重点体现在以下几方面。

1．功能性

古代传统礼数对人的行为举止有严格讲究、束缚和规矩，某种程度上限制了使用的舒适性和功能的创新，而现代人生活节奏加快，生活多彩，旅游对象和旅游类型扩大，人们更关注舒适和休闲，更强调功能创新。

（1）旅游对象与旅游类型细分

现代旅游根据不同标准有多种分类，可按旅游对象、旅游类型、交通方式、消费方式等标准分类。不同的旅游目的所使用的旅游家具亦不同。文章重点从旅游对象和旅游类型

图6　手推移动厨房

两个角度分析。对比古代，现代社会旅游者范围大量增加，旅游目的也呈现多样性，因此旅游家具使用者需要被细分，可分为儿童、母婴、老年、情侣等不同类别的人群。根据这些群体的特殊性进行针对性设计，如老年人群的旅游家具设计需要考虑老年人生理的衰退、因年龄和生活习惯形成的各种需求，以及他们渴望被关怀但又不希望被看成特别照顾对象的心理特征，根据这些特点设计老年人适用的旅游家具。不仅细分旅游对象，旅游类型也同样需要细分，可分为郊游系列、爬山系列、钓鱼系列、露营系列等，相应的旅游家具需要根据不同系列进行功能细分来设计。

不同旅游类型所需旅游家具种类如下。

郊游系列：帐篷、睡袋、折叠餐桌椅、烧烤桌、餐垫、储物柜、吊床、户外遮阳工具、移动厨房（炉头、套锅、碗、厨具等）。

爬山系列：折叠桌椅、手杖、登山辅具、吊床。

钓鱼系列：折叠餐桌椅、钓鱼椅子、储物柜、吊床、户外遮阳工具。

野营系列：帐篷、睡袋、天幕、户外遮阳工具、折叠餐桌椅、烧烤桌、餐垫、储物柜、吊床、移动厨房（炉头、套锅、碗、厨具等）。

（2）舒适度要求

现代旅游家具的舒适度要求归纳有二：一是易携带，家具从结构到材料再到使用方式都产生了根本性变化，因此需要创造更轻便的旅游家具；二是有效利用空间：需要通过各种收纳与折叠等方式使家具具备“使用状态”与“非使用状态”两种存在形式，减少“储藏”空间。

（3）功能创新与拓展

功能创新离不开科技，发达的科技帮助我们实现了古人无法想象的功能。例如旅游家具可增加音乐和视频功能，可以用USB加热或自发热材料通过汽车电源加热或冷冻食品。图6是具有储物柜、微型冰箱、收缩砧板、铁板炉头等功能的手推移动厨房，可通过红外感应系统让户外烧烤、煮、烹饪简单方便。

2．物质技术性

现代旅游家具通过现代材料、结构和现代化制造工艺实现功能与成本的最优化，方便用户使用。

（1）现代结构：包括各种新型折叠结构、模块化可拆装结构、弯曲木结构、充气结构和滑轮结构。通过这些结构可以最大限度地满足旅游家具便于携带和有效利用空间的需求。

（2）现代材料：现代材料包括金属、塑料、竹藤、纸质、帆布、陶瓷等材料。家具根据材料的特有性质进行相应的功能需求设计，如运用金属、纸质材料和帆布可以减轻家具重量，塑料和竹藤等材料具有防水功能。

（3）现代工艺：可以通过数控加工中心等设备生产、加工家具，并通过现代表面处理方式使家具具备防水、防腐和防蛀等功能。

3．科学设计方法

游具设计需要遵循现代科学设计方法，产品要符合人体工程学，不再单靠经验设计；要符合以人为本、易用性、情感化等设计原则；同时要根据产品语义学设计符合人们思维习惯的产品，使产品功能便于理解与识别。如一件折叠家具的把手设计要使人们可以很快通过经验判断其位置和用途。通过各种科学设计手段理性设计产品是现代游具设计必须遵守的准则。

4．社会性

随着科技发展，人们在改造世界、营造便利生活环境的同时产生了资源短缺和环境破坏问题。设计师不仅要考虑产品设计本身，还需要承担社会责任。因此，现代游具设计必须从产品制造过程到销售、用户使用、回收等各环节符合绿色设计和可持续设计原则，达到环保性及资源利用的合理性。

综上所述，现代旅游家具设计要在传承中发展，在发展中继承。继承古人留下的文化遗产，取其形、传其意、得其神。结合现代文明得以发展，不断向新的事物和时代挑战，开发新的设计观念。进一步提高现代人旅游中的舒适度和旅行品质，促进现代旅游业发展。

参考文献

［1］柏冬友．中国古代家具浅谈［J］．海内与海外，2007，192（8）：68-71.

［2］黄清敏．正史中的胡床及其变迁［J］．湖北民族学院学报：哲学社会科学版，2010，28（5）：83-89.

［3］Liu Xing．中国历代文人对家具设计的染指［EB/OL］．［2008-09-24］．http://www.dfsc.com.cn/dictionary/2008/0924/Content_3390.html.

［4］胡文彦于淑岩．中国家具文化丛书——家具与诗词［M］．石家庄：河北美术出版社，2002.

［5］孟晖．携得叠桌好逸游：乾隆的活腿文具桌［J］．紫禁城，2012，204（1）：102—105.

［6］伊永文．浅谈明清饮食器具［J］．商业经济与管理，1991，46（02）：74—75.

［7］胡俊红．中国民俗家具与民族风情略论［J］．家具与室内装饰，2007（12）：20—21.

［8］古典家具网．庄禅思想影响下的中国传统家具特征［J］．装饰，2007，166（2）：86—87.

［9］秦菊英．浙江区域特色的游具设计与策划［J］．南京艺术学院学报：美术与设计版，2011，134（2）：82—86.

［10］邱春林．古代文人的游兴与游具设计［J］．南京艺术学院学报：美术与设计版，2008，116（2）：105—106.

基于城市中低收入青年家居产品设计研究

武子晗 宫浩钦 北京航空航天大学新媒体艺术与设计学院
《家具与室内装饰》，2014/01

摘 要：人们以家居产品作为媒介来使用建筑空间，在有限的空间内通过室内设计、家居产品体会到一种时尚舒适、功能齐全的居住感受。本文通过对城市中低收入青年的生活形态、环境的分析，结合目前针对城市中低收入青年家居产品的不足性，分别从功能形态、视觉造型、材料选择三个方面总结出迎合城市中低收入青年的消费需求的家居产品设计。

关键词：城市；中低收入青年；家居；产品设计

随着 2013 年新国六条、国五条明确指出加快中小套型普通商品住房项目的供地、建设与上市，尽快形成有效供应；并在符合信贷条件的前提下，银行业金融机构对中小套型住房套数达到项目开发建设总套数的 70% 以上的建设项目优先提供贷款需求等政策公布。可以看出在居住建筑设计领域，中小户型取代大户型居住建筑势在必行。因此，既能迎合新的政策要求，又能顺应市场需求的居住建筑产品将成为设计趋势和热点。

人们以家居产品作为媒介来使用建筑空间，在有限的空间内通过室内设计、家居产品体会到时尚舒适、麻雀虽小但五脏俱全的居住感受。因此探究有效节省空间的设计方法在当下时代背景下具有很大的现实意义。

将城市中低收入消费青年作为目标定位人群，在经过深入调研分析后，指出目前国内家居市场还未得到充分考虑与完善的问题，从功能形态、视觉造型、材料选择三个方面总结出迎合城市中低收入青年消费需求的家居产品设计。

1 城市中低收入青年生活形态及购买趋向分析

通过对大量的案例进行比较分析，将城市中低收入青年消费人群定位为：在大中型城市生活、工作并拥有一定的文化水平，工作时间不长，收入处于中等或暂时积蓄不足，年龄在 20~35 岁左右的青年人[2]。此类群体的生活特点大致具有以下方面 ：

（1）工作时间短，初期收入不高，居住空间较小，若没有家庭的支持，多数没有购房的能力。

（2）一般定点居住年限较短、流动性较大；会随着工作变迁、收入增长与家庭人数变化等因素而改变居住环境。

因此在选择家居产品的原则上会强调产品空间的兼容性，因为受到面积的限制，室内空间的功能分区不可能有着很明确的界定，不同功能的空间相互兼容是不可避免的。如在单身户型中，客厅、餐厅、卧房等均被安置在同一空间内。并且倾向购置低价格、适用、耐用、高性价比产品，尽量避免重复性消费。

这类人群虽然个人购买能力有限，但由于其基数大，且普遍拥有一定的文化水平与不断调整适应社会的心态，追求多变的个性品质，同时也在极少量产品上有着趋优消费，寻找身份认同的特点。因此，群体消费额度依旧占市场消费总额度的大多数。

2 目前家居市场针对城市中低收入青年家居产品不足性分析

在中国的家居消费市场里，很多新兴品牌的家居企业从一开始就将消费定位在个性和品质的高端品牌，直接放弃国内广大消费市场，将更多精力投入欧美市场中，并建立国际品牌，过度追求国际认可。但高端品牌尤其是一些奢侈品牌的形成需要很长时间的历史积淀；而大众品牌能在满足用户需求下较快成长，且国内市场针对中低消费人群有秩序的高性价比家居产品较缺乏，市场潜力较大。

同时在现有的家居产品中，设计方面同时存在着较多不足，尚须完善，例如：

（1）大批量的生产设计导致设计样式过于单一或重复，追求个性的青年消费者在多方面需求上无法得到满足；同时，产品研发与制造消耗时间较长，致使产品更新速度较为缓慢。

（2）可移动可拆卸及组装能力较差。因为青年消费者居住在同一区域年限一般较短，流动性较大，短暂性的居住对于家居产品可移动性有很大的考验。目前一般的家居产品做到方便移动的性能是可拆卸、可组装，但是重复几次以后稳固性便下降，导致重复利用率大大降低。

（3）在保持产品的固有功能上，家居产品附加功能的需求尚未得到很好的普及，未能恰当地适应青年消费者在较小空间里对家居产品多重功能需求的环境。

3 通过针对城市中低收入青年家居产品的需求与其生活形态进行分析，选择的家居产品应该结合以下几个方面

3.1 家居产品功能形态设计

住宅不能因为面积的缩小而减少其使用功能，同样需要满足起居、就餐、工作、洗浴、收纳等功能。因此家居产品的使用特性不再专属于特定的时间与地点。需要有时间的延展性和使用场所的可转化性。

其形式一般表现为折叠和组合类家居产品，可根据需求来增大或减少产品自身的使用与存储空间，起到优化空间利用率的作用。另外也可将家居产品模块化，能及时缩短产品的研发与制造周期，且快速应对市场的变化，同时也能减轻产品更新与淘汰对环境的负担。

如图 6 中家具的中设计灵感来自于盒子的组合模式，是专为小户型居住人士设计的，以盒子作为最小的通用模块，通过多种组合来实现不同功能，达到最大化地利用空间。

3.2 家居产品的视觉造型设计

当今消费者需要的不单单是家居产品的实用功能，还需要

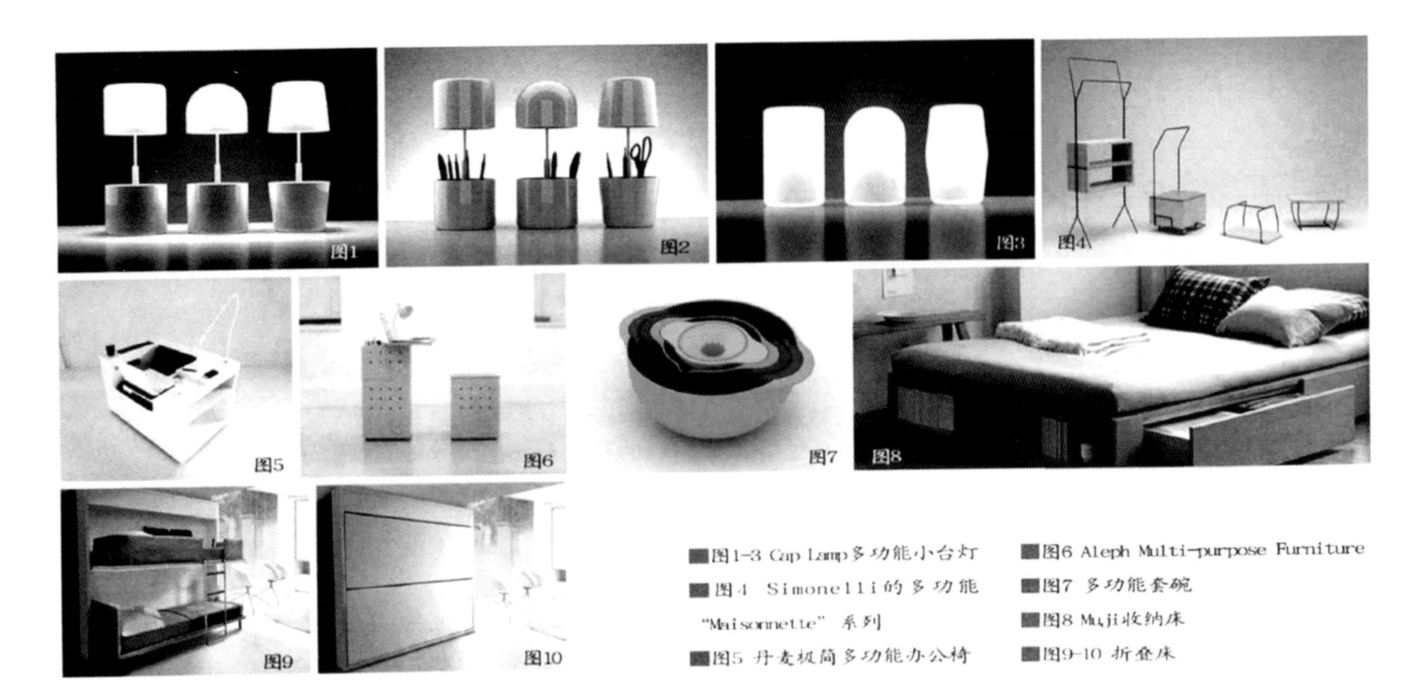

■图1-3 Cap Lamp多功能小台灯
■图4 Simonelli的多功能"Maisonnette"系列
■图5 丹麦极简多功能办公椅
■图6 Aleph Multi-purpose Furniture
■图7 多功能套碗
■图8 Muji收纳床
■图9-10 折叠床

起到表达意境、形成一定风格与满足、认同身份的欲望功能。

在2012年的春季高点展上，色彩便成了关注的焦点，重点展示的是颜色清晰、色调中性的产品，然后在摆件装饰上运用夺目色彩。不同的色彩运用可以在视觉上对家居产品的结构缺陷起到一定的修正作用，色彩不仅可以装饰家居，还可以利用色彩对家居产品进行分类与规划，在中小户型中尤能体现杂而不乱，井井有条的视觉与用户感受。

如图1~图3中的台灯设计来自乌克兰，设计中集收纳、笔盒、照明与一体，还可以根据需要来调节照明亮度，并且还有多种颜色提供选择。造型新颖，方便使用。

3.3 家居产品的材料选择

每一种材料都有其固有的质感，设计师柯布西耶、安藤忠雄、朱小杰等，正是因为熟悉一种材料，且将材料的特性发挥到极致才创作出优秀的设计作品。

不同质感带给人们不同的感知，包括肌理、光泽、透明度等，会引起人们一定的联想并产生相应的情感。木材的自然花纹、金属的光泽、玻璃的透明等，在设计中可将生活中常见材料质感进行改变，利用视觉质感的相对不真实性，运用各种工艺手段达到触觉质感的错觉。

另外材料的本身也直接影响到家居产品的成本，原木、实木材料普遍价格较高，还有展现骨干美的乌金木家居产品更是价值不菲。对于社会主流的中低收入消费阶层，合成材料便是最好的选择。在日本的设计中，就很少使用到实木，大多采用的就是合成材料，因为合成材料不仅制作方便，而且造型也容易变化，新材料的使用也容易与新的潮流接轨。材料的成本费与加工费大大减少，也降低了产品本身的价格。合成材料逐渐替代了自然材料，绿色环保设计越来越受到重视，"绿色"家居同样决定了未来的发展方向。

4 结语

好的家居产品设计师的职责除了满足消费者的需求外，还需要超出他们的需求期望，设计的理念就是比消费者想得更完美，以提升消费者的想法。

参考文献

[1] 江天长，张亚池，胡娟．应对M型社会的家具设计初探[J]．家具与室内装饰，2012(5):76-77.

[2] 赵颖．都市中低收入青年板式家具设计初探[J]．装饰，2012(11):118-119.

[3] 曹昊．IKEA（宜家）的收纳设计理念探索[J]．艺术与设计，2010(5):214-215.

[4] 方海．跨界设计——建筑与家具[M]．北京：中国电力出版社，2012.

[5] 荆佶，刘文金，唐立华．当代青年人家具消费心理行为模式初探[J]．家具与室内装饰，2009(1):73-74.

[6] 陈嫣，胡伟峰，李世国．城市小户型住宅家具产品弹性设计方法探析[J]．家具与室内装饰，2013(16):31-34.

人格化家具设计模糊评价体系的研究

张梦娇 姚浩然　南京林业大学家具与工业设计学院
《家具与室内装饰》2014/08

摘　要：近年来，随着人们对于家具产品中体现的文化与内涵的需求的提高，人格化家具设计思想应运而生。这种家具设计思想的核心就是把人的精神特质赋予到家具产品上。然而设计出的产品是否符合人格化特征，需要进行设计的评价，以形成更好的设计结果。因此本文以人格化的家具设计为评价的对象，以模糊评价体系中的语义分析法作为评价体系的工具，构建出初步的人格化家具设计的模糊评价体系，为此类家具的模糊评价起到一定的借鉴作用。

关键词：人格化；家具设计；模糊评价；语义分析法

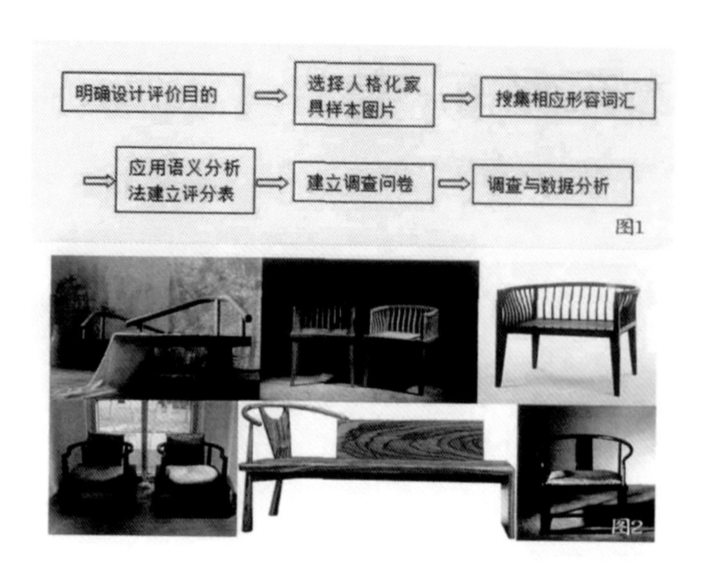

图 1 模糊评价体系流程

图 2 新中式家具图片样本

表1 人格特质词汇

特质词	级点	特质词	级点	特质词	级点	特质词	级点	特质词	级点
清高	1.45	稳重	1.93	踏实	2.18	友善	3.11	有趣	3.52
文静	1.55	温柔	1.93	谦虚	2.18	机智	3.18	俏皮	3.52
细腻	1.64	律己	1.95	勤勉	2.2	反抗	3.2	合群	3.55
忍耐	1.66	守纪	1.95	理智	2.27	果断	3.25	勇敢	3.57
听话	1.68	忠贞	2	体贴	2.32	友好	3.25	正直	3.57
慎重	1.77	忠实	2	温和	2.32	精干	3.32	敏捷	3.61
心细	1.77	忠厚	2	知足	2.32	坦诚	3.34	好奇	3.64
顺从	1.77	虔诚	2	好学	2.36	干练	3.34	大方	3.66
柔顺	1.8	文雅	2.02	自爱	2.43	大度	3.39	胆大	3.77
独身	1.82	端庄	2.05	安逸	2.45	潇洒	3.41	粗犷	3.8
安分	1.84	执着	2.05	独立	2.57	随便	3.41	风趣	3.84
沉着	1.86	倔强	2.09	满足	2.61	灵活	3.45	乐观	3.86
严肃	1.86	坚韧	2.14	从容	2.64	慷慨	3.45	开朗	4.07
憨厚	1.86	刻苦	2.14	真挚	2.93	豁达	3.48	爽快	4.23
贤惠	1.91	冷静	2.14	宽容	2.93	伶俐	3.48	活泼	4.23
克己	1.91	自觉	2.16	机警	3.05	坦率	3.5	泼辣	4.23
老实	1.91	整洁	2.18	精明	3.09	调皮	3.5		

1 模糊的定义

“模糊”是指其边界不清楚，在质上和量上都没有明确的含义和界限[1]。事物的模糊性在于人们无法用明确的数值界限去描述事物的某个状态，只能用一些模糊的概念去形容。这种模糊的概念在生活中所使用的词语中也常常能够体现，类似于“胖”与“瘦”、“高”与“矮”、“长”与“短”等，这些词语都是不能通过具体的量来解释清楚的，但却被我们经常使用，同时也不会影响人们之间的沟通，而且在某些情况下，有些模糊词语是必不可少的。

就“模糊”的定义而言，国内外学者从哲学语境、语言学语境等方面进行了多角度的研究。从哲学方向上进行的语言模糊性的研究较为丰富。针对模糊性的哲学语境的研究可以溯源到古希腊学者Eubulides，在其提出的悖论中可以发现“模糊”的痕迹。以其中的一个悖论——“秃子”为例，Eubulides提出：“只有一根头发的人是秃子吗？是的。那么有两根头发的人是秃子吗？是的。那秃子的界限在哪里呢？”[2]从这个简单而富有哲学意义的例子中可以看出，“秃子”其实就是一个模糊词，这种模糊的概念无法进行限定，这一模糊词汇没有明确的可以解释的边缘。

另外，针对模糊性的语言学语境研究则大致可以分为模糊词、模糊表达方式和模糊命题等几个层次的研究。

2 模糊评价法概述

在现实生活中，很多事物之间的关系界限是模糊的，如美与丑、善与恶等都没有绝对的界限，对于产品的设计评价也没有绝对的界限和确定的数值分析，但是产品的设计评价是一个重要的阶段，因此本文选用的是模糊评价的方法进行分析。

模糊评价法是针对受多个因素影响，同时不能准确描述的事物，借助一种合理的评分工具，作出全方位而有效的一种综合评价方法。在使用模糊评价法时，要分别确定好具体的评价参数以及各参数相应的权重因子大小与比例。后期经过测评之后，根据参数的权重因子的不同，给出拟合函数算出结果进行分析，最终完成模糊的综合评价[3]。本文在对家具设计进行评价时采用的模糊评价法多偏向于语义模糊的评价方法，不涉及具体的函数算法。

3 人格化家具设计概述

3.1 人格化设计

人格化设计的来源是人的特质，是设计师有感于人的精神的力量，将这种精神的力量赋予到产品设计上，通过有形的产品来表达无形的内在精神特质。设计出的产品可以通过形态传达精神特质，可以使设计师突破自我的局限，从精神的高度来表现设计。

人格化家具设计不仅仅停留于满足人们日常使用过程中的舒适感或者人体工程学方面的考虑。人格化家具设计是基于人的特质情感的设计，具有人格特质的家具是能够感动使用者，让使用者在使用过程中找到情感共鸣，这种情感共鸣可以是使用者本身具有的，也可以是使用者所追求的。

3.2 人格化家具形态设计思想

家具作为一种有形的物体，可以视作精神的容器。内在的

表2 问卷

以下提供了一些词汇，请你将家具想象成一个人，为家具与每个词汇的相符程度进行判断，在相应数值上打“√”，谢谢合作：

人格特质词汇	完全不符合	比较不符合	一般	比较符合	完全符合
文静	1	2	3	4	5
顺从	1	2	3	4	5
严肃	1	2	3	4	5
稳重	1	2	3	4	5
温柔	1	2	3	4	5
忠厚	1	2	3	4	5
文雅	1	2	3	4	5
坚韧	1	2	3	4	5
独立	1	2	3	4	5
宽容	1	2	3	4	5
干练	1	2	3	4	5
灵活	1	2	3	4	5
勇敢	1	2	3	4	5
粗犷	1	2	3	4	5
乐观	1	2	3	4	5
活泼	1	2	3	4	5

精神力量是由外在的有形物体去表达的。人格化设计就是人的内在情感的外在表达，表达出对于人的特质与精神的感动。简单来说，人格化家具形态设计即赋予家具形态于人的精神特质的设计[4]。

人格化家具形态设计的步骤如下：第一是寻找特质之“源”；第二是设计家具之“态”；第三是设计家具之“形”，包括对零件截面形状的设计、表面效果的设计以及局部装饰的设计[5]。简单来说，人格化家具设计，需要首先确定符合设计目标对象的人的精神特质，再根据人的精神特质进行家具形态设计，根据人格特质先设计家具的态势，即骨架，再设计家具的零件造型与位置。整个家具设计过程就是要围绕设计之“源”——人格特质词去设计，因此在本文中评价人格化家具设计的一个标准就是是否能够使人联想到相应的符合家具人格特质的词语。

4 人格化家具设计模糊评价概述

4.1 设计模糊评价概述

在产品设计过程中的方案评价对于产品的设计结果来说十分重要，也是检验设计合理性的一个重要步骤。对于家具设计方案的评价方法有很多。其中模糊综合评价法是一种相对常用的评价方法。家具方案设计过程的设计信息具有很大程度的不确定性，即所谓的模糊性，对不确定信息的处理是方案设计阶段、方案评价的关键。然而在进行家具设计方案评价时，因为一些评价指标在描述时就带有不可避免的模糊性，因此一般来说很难用定量分析来完成，只可以选择用一些不定量的模糊词汇来评价方案。

4.2 人格化家具设计模糊评价

人格化的家具设计的评价的模糊性主要在于评价目标的模糊性，评价的目标在于家具设计方案是否符合人格化的特点，是否具有人格特质，即家具本身是否能传达出一种人的特质精神，不能进行明确描述判定，这是一个偏向于感性的评价分析，无法用具体的数值进行衡量。因此为了能够对于人格化家具设计进行一定的设计评价，结合上述模糊评价的方法，将这种无法描述的不确定性转化为一种相对可描述的评价体系，同时暂不涉及具体的数值运算。

4.3 语义分析法在人格化家具设计模糊评价体系中的应用

语义分析法属于模糊评价体系中的一种分析方法。语义分析法主要使用的工具是语义区分量表。语义分析法需要通过问卷调查的方式展开，在调查过程中，被调查人员在设计好的语义量表上进行评价，评价对应于某一事物或者某一种概念。语义量表上的等级两端一般是意思相反的描述性的形容词汇，评价等级一般是在三级至七级之间，根据具体问卷的实施条件，其中五级用得相对较多。量表中同时按照等级的大小进行依次评分。

语义分析法的主要依据是人的联觉和联想。例如人们看到绿色时，一般会产生希望的感觉，而看到黄色时，则产生欢快明亮的感觉；“阴森的”、“黑暗的”、“地下的”总是和不好的感觉联系在一起，而“乐观的”、“积极的”、“温暖的”、“阳光的”则和美好的感觉结合在一起。因此从这种特点出发，可以根据需要设计出具有相应等级的语义区分量表，通过表格数据的分析来研究人们对于所测事物的理解。

本文将语义分析法作为人格化家具设计模糊评价的主要方法，利用语义分析法对于人格化家具设计进行一定的语义描述，通过语义区分量表进行测试评分，进而检验家具设计方案是否符合人格化的特质，进一步总结出设计修改的方向。

5 人格化家具设计模糊评价体系

5.1 人格化家具设计模糊评价体系介绍

设计评价体系就是根据设计的目标设定好评价指标，继而根据相应的评价指标来进行综合评定产品价值的一个系统。人格化家具设计评价体系将给出一定的设计评价指标，主要就是根据语义分析法建立评分表，并根据每个具体的家具设计方案，针对其对应的多个语义词汇进行相应的评分。具体的模糊评价体系流程如图1。

5.2 人格化家具设计模糊评价体系设计

本文的人格化家具设计的模糊评价体系将主要从人格化家具样本图片的选择开始，到应用语义分析法建立相应的评分表进行举例分析。具体的后期形成调查问卷、进行调查问卷的实施，以及后期的数据整理与结果分析在文章没有具体地呈现。本文重点在于提出这样的设计评价方法与思路进行相应的模糊评价。

5.2.1 人格化家具样本图片的选择

对于人格化家具样本图片的选择，主要是根据设计评价的目的，如果目的在于对于现有市场上的家具的设计调研，就可以选取市场上较为成熟和销量较好的家具样本进行分析，通过对此类家具的分析来发现现代人们的精神需求与归属，从而把握新的设计方向。如果目的在于进行未投入市场的设计初步方案的评价，就可以应用此设计方案制作语义分析量表进行调查，以此获知设计是否表达出相应的设计思想与设计情感。本文给出的例子是新中式家具风格的图片，如图 2，主要选择市场上较为成熟的新中式家具企业的产品或者著名设计公司的产品。

5.2.2 搜集相应形容词汇

在收集了相应类别的家具设计图片之后，需要对相应的人格形容词汇进行收集和归纳。本文中的形容词汇是指描述人的人格特质词汇，因此，在收集相应的人格形容词汇时，在汉语词典中列出的形容人的词汇的基础上，主要根据心理学书籍美国学者里赫曼所写的《人格理论》一书中对于内外向特质词及极点所总结的词汇，其中极点越小越内向，极点越大越外向。从所有的词汇中选择其中正面积极的词汇 [6]，得出的人格特质词结论如表 1 所示。

由于作问卷调查时，如果对以上的 84 个人格特质词汇进行测评，对于被测试者来说数量较多，因此，在这 84 个人格特质词汇基础上，需要根据相近词汇进行合并同时总结，将一类词汇延伸为高级词汇。在合并总结时，主要根据极点的接近程度进行合并，例如沉着和严肃可以合并为同一类词。因此经过合并与词汇延伸，最后得出以下 16 个人格特质词汇：文静、顺从、严肃、稳重、温柔、忠厚、文雅、坚韧、独立、宽容、干练、灵活、勇敢、粗犷、乐观、活泼。

5.2.3 应用语义分析法建立评分表

确定了相应的被测家具样本图片，以及用于施测的 16 个人格特质词汇之后，运用语义分析法对于每个家具样本进行评分表的制作。其中，以一个家具为例，按照 5 级评分法进行问卷的制作，做的评分问卷表如表 2。

由此，在以上调查的基础上，就可以对于家具是否符合人格化特质以及符合哪种人格特质作出总结，同时也可以检测是否能够表达出设计者在设计时想要表达的情感。这对于设计方案的初评以及后续是否继续深入开发是非常重要的。

同时通过对于市场上已有的某一类风格家具进行语义分析法的模糊评价，就可以在这一类家具风格中进行再分类，以不同的人格特质词汇来分类不同的造型设计理念与情感，同时在收集足够的数据之后，可以总结出家具的何种造型方式对应表达出的是何种设计情感与人格特质。这又反过来为设计师提供借鉴与一定的设计方向。

6. 总结

随着时代的发展，人们对于家具所承载的内涵和文化要求越来越高。同时对于一个设计是否存在精神内涵以及包含什么样的精神的评价是具有模糊性的。因此本文选择人格化家具设计为评价核心，运用语义分析法作为评价体系构建的理论基础，构建出初步的人格化家具设计的模糊评价体系，为此类家具的模糊评价起到一定的借鉴作用。

参考文献

[1] 王彩华，宋连天．模糊论方法学 [M]. 北京：中国建筑工业出版社，1988,2.

[2]Seuren, P. A. M. Eubulides as a 20th-century semanticist[J].Language Sciences, 2005(27).

[3] 杨茂生．基于生命周期评价的绿色产品工业设计评价体系研究 [D]. 济南：山东大学，2008.

[4] 姚浩然．人格化家具形态设计思想探析 [J]. 家具与室内装饰，2011（11）：20-21.

[5] 姚浩然．人格化家具形态设计方法研究 [J]. 家具与室内装饰，2011（12）：38-39.

[6]（美国）里赫曼 (Ryckman.R.M) 著．人格理论 [M]. 西安：陕西师范大学出版社，2008.

大事记
CHRONICLE OF EVENTS

1月6日，“本土设计的再思考”崔愷近期作品巡展闭幕式暨北京6所建筑院校院长座谈会在中央美术学院建筑学院举行。清华大学建筑学院院长庄惟敏，北京建筑大学建筑与城市规划学院院长刘临安，北京工业大学建筑与城市规划学院院长戴俭，北京交通大学建筑与艺术学院院长夏海山，北方工业大学建筑工程学院副院长张勃，中央美术学院建筑学院院长吕品晶、副院长常志刚、程启明、傅祎及《世界建筑》主编张利参加座谈会。

1月9~11日，第四届园冶高峰论坛于在北京新大都饭店举行。本届大会以“促进生态文明，发展美丽中国”为主题，设有颁奖典礼、学术交流、大师对话、专业展览、专业访谈、座谈联谊等会议内容。

1月17日，2012WA中国建筑奖颁奖仪式暨座谈会在北京清华大学建筑学院王泽生厅举办。

2月19日，中国建筑设计研究院崔愷工作室正式更名为“本土设计研究中心”，更名仪式在中国建筑设计研究院举行。“本土设计研究中心”的成立旨在进一步推进本土设计的理论研究和实践，给年轻的设计团队更多的发展空间，形成可持续的生长架构，以及逐步推广“以土为本”的建筑创作价值理念，积极探索有本土设计特色的中国建筑发展之路。

2月27日，中国参展2015年意大利米兰世博会新闻发布会在京召开。中国国家馆以“希望的田野，生命的源泉”为主题，以4590平方米的第二大外国自建馆亮相意大利米兰世博会。

3月7日，佳能品牌在广州佳能博览会上集中发布了4款彩色宽幅面新产品，并正式推出首款“蓝图”应用解决方案，实现了高效直接输出蓝图，为CAD、GIS、图文快印等行业用户提供简单易用的专业答案。

3月7日，“景观设计中的瑞士印迹”展在北京元空间举行了开幕仪式，揭开了其中国巡展第一站的序幕。该展览通过展板和纪录片的形式，旨在让观者深入了解丰富和多样的瑞士景观设计。

3月22日，X-Agenda系列微展之七“小而大的天地——轻型预制建筑的乡村与自然实践”展览开幕式在北京安定门内大街方家胡同46号举行。

3月24日，2014年第三届“李光耀世界城市奖”在新加坡揭晓，中国苏州从日本横滨、哥伦比亚麦德林等全球36个申报城市中脱颖而出，获得这一殊荣；横滨和麦德林获得特别提名奖。

3月28~30日，由国家住房和城乡建设部倡导发起，中国城市科学研究会、中国绿色建筑与节能专业委员会和中国生态城市研究专业委员会共同主办的“第10届国际绿色建筑与建筑节能大会暨新技术与产品博览会”在北京国际会议中心召开。

3月31日上午，2015意大利米兰世博会中国馆方案新闻发布会在清华大学举行。会上，由清华大学美术学院和北京清尚环艺建筑设计院有限公司组成的联合体设计团队对中标方案进行了全面的介绍。

4月16日，2014中国“风景园林月”第二场学术科普报告会在中国园林博物馆举行，北京林业大学园林学院副教授王劲韬，以“中国古典住宅花园的人文装饰”为题进行了讲座。

5月8日，2014年第6届维纳博艮砖筑奖（Brick Award）在奥地利维也纳揭晓，来自全球各地的7位建筑师最终获得2014年维纳博艮砖筑大奖。其中，包括来自不同领域的5个单项大奖以及2个特别奖。

5月13日，由意大利威尼斯市政府、北京市西城区政府、北京国际设计周联合主办的第14届威尼斯国际建筑双年展——平行展暨中国城市馆首展项目预告会在北京中华世纪坛举行。会上预告作为第一个参与城市，北京将带来城市馆首展，其筹备工作正在有条不紊地顺利进行。

5月16~17日，“2015北京城市雨洪管理与景观水文国际研讨会”在清华大学举行，研讨会将基于“景观水文”这一整合、交叉、创新的理念，倡导统筹城市空间规划、河湖水系保护、雨洪工程与景观环境建设等多领域成果，增强专业协作，激发创新思维与手段，将水文、水资源、水环境、水生态、水利工程等领域的基础科学与工程应用研究，与对区域、场地、空间、功能、形式、艺术、审美等的规划与设计相结合，使城市雨洪内涝问题的解决也成为创造兼具功能性与艺术性的生态景观的契机。

5月17日下午，由CBC（China Building Centre）主办的“CBC建筑大讲堂——胡越：关于城市公共空间的思考”在京举行。本次活动邀请到全国建筑设计大师、北京市建筑设计研究院有限公司总建筑师胡越作为主讲人。

5月18日，由同济大学出版社及库布里克书店共同主办的“当代史——1949年以来的中国建筑（两岸对照研究）”学术沙龙在北京当代MoMA库布里克书店举办。台湾大学建筑与城乡研究所创始人夏铸九，台湾建筑评论家及策展人阮庆岳，有方空间创始合伙人及策展人史建，《建筑师》主编黄居正，《世界建筑》副主编、清华大学建筑学院副教授周榕，以及南京大学建筑与城市规划学院副教授胡恒等嘉宾，就1949年以来两岸建筑发展的不同轨迹及其背后的原因进行了梳理和探讨。

5月21日，由中国建筑标准设计研究院、building SMART中国分部共同发起的以“全球信息化助力中国地产实践”为主题的第3届中国BIM论坛在京隆重举行。

5月23日，“场域·黄建成设计” 艺术展在中央美术学院美术馆开幕。参加本次展览开幕式的有全国政协常委、中国美协名誉主席、中央美术学院名誉院长靳尚谊，中央美术学院党委书记高洪，中国美协副主席、中国美术馆馆长、全国美术馆专业委员会主任范迪安，中央美术学院副院长谭平，广州美术学院副院长赵健，广州美术学院副院长陈森，山东工艺美术学院院长潘鲁生，捷克驻华公使、前参赞兹别内克·诺哈及其夫人，中央美术学院设计学院院长王敏，文化部艺术司美术处处长刘冬妍。参加开幕式的还有中国博物馆学会副主席、湖南省博物馆馆长陈建民，湖南省美术家协会主席、湖南师范大学美术学院院长朱训德，中国美协水彩艺委会名誉主任黄铁山等。策展人余丁教授主持开幕式。

5 月 24 日，第二届“生态中国——建筑、规划、风景园林”京津高校联合论坛在清华大学建筑学院举行。本次论坛由北京林业大学园林学院联合清华大学建筑学院共同主办，主题为“传统的现代转译”，旨在加强相关学科对历史传承与现代创新关系和意义的思考。

5 月 28 日，国务院发展研究中心与世界银行在联合国经社理事会举办会议，发布《中国：推进高效、包容、可持续的城镇化》报告。报告中指出：高效的城镇化将最优地使用中国的生产资源，在同样的劳动投入、土地利用和资本积累条件下，高效率或高生产率可以实现更快的增长，增加中国人民的福利。包容的城镇化为人们提供分享城镇化成果的均等机会。应通过改革促进农业转移人口融入城市，为他们提供与城市居民同等的社会服务，确保农村地区获得同质同量的公共服务，促进包容性。可持续的城镇化是与中国的环境和自然资源条件相适应的城镇化，能够提供和中国人民愿望相称的城市生活质量。

6 月 3 日，联合国教科文组织总干事伊琳娜·博科娃女士访问清华大学，做客清华大学海外名师讲堂发表了演讲，并访问了清华大学美术学院和建筑学院。

6 月 7 日，2014 威尼斯建筑双年展正式开幕。在开幕颁奖典礼上，本届双年展总策展人雷姆·库哈斯、双年展主席保罗· 巴拉塔（Paolo Baratta）与评委会一同宣布了本届双年展各奖项的获奖者。其中，最佳国家馆金狮奖被授予韩国馆。

6 月 25 日，泛亚环境国际控股有限公司连同其附属公司在香港联合交易所有限公司主板成功上市。这是第一家以景观设计为主营业务的设计公司和中国民营设计服务业公司在主板上市，更是第一家在香港上市的设计服务企业。

6 月 28~29 日，由中国美协主办，中国美协环境设计艺委会和上海大学美术学院承办的“为中国而设计——第六届全国环境艺术设计大展暨论坛”在上海大学举行。本届大展以“美丽中国——设计关注生态、关注民生”为主题，征集到全国 59 所高等专业美术院校 1000 余件参赛作品。经评审专家甄选，268 件作品入围本届大展，评选出“中国美术奖”提名作品 10 件、最佳概念设计作品 12 件、最佳手绘表现作品 7 件和优秀作品 33 件。

7 月 5 日，中国风景园林学界泰斗孙筱祥教授荣获杰里科奖庆典在北京林业大学学研中心隆重举办，孙筱祥教授获国际风景园林最高荣誉，成为亚洲首位获此殊荣者。国际风景园林师联合会（IFLA）前任主席戴安妮女士、中国工程院院士孟兆祯教授、中国风景园林学会理事长陈晓丽女士、北京林业大学党委书记吴斌教授以及多位住房和城乡建设部领导、中国风景园林学会理事、院校党政领导与风景园林行业代表，共计 40 人左右受邀参加了此次庆典。

7 月 10~12 日，生态文明贵阳国际论坛 2014 年年会在贵州省贵阳市举行，国家副主席李源潮出席了论坛开幕式并发表了主旨演讲，多位国家元首、政府政要参加了会议。本届年会以“改革驱动，全球携手，走向生态文明新时代——政府、企业、公众：绿色发展的制度架构与路径选择”为主题，围绕生态文明建设的 4 个内容支柱展开讨论：“绿色发展与产业转型”、“和谐社会与包容发展”、“生态安全与环境治理”和“生态文化和价值取向”。

7 月 25 日，为庆祝香港园境师学会成立 25 周年，促进香港与中国大陆风景园林行业的跨界交流与合作，推动中国整体风景园林行业的进一步发展，来自中国内地各地及香港地区的风景园林行业的政府领导、专家学者、设计师、企业家及高校师生 200 余人欢聚一堂，深圳论剑，围绕大会主题“无边界景观”就风景园林行业在中国香港与内地的发展、政策、动向及专业教育等业界共同关注的问题展开探讨。

8 月 3~7 日，“别样的建筑，别样的 UIA——第 25 届国际建筑师协会（UIA）世界建筑大会”在南非德班市顺利举办。其间，2014 年度大奖的获奖者名单于 8 月 6 日荣誉揭晓。美籍华人建筑师贝聿铭荣获本年度最负盛名的国际建筑师协会金奖。

8 月 29 日 ~9 月 9 日，由中国美术馆与清华大学联合主办的“人居艺境——吴良镛绘画、书法、建筑艺术展”在北京中国美术馆展出。本次展览展出了吴良镛先生各个阶段的书法、绘画作品 100 余幅，以及菊儿胡同新四合院、孔子研究院、中央美术学院、泰山博物馆、江宁织造博物馆等建筑设计，全面反映了吴良镛先生在学术探索的过程中对艺术创作的不懈追求。

8 月底，《中国城市步行友好性评价》发布，香港被评为“步行天堂”，其次为深圳和上海。《评价》表示，在适宜步行的城市中，市民绝大多数日常活动可通过步行和公共交通完成，而在不适宜步行城市中，人们出行很大程度上依赖机动车。要提高城市“步行友好性”，应减少功能单一的大型居住区和商业区，完善步行系统和城市公交设施之间的联系，设置良好的基础设施，多用缓坡代替台阶，增加沿线景观的美观性等。

9 月 6 日，由中华人民共和国文化部、中国文学艺术界联合会、中国美术家协会主办，陕西省美术家协会、西安美术学院、陕西省文化产业投资控股（集团）有限公司承办的“第十二届全国美术作品展览艺术设计作品展”在陕西省西安当代美术馆隆重开幕，环境设计作品在展览中展出。

9 月 7 日下午，由中国对外贸易广州展览总公司、广东省家具商会主办，广东省家居业联合会、广东省家具产业研究院、凤凰网家居频道、广东省电视台、中国日报、羊城晚报、搜房网、新浪网、搜狐网、腾讯网、《家具与室内装饰》杂志等媒体共同支持的 2014 中国家居产业发展论坛广州峰会在广州召开，商务部全国内贸领域专家王先庆教授在论坛上作了《新经济背景下中国家居产业面临的挑战和机遇》的主题演讲，中国室内装饰协会智能化委员会秘书长向忠宏先生作了《家居企业家如何以全球视野思考企业革新之路》的主题演讲。

9 月 11~13 日，“中国风景园林学会 2014 年会”在沈阳农业大学召开，来自全国各地的风景园林工作者约 800 人参与。本届年会主题为“ 城镇化与风景园林（Urbanization and Landscape Architecture）”，共分为开幕式、主旨报告、7 个分论坛和闭幕式、技术考察等 5 个部分。

9 月 12 日上午，女风景园林师分会成立，大会由中国风景园林学会顾问张树林女士主持，中国风景园林学会副秘书长金荷仙女士代为宣读了国际风景园林师联合会（IFLA）前主席戴安妮·孟塞斯女士的贺信，中国风景园林学会理事长陈晓丽女士发表致辞。

9 月 15 日，两个以挪威建筑为主题的展览——“当代挪威建筑 #7”和“定制：传统与融合”在中央美术学院 7 号楼开幕。

9 月 18 日，中国国家美术馆建筑设计方案正式出炉。

9 月 21 日上午，“国家公园建设思路研讨会”在北京大学如期召开。会议由北京大学城市与环境学院旅游研究与规划中心主任吴必虎教授和北京大学城市与环境学院《旅游规划与设计》编辑部刘德谦教授联合发起，由北京大学、北京林业大学、西南大学、盘古智库、中国生态学会、中国风景名胜区协会、中国城市规划设计研究院等 8 家单位联合主办。

9 月 24 日 ~9 月 26 日，中国风景园林学会园林生态保护专业委员会 2014 学术年会暨第三十二届全国园林科技信息网网会在重庆召开。本次会议由中国风景园林学会园林生态保护专业委员会、全国园林科技信息网和重庆市园林事业管理局共同主办，重庆市风景园林科学研究院承办。

9 月 26 日 ~10 月 3 日，2014 北京国际设计周在北京举行，主题为“设计之都·智慧城市·生态文明”，由开幕活动、设计大奖、设计市场、智慧城市、设计人才、主宾城市和设计之旅七大主体活动组成。

9 月 29 日 , 美国风景园林师协会 (ASLA) 公布了 2014 年专业奖的获奖者。其中 , 中国土人设计 (Turenscape) 和北京大学建筑与景观设计学院设计的六盘水明湖湿地公园、张唐景观设计事务所 (Z+T Studio) 设计的中国东莞市万科建筑科技研发中心生态园区获得综合设计类荣誉奖。

10 月 1 日，时值国庆 65 周年，中国园林博物馆于国庆期间继续免费向社会开放参观（10 月 6 日星期一照常开放）。并以“迎国庆·筑和谐·展风采”为主题向市民全新推出了多项展览及文化活动，与民同庆祖国 65 周年华诞。

10 月 17~19 日，第十四届中日韩风景园林学术研讨会在四川省成都市召开。大会由中国风景园林学会、日本造园学会、韩国造景学会主办，成都市林业和园林管理局承办，成都市风景园林学会、四川省城乡规划设计研究院、四川农业大学协办，四川省住房和城乡建设厅支持。会议的主题为“ 风景园林与美丽城乡”。共分为 3 个专题：“地域性风景园林”、“田园风光与文化传承”、“连接城市和乡村的绿道”。

10 月 18 日，为期两天的以“可持续的景观与城市：生态智慧在景观与城市规划中的应用”为主题的首届生态智慧与可持续发展国际研讨会在渝圆满落幕。本次研讨会共分为“生态智慧指南”、“古今中外案例”、“生态智慧领悟”与“生态智慧研究”4 个主旨报告板块。

11 月 3~4 日 , 高等学校风景园林学科专业指导委员会第二届第二次全体会议在北京建筑大学实习基地召开。本次会议由高等学校风景园林学科专业指导委员会主办 , 由北京建筑大学承办 , 会议由主任委员杨锐主持。

11 月 13 日，第四届豪瑞可持续建筑大赛亚太赛区结果揭晓，来自中国清华大学的彭哲、周真如、屈张的作品 Panda-Watching:Historic Village Reconstruction 获得新生代奖第一名。

11 月 14 日 ,“当代风景园林与人居环境建设”学术报告会在云南昆明成功举办。此次会议由中国风景园林学会与云南省住房和城乡建设厅联合主办 , 云南省园林行业协会、《中国园林》杂志社、昆明理工大学、昆明市园林绿化局承办。

11 月 15 日，《中国园林》杂志第五届编委会会议在昆明召开。

11 月 15 日，中国环境设计学年奖组委会在贵州师范大学举办“真正的问题与选择——城市的场所精神”论坛，贵州新型城镇化和城市综合体建设成为论坛的热点话题之一。

11 月 29 日，“场域·黄建成设计”艺术展在上海漕河泾新美美术馆开幕，作为该美术馆的开馆展览。

11 月 29 日 ,2014 中国风景园林教育大会暨中国风景园林学会教育工作委员会成立大会在北京林业大学隆重召开。大会在国务院学位办、住房和城乡建设部人事司和中国风景园林学会的指导下 , 由中国风景园林学会教育工作委员会、全国风景园林专业学位研究生教育指导委员会和全国高等学校风景园林学科专业指导委员会联合主办。

11 月 30 日，第 10 届首都高校风景园林研究生学术论坛在北京林业大学召开。本届论坛的主题为“无边界景观”，论坛旨在促进风景园林行业与其他专业之间合作交流，引发行业内对固有风景园林设计模式的反思，促使设计师们将目光聚焦于统合现代设计领域里的多元化特征，找寻人、地、自然高度“无界”的共生关系，进而形成风景园林学和各相关学科之间的“无界”融合。

11 月底，第十二届全国美术作品展览中国美术奖·创作奖评奖结果揭晓，由中央美术学院、西安美术学院、太原理工大学、北京服装学院合作的“为西部农民生土窑洞改造设计”四校联合公益设计项目获第十二届全国美术作品展览中国美术奖·创作奖金奖。

12 月 5 日 ,2014 年亚洲家具联合会 (CAFA) 第 18 届年会在北京召开。本次会议进行了亚洲家具联合会会长换届选举仪式 , 朱长岭理事长当选新一届亚洲家具联合会会长 , 中国家具协会成为亚洲家具联合会会长单位。参加本次会议的有新加坡家具商会、中国家具协会、马来西亚家具工业总会、泰国家具工业协会、印度尼西亚家具业和手工业协会、日本家具产业振兴会、日本家具贸易与工业协会、韩国家具协会、土耳其家具制造商协会及东莞名家具俱乐部等亚洲家具联合会的会员单位。

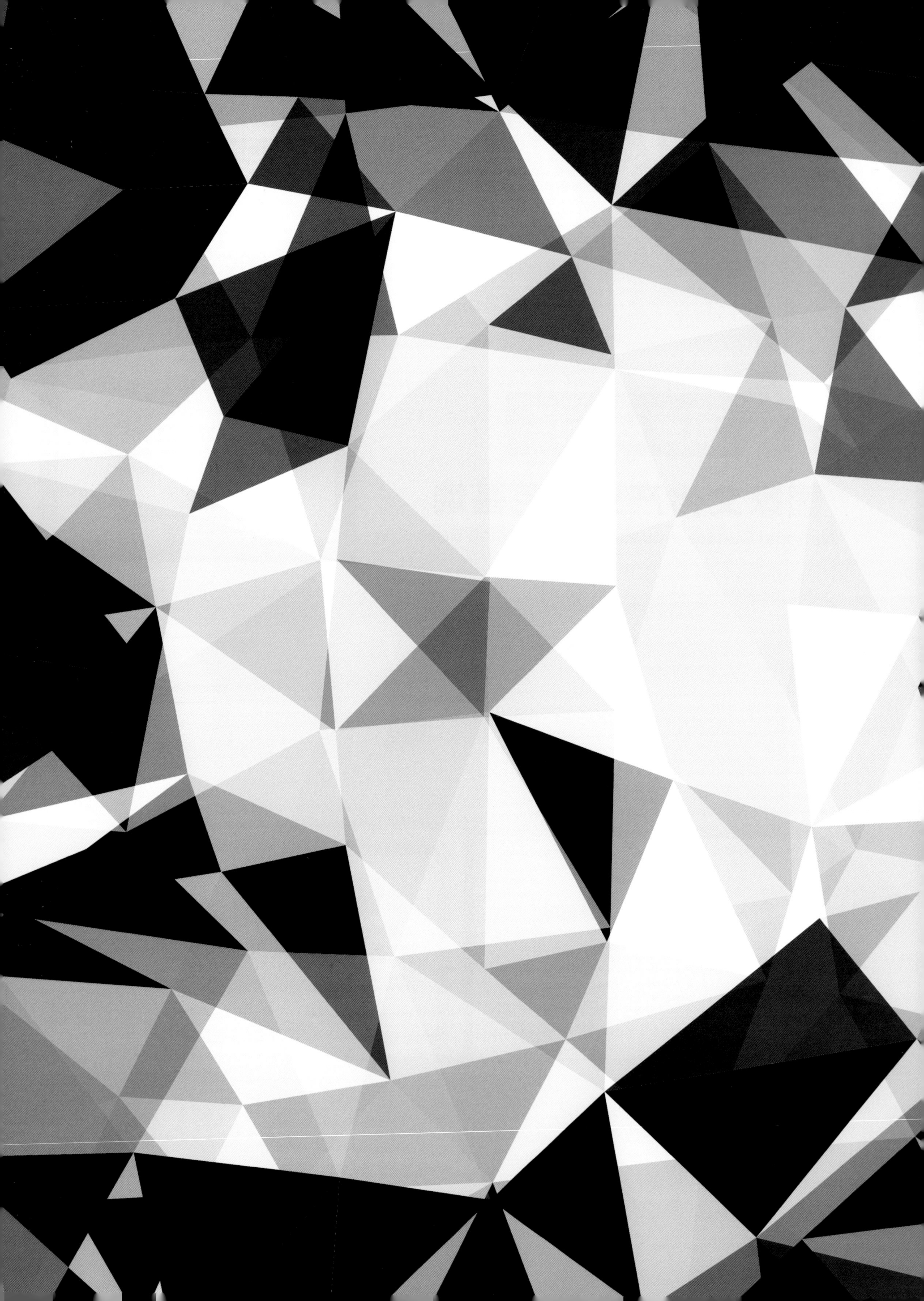